设施番茄复合气象灾害致灾机理及环境调控

杨再强　朱节中　著

气象出版社
China Meteorological Press

内 容 简 介

本书主要针对设施番茄高温高湿和低温寡照复合气象灾害，阐明了我国设施番茄生产概况，探讨了高温高湿、低温寡照的致灾机理；详细介绍了高温高湿对设施番茄碳氮代谢的影响以及低温寡照对番茄的生长发育影响模型；说明了设施番茄气象灾害指标提取方法，最后介绍了基于物联网的设施番茄环境调控技术。本书可为设施作物复合气象灾害致灾机理及环境调控研究提供借鉴，适合应用气象学、设施园艺专业的师生及气象行业业务技术人员阅读参考。

图书在版编目（ＣＩＰ）数据

设施番茄复合气象灾害致灾机理及环境调控 / 杨再强，朱节中著. -- 北京：气象出版社，2021.9
ISBN 978-7-5029-7547-0

Ⅰ．①设… Ⅱ．①杨… ②朱… Ⅲ．①番茄－蔬菜园艺－设施农业－气象灾害－研究②番茄－蔬菜园艺－设施农业－农业环境－调控－研究 Ⅳ．①S641.2

中国版本图书馆CIP数据核字(2021)第182349号

设施番茄复合气象灾害致灾机理及环境调控
Sheshi Fanqie Fuhe Qixiang Zaihai Zhizai Jili ji Huanjing Tiaokong

出版发行：气象出版社

地　　　址：北京市海淀区中关村南大街 46 号	**邮政编码**：100081
电　　　话：010-68407112(总编室)　010-68408042(发行部)	
网　　　址：http://www.qxcbs.com	**E-mail**：qxcbs@cma.gov.cn
责任编辑：杨　辉　冷家昭	**终　　审**：吴晓鹏
责任校对：张硕杰	**责任技编**：赵相宁
封面设计：艺点设计	
印　　　刷：北京中石油彩色印刷有限责任公司	
开　　　本：787 mm×1092 mm　1/16	**印　　张**：14
字　　　数：350 千字	
版　　　次：2021 年 9 月第 1 版	**印　　次**：2021 年 9 月第 1 次印刷
定　　　价：80.00 元	

前　　言

　　番茄果实含有丰富的维生素、矿物质、碳水化合物、有机酸,是世界各国人们最喜欢的蔬菜之一,美国、俄罗斯、意大利和中国为其主产国。中国是世界上番茄种植面积最大、产量最多的国家,年产量约 5500 万 t,占蔬菜总量的 7% 左右。山东、新疆、内蒙古、河北、河南、云南、广西等省(自治区),是我国番茄种植的主产区。随着栽培技术和设施环境调控技术的发展,设施番茄栽培面积不断扩大,2020 年我国设施番茄栽培面积 1167.2 万亩*,占番茄栽培总面积的57.2%。目前设施番茄基本实现周年生产,但由于设施大多数以简易塑料大棚为主,环境调控能力较弱。在冬季低温常伴随寡照、在春夏季高温伴随高湿构成复合灾害,严重影响设施番茄产量与品质。近年来,关于设施农业气象服务处于发展阶段,前人关于单一气象灾害低温、寡照、高温等灾害机理及气象指标有一定报道,针对设施番茄的高温高湿、低温寡照的灾害指标较为缺乏,对复合灾害的机理研究较少。本书在国家重点研发计划及国家自然科学基金支持下,总结了多年研究成果,创新了低温寡照、高温高湿复合灾害预警及气象服务方法,为设施环境优化调控,提升设施番茄品质与产量、振兴乡村经济具有重要意义。

　　本书针对设施番茄生产中高温高湿、低温寡照等复合灾害监测预警及调控中存在的关键技术、指标等问题,利用多年环境控制试验及设施栽培试验,系统地介绍了高温高湿和低温寡照等复合灾害对设施番茄光合特性、荧光动力参数、衰老特性、内源激素等影响规律,分析了复合灾害对设施番茄的植株生长、幼果发育、果实品质形成的机理,在此基础上,提取设施番茄复合气象灾害指标体系,最后提出环境优化调控技术方法。本书第一章介绍番茄的生物学特性,中国设施番茄生产概况,番茄对环境的适应情况,中国农业气候资源等内容;第二章主要介绍高温高湿复合灾害对设施番茄植株生长发育和果实生长及品质的影响规律,阐明高温高湿对叶片光合特性、叶绿素荧光动力参数、叶片衰老特性的影响机理;第三章介绍高温高湿对设施番茄果实糖代谢、有机酸代谢及氮代谢的影响;第四章介绍低温寡照对设施番茄叶片光合特性、荧光特性、保护酶活性、开花结实特性及果实品质的影响;第五章介绍低温寡照对设施番茄生育期进程的影响及模拟,低温寡照对植株生长、器官干物质生产与分配的影响,并构建模拟模型;第六章介绍高温高湿和低温寡照灾害指标提取方法;第七章基于物联网的设施番茄环境调控系统,介绍设施环境调控研究进展、物联网技

---

　　*　1 亩≈666.67 m²。下同。

术、环境监测技术、温室环境调控技术等。

　　全书由杨再强、朱节中编写，杨再强执笔编写第一章到第六章内容并统稿，朱节中编写第七章内容。本书编写过程中得到南京信息工程大学徐超、郑艳娇博士，陆思雨、黄琴琴、杨立、李佳佳、龙宇芸、邹雨伽、朱丽云、高冠、杨世琼、王琳、赵和丽、韦婷婷等硕士大力支持，他们在开展实验、数据分析、资料收集、模型构建等方面做了许多工作。部分内容为硕士研究生学位论文内容，在此一并表示感谢。由于作者水平有限，书中存在错误和不足，恳请读者批评指正。

作　者

2021 年 3 月于南京

目　　录

第一章　设施番茄生产概况

第一节　番茄生物学特性

一、番茄的起源

番茄原产于南美洲安第斯山脉的秘鲁、厄瓜多尔、玻利维亚等地形复杂的河谷和山川地带,是一种生长在森林里的野生浆果,因为色彩娇艳,当地人把它当作有毒的果子,视为"狐狸的果实",称之为"狼桃",只用来观赏,无人敢食。早在 15 世纪末,印第安人就开始种植番茄,16 世纪传入欧洲,起初作为庭院观赏用,到 17 世纪逐渐为人们食用。据考证,大约在 17—18 世纪,由西方的传教士、商人或者华侨引进中国。清朝的《广群芳谱》的果谱附录中就有"番柿"记载:"茎似蒿,高四五尺 *,叶似艾,花似榴,一枝结五实或三四实,草本也,来自西番。"由于番茄有特殊味道,以前多作观赏栽培,到 20 世纪初,城市郊区开始有食用栽培,50 年代初迅速发展,栽培面积逐年扩大,目前番茄已成为蔬菜中的主栽作物。番茄除作蔬菜食用之外,也作鲜果食用。口感型番茄凭借皮薄、肉厚、多汁、酸甜适中的特点,深受市场欢迎。而番茄的风味主要是由糖和有机酸、糖酸比例以及挥发性香气中的成分共同决定。果实酸度主要与柠檬酸含量有关,在成熟番茄中柠檬酸的含量高于苹果酸。

番茄作为联合国粮农组织优先推广的"四大水果"之一,可降低某些癌症和心血管疾病风险。其营养价值与果实中初级和次级代谢产物组成有关,但主要由于它含有番茄红素和胡萝卜素。番茄红素是果皮呈红色的原因之一,也是一种膳食抗氧化剂。同时番茄也是维生素的一个重要来源,番茄中含有叶酸和钾,以及少量的维生素 E 和维生素 C 等水溶性维生素。尽管人们在培育含有更高类胡萝卜素或维生素 C 含量的番茄品种方面做出了相当大的努力,番茄类胡萝卜素的生物合成已被破译,许多基因已被确认,但却仍然没有一个品种具有商业价值,部分原因是番茄产量与这些性状之间存在负相关关系。除了这些众所周知的维生素和抗氧化剂,番茄果实中还具有包括绿原酸、芦丁、类胡萝卜素、生育酚和叶黄素在内的抗氧化化合物。番茄中也含有碳水化合物、纤维、矿物质、蛋白质、脂肪和糖生物碱等物质,但含量较少。许多具有抗氧化活性或其他健康促进特性的微量营养素,特别是类胡萝卜素,长期以来一直是育种计划的主要目标,因为它们对新鲜及加工番茄产品的品质具有重要作用,人们越来越能意识到它们对健康的促进作用,但这些微量营养素存在相当大的遗传变异,这刺激了新的研究以确定控制番茄中微量营养素的基因组。番茄果实主要营养成分见表 1.1。

---

　* 1 尺＝0.333 m。

表 1.1　粉果番茄果实营养成分(Chittaranjan,2020)

番茄果实组成	含量(每 100 g 鲜重)
水	94.50 g
能量	18 kcal *
蛋白质	0.88 g
脂质	0.20 g
纤维	1.20 g
糖	2.63 g
酸	0.65 g
矿物类	—
钙	10 mg
镁	11 mg
磷	24 mg
钾	237 mg
钠	5 mg
维生素类	—
维生素 C	14 mg
胆碱	6.70 mg
维生素 A 和胡萝卜素	0.59 mg
番茄红素	2.57 mg
叶黄素和玉米黄质	123 mg
维生素 K	8 g

二、番茄的生物学特性

1. 番茄的植物学特征

番茄是一种茄科茄属的一年生或多年生草本植物,在热带可多年生长,但在温带有霜地区则作为一年生栽培。一棵完整的番茄植株由根、茎、叶、花、果实和种子组成(图 1.1)。

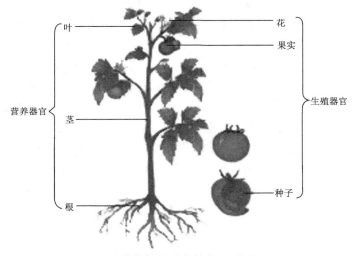

图 1.1　番茄植株的形态结构(杨静慧,2014)

---

* 1 kcal=4.18 kJ。

（1）根

番茄植株根系发达,由胚轴中的幼根发芽伸长,分枝形成主根、各级侧根和不定根。番茄为深根性作物,根系较强大,分布广而深,盛果期主根深入土壤达 1.5 m 以下,根系横向展开幅度为 2.5～3.0 m。在育苗过程中,由于移栽时主根被切断,侧根分枝增多,并横向发展,大部分根系群分布在 30～50 cm 的耕作层,1.0 m 以下土层中根系很少。根系的再生能力很强,不仅易生侧根,在根茎和茎上也容易发生不定根,并且伸展很快。在潮湿的土壤环境中,如果温度适宜,茎基部很容易产生大量的不定根。利用这一特性,栽培上可以育苗移栽,卧栽徒长苗,通过培土促进根系发展,还可通过扦插侧枝的方式进行无性繁殖。

（2）茎

番茄茎多为半蔓性和半直立性,少数品种为直立性。茎易倒伏,触地则生根,所以番茄扦插繁殖较易成活。茎的分枝能力强,每个叶腋处都能长出侧枝,以花序下第一侧枝生长最快。栽培上为了减少养分消耗,便于通风透光,应根据品种特性和栽培需要进行整枝打杈。根据茎的生长情况可将番茄分为自封顶型和无限生长型。无限生长的番茄在茎端分化第一个花穗后,其下面的一个侧芽生长成强盛的侧枝,与主茎连续而成为合轴,第二穗及以后各穗下的一个侧枝也都如此。自封顶型的植株则在发生 3～5 个花穗后,花穗下的侧芽变为花芽,不再长成侧枝,因而合轴不再伸长。

（3）叶

番茄的叶片呈羽状深裂或全裂状,每片叶有小裂片 5～9 对,小裂片的大小、形状及对数因着生部位不同而有很大差别。根据叶片形状和缺刻的不同,番茄叶片可分为三种类型,即缺刻明显、叶片较长的普通叶,叶片多皱、较短、小叶排列紧密的皱缩叶(也称直立型),以及叶片较大且叶缘无缺刻的马铃薯型叶(大叶型)。叶片分子叶、真叶两种,真叶表面有茸毛,裂痕大,是耐旱性叶。大多数番茄品种为普通叶型,叶片大小相差悬殊。早熟品种叶小,晚熟品种叶大,大田栽培叶深,设施叶小,低温叶发紫,高温下小叶内卷。叶茎上均有绒毛和分泌腺,能分泌出具有特殊气味的汁液以免受虫害。

（4）花

番茄花为两性完全花,由雌蕊、雄蕊、花瓣、萼片和花柄组成。栽培种番茄的萼片和花瓣一般都在 6 个以上。雄蕊数随花瓣数而变,通常有 5～9 个或更多,聚合成一个圆锥体,包围在雌蕊周围,药筒成熟后向内纵裂,散出花粉。花柄和花梗连接处有一明显的凹陷圆环,叫"离层",离层在环境条件不适宜时,便形成断带,引起落花落果。低温下形成的花,花瓣数目多,柱头粗扁,容易形成畸形花、畸形果或脱落。番茄花为总状或复总状花序,每个花序的花数品种间差异很大,樱桃番茄单穗花数比大果型番茄多,随基因型而异,每一花序的花数一般为 5～8 朵,多的 20 余朵。自封顶型植株在主茎长出 6～8 片叶后形成第一花序,以后每隔 1～2 片叶着生1 个花序,当主茎着生 2～4 个花序后,顶芽变成花芽,茎不再延伸而封顶。也有着生 4 个以上花序后才封顶的,此为高封顶。自封顶类型的番茄植株比较矮小,开花结果集中,熟性早,适于矮架密植或无支架栽培。无限生长型植株主茎在 7～9 片叶后形成第一花序,以后每隔 3 片叶着生 1 个花序,主茎如此交替分化花芽和叶芽不断向上延伸生长,不封顶。这种类型的番茄植株高大且茎蔓生,需支架栽培。

（5）果实

番茄果实为多汁浆果,果实大小因品种不同差别很大,单果质量范围在 5～200 g。优良的品种果肉厚,种子腔小,味道沙甜,汁多爽口,风味佳。番茄果实由子房发育而成,包括果皮及胎座组织。栽培品种一般为多心室。心室数的多少与萼片数及果形有一定关系,萼片数多,心室数也多。樱桃番茄多为2室,普通大果番茄为4～6室或更多。有些品种在花芽分化时,若气温偏低,容易形成多心室的畸形果。果实形状有扁圆、圆球、长圆、梨形和李形等,果实形状与品种、环境条件和心室数有关,一般发育良好的果实5～7个心室,近圆形,心室数增多,果实大而扁,心室数太多,果实大而呈畸形,心室数减少,果实呈桃形。果实有果肩果实和无果肩果实,果实蒂部周围有一周绿色部分称果肩果实,无则称为无果肩果实。成熟果实颜色有红色、粉色、橘黄色、浅黄色等,有的形成彩色条纹,果实颜色由果皮和果肉的颜色共同决定,如果果皮和果肉皆为黄色,果实则为深黄色;若果皮无色,果肉为红色,果实则为粉红色;若果皮为黄色,果肉为红色,果实则为橙红色。番茄果实的红色是由于果实含番茄红素,黄色是由胡萝卜素和叶黄素所致。果实中各种色素含量除受基因控制外,还与环境条件有关,番茄红素的合成受温度影响较大,与光照也有一定关系,胡萝卜素和叶黄素的形成则主要与光照有关。

(6)种子

番茄的种子呈扁平圆形或肾形,灰褐黄色,大多数表面被有短茸毛。种子由种皮、胚乳和胚组成。种子成熟比果实早,通常开花授粉后35 d左右的种子即具有发芽能力,而胚的发育是在授粉后40 d左右完成,这样授粉后40～50 d的种子完全具备正常的发芽力,种子的完全成熟是在授粉后的50～60 d。番茄种子在果实中被一层胶质包围。由于番茄果汁中存在发芽抑制物质以及受果汁渗透压的影响,种子在果实内不发芽。种子千粒重2～4 g。一般种子寿命为3～4年,但1～2年的种子发芽率最高,生产上多用1～2年的新种子,若低温干燥保存,寿命更长。

2. 番茄物候期

番茄从播种发芽到果实成熟采收结束,其生长发育过程有一定的阶段性和周期性,番茄的一生大约可分为4个不同的生长发育时期,即发芽期、幼苗期、开花坐果期和结果期。各个时期特征如下。

(1)发芽期

指种子发芽到第一片真叶出现。正常温度条件下需7～9 d,为使种子发芽快,出苗整齐,多采用浸种催芽,然后播种。种子吸收水分分两个阶段进行:第一阶段是急剧吸水,浸种后迅速吸收水分,半小时左右吸收水分占种子风干重的35%,2 h吸收64%;第二阶段是缓慢吸水,需5～6 h,吸水25%。种子经7～8 h吸水,达到饱和状态,吸水达92%。同时开始进行强烈的呼吸,需要大量氧气,也消耗自身贮存的养分。

种子吸水后细胞内的液泡增大了容积,原生质由于水的饱和增加了膨润性,原生质已分离的细胞也恢复到膨满状态,胚根伸长突出种子芽孔,向下生长显出向地性。生根的快慢、胚根伸长速度依温度及其他条件的不同而不同,在25 ℃时36 h开始生根,经2～3 d胚根上发生侧根,随着胚根的伸长,根不断生长,弯曲的胚轴伸长钻出种子,子叶先端最后从种子里出来,此时幼芽已分化两片真叶,子叶开始进行光合作用,根吸收无机养分,转向独立的营养生长,当第一片真叶出现,完全过渡到自养阶段。

番茄种子发芽最低温度为10 ℃,最适发芽温度为25～35 ℃,最高温度约为35 ℃(高鑫 等,2006)。番茄种子发芽具有好暗性,好暗性强弱与温度有关,在25 ℃条件下发芽好暗性弱,在明处也能较好地发芽,在20 ℃或30 ℃的条件下好暗性增强,在明处发芽率显著降低(纪燕,2016)。

（2）幼苗期

从第一片真叶出现到开始现蕾为幼苗期,幼苗期经过两个不同的发育阶段:第一阶段在2～3片真叶展开前,是分化根、茎、叶的营养生长阶段,同时子叶和真叶能产生成花激素,对花芽分化有促进作用,子叶大小影响第一花序的出现早晚,真叶大小影响花芽分化数目及花芽品质,因此培育健壮的子叶和真叶是非常重要的;在幼苗2～3片真叶展开后花芽开始分化,营养生长与花芽分化同时并进为第二阶段。一般播种后20～30 d分化第一个花序,以后每10 d左右分化一个花序。花芽开始分化后,每2～3 d分化一个小花,同时,与花芽相邻上方的侧芽也在分化生长成叶片。所以花序的分化、花序上小花的分化、叶片的分化及顶芽的生长是连续交错进行的。如第一花序出现花蕾时,上面各穗花序的花芽处于发育或分化状态。

花芽分化的节位高低、数目、品质受品种及育苗条件的影响。一般早熟品种6～7片叶后出现第一花序,中晚熟品种在7～8片叶出现第一花序。如果育苗条件不良,花芽分化节位提高,花芽数目减少,花芽品质变劣。高温能促进花芽分化期,但高温下花芽数目减少。温度越低,花芽分化期越长,但花芽数目增多,当夜温低于7 ℃时则易出现畸形花。在适宜的条件下,此期需45～50 d;春季保护地育苗时由于温度较低及弱光的原因,苗龄可能达60～90 d。幼苗2叶1心至4叶1心期是花芽分化的关键时期,夜温长期低于12 ℃将影响花芽分化,导致前1～3穗果畸形果发生较多。育苗期间生长和发育是同时进行的,营养生长是植株发育的基础,根系发育状况、叶面积大小、茎粗都与花芽分化有关。苗期生长好坏直接影响花芽分化的早晚及花芽的数量和品质,因此苗期要创造良好的温光条件,培育壮苗,为获得优质高产奠定坚实的基础。

（3）开花坐果期

从第一花序现蕾到开花结果为开花坐果期,一般从定植到开花约30 d。这个时期是幼苗期的继续、结果期的开始,是以根、茎、叶营养生长为主过渡到开花坐果,即生殖生长与营养生长同时进行的转折期,直接影响产品器官的形成和产量,尤其是前期产量。此期营养生长和生殖生长矛盾表现突出,是协调营养生长和生殖生长关系的关键时期,水肥管理应特别慎重,适时施用。若水肥过量或偏早,植株容易发生徒长,而导致开花结果延迟,甚至落花落果。若水肥不足或偏迟,则易使自封顶品种出现果坠秧现象,导致早衰、产量降低。

（4）结果期

指第一花序着果一直到采收结束拉秧的较长过程。这一时期果、秧同时生长,结果期每一花序下部的叶片制造的营养物质除供给根外,主要供给果实和顶端营养生长的需要,解决好营养生长与生殖生长的矛盾,是这一时期的关键要务。一般情况下从开花到果实成熟需50～60 d,环境条件适宜,时间可能缩短,冬季低温寡照条件下需70～100 d。这一时期的长短因栽培茬次不同而有很大差别,秋冬茬一般为70～80 d,冬春茬为80～100 d,越冬一大茬可达到5～6个月。果实发育开花前子房的增大主要靠细胞的增多,细胞本身膨大很少,开花以后果实膨大主要靠细胞的膨大,细胞数目已不再增加。

番茄是陆续开花陆续结果的作物,当下层花序开花结果,果实膨大生长时,上面的花序也在不同程度地分化和发育,因此各层花序之间的养分争夺也较明显,特别是开花后的20 d,果实迅速膨大,吸收较多的养分,如果营养不良往往使基轴顶端变细,上位花序发育不良,花器变小,着果不良,产量降低,尤其是冬春季节地温低,根系吸收能力减弱,表现更为突出。因此供给充分的营养,加强管理,调节植物生长与结果的关系是非常重要的。

三、番茄对环境条件的需求

番茄受原产地气候条件的影响,具有喜温、喜光、怕霜、怕热、耐肥及半耐旱等习性。因此在春秋气候温暖,光照较强条件下生长良好,产量高,在夏季高温多雨或冬季低温寡照条件下生长弱,病害重,产量低。番茄的生长发育对温度、光照、水分、土壤及营养等环境条件提出了不同的需求。

1. 对温度的需求

番茄属喜温性作物,对温度比较敏感,温度过高或过低,都会使番茄生长不良,严重时甚至受害或死亡,不同器官及发育期对温度条件的要求也略有差别。种子发芽期的最低温度为10 ℃,最适宜发芽温度为25～35 ℃,发芽的最高温度为35 ℃,低温下种子发芽缓慢,而且在低温低湿条件下易呈水粒状,播种后种子容易腐烂。幼苗期白天适宜温度为20～25 ℃,夜间为10～15 ℃,温度过低容易形成畸形花,温度过高,幼苗则容易旺长,在栽培中可利用番茄幼苗对温度适应性较强的特点,对幼苗进行低温锻炼,以增强幼苗的抗寒力。开花结果期对温度反应较敏感,尤其是开花前5～9 d及开花后2～3 d对温度要求较严格,白天25 ℃左右,夜间17 ℃左右时,花器官的发育最充分,如果温度低于15 ℃或高于35 ℃,都不利于花器官正常发育和开花。结果期以白天25～28 ℃、夜间16～20 ℃较为理想,温度过低则果实生长缓慢,温度过高则受精不良,坐果数减少,并容易出现高温逼熟现象或形成空洞果。此外,温度的高低与番茄的茄红素的形成密切相关,19～24 ℃的温度有利于番茄茄红素的形成,果实转红快,着色好;低于15 ℃或高于30 ℃时则不利于番茄茄红素的形成。所以,在低温和高温季节,番茄果实的着色较差。

番茄根系生长的最适宜地温是20～22 ℃,下限地温为12 ℃,上限地温为35 ℃。地温低于8 ℃时根毛停止生长,低于6 ℃时根停止生长(表1.2)。在适宜气温范围内提高地温可以促进根系发育,所以早春番茄栽培时,地温必须稳定在8 ℃以上(温亚杰,2011)。

表1.2　番茄不同生育期的三基点气温度(高鑫,2006)

生育期		最低温度(℃)	最适温度(℃)	最高温度(℃)
种子发芽期		10	25～35	35
幼苗期	昼	10	20～25	35
	夜	10	10～15	35
开花坐果期	昼	15	25	35
	夜	15	17	35
结果期	昼	15	25～28	30
	夜	15	16～20	30
地温		12	20～22	35

2. 对光照的需求

番茄喜阳光充足,番茄产量、品质与光照强度有直接关系,秋冬季节生产由于光照不良易造成大量落花,因此在栽培中必须经常保持良好的光照条件。番茄光饱和点为7万 lx,一般要保证3万～3.5万 lx以上的光照强度。番茄生长季4—9月日照时数在1813 h左右,约占全年日照时数的56%。冬春季在棚内栽培番茄,常因光照强度弱,营养水平低,植株出现徒长现象,具体表现为茎叶细弱,开花少,落花落果严重,果实着色不良,影响品质和产量。光照充足,植株生长健壮,茎粗大,抗性强;然而如果光照过强,并常伴随高温干燥,会引起植株卷叶,果面灼伤染病。

番茄不同生育期对光照的要求不同。发芽期不需要光照,有光反而抑制种子发芽,降低种子的发芽率,延长种子发芽时间。幼苗期既是营养生长期,又是花芽分化和发育期,光照不足,光合作用降低,植株营养生长不良,将使花芽分化延迟,着花节位上升,花数减少,花的质量下降,子房变小,心室数减少,影响果实发育。开花期光照不足,容易落花落果。结果期在强光下坐果多,单果大,产量高,反之在弱光下坐果率降低,单果重下降,产量低,还容易产生空洞果和筋腐病果。番茄作为中日性作物,不需要特定的光周期,只要温度合适,周年都可种植番茄,根据试验以16 h日照条件下生育最好,少于16 h则天数越长越好,超过16 h天数越短越好。

3. 对水分的需求

番茄茎叶繁茂需水多,但由于其根系发达吸水能力强,属半耐旱作物。其在不同生育期对水分要求不同,发芽期需水多,要求土壤湿度80%以上。幼苗期对水分要求较少,土壤湿度不宜太高,以65%~75%为宜。第一花序着果前,土壤水分过大易引起植株徒长,根系发育不良,造成落花;第一花序果实膨大生长后,枝叶迅速生长,需要增加水分供应。结果期需要大量水分供给,除果实生长需水外,还要满足花序发育对水分的需要,土壤湿度要求在75%以上,空气相对湿度以50%~66%为宜。在冬春季节栽培水分管理应特别慎重,水分少,土壤干旱影响其正常生长发育,浇水过多,地温不易升高,影响根系的发育及养分的吸收,甚至烂根死秧,增加空气相对湿度不仅阻碍正常授粉,而且在高温高湿条件下病害严重。所以要根据番茄各个生长发育时期不同的需水特点灵活掌握,并通过温室蓄水、膜下灌溉、滴灌、渗灌等措施防止降低地温,控制土壤和空气湿度。

4. 对土壤及矿质营养的需求

番茄对土壤要求不严,但对土壤通气条件要求严格。适宜微酸性至中性土壤,pH值6~7为宜,不耐盐碱,以选用土层深厚,排水良好,富含有机质、保水保肥和透气性良好的土壤为宜。据实验测定每生产5000 kg果实,需从土壤中吸收氧化钾15~25 kg、氮10~17 kg、五氧化二磷5 kg。氮肥主要满足植株生长发育,是丰产的必需条件;磷肥促进花芽分化发育,增强根系吸收能力;钾肥促进果实迅速膨大,对糖的合成及运转,提高细胞浓度,提高抗旱能力有重要作用。番茄对氮肥吸收从第一穗果开始,膨大前逐渐增加,至盛果期达到最高峰;磷肥在坐果以后,需要量较多;钾能促进氮肥吸收,增强植株抗性,改善果实品质。

第二节　番茄品种及中国生产概况

一、番茄品种分类

番茄是茄科植物中的一员,它是一种自花授粉作物,具有中等大小(950 Mb)的二倍体(2n=2x=24)基因组。2012年番茄基因组联盟发表了高品质的参考基因组序列,番茄与12个野生近缘种一起起源于南美,可与栽培番茄杂交。存在几个大的遗传资源集合,在这些基因库中保存了70000多个品种,这些收藏还包括科学资源,如突变体或分离群体的收藏。

我国的番茄种植可谓区域广泛、栽培气候各异、品种类型十分丰富,栽培品种有毛粉802、渝抗4号、渝抗5号、秦粉二号、西粉二号、西粉三号、红宝石、超级早丰、早魁、强丰、台湾红、中蔬4号等,呈现"北粉南红"的特点。北方以口感沙绵、颜色粉靓的粉果为主,主栽品种有以色列产的汉克、1415、189、加茜亚等,南方以质感坚硬、颜色鲜红的红果为主,主栽品种有金棚1号、雅丽616、西农2011、毛粉802等。番茄粉果以设施栽培为主,露地种植较少,可见陕西、河南、吉林和江苏等地,春季粉果设施栽培面积约180万亩,主要分布于我国北方地区,种植广泛。我国红果露地种植主要集中在南方,主栽培区有云南、四川、福建、湖北以及两广地区,总面积在50万亩左右。

番茄种类划分方法很多,按类别可分为杂交品种和常规品种;按生长习性可分为自封顶型和无限生长型;按果色可分为有色番茄和绿色番茄,前者果实成熟时有多种颜色,后者果实成熟时为绿色;按果实大小可分为大果型品种、中果型品种、樱桃品种等。目前栽培番茄有5个变种,分别为:普通番茄(果大、叶多、茎蔓性),大叶番茄(叶似马铃薯叶、裂片少而较大、果实大),樱桃番茄(果小而圆、形似樱桃),直立番茄(茎粗、节间短、直立性),梨形番茄(果小、形如洋梨、叶小、浓绿色)。番茄产量由果实数量和果实重量决定,强烈依赖于品种和生长条件。根据其果实大小和形状,市场上将番茄品种分为樱桃番茄(单果质量小于20 g)和牛番茄(单果质量大于200 g)。番茄潜在的大小取决于开花前阶段建立的细胞数量,但最终的果实大小主要取决于细胞扩大的速率和持续时间。种子数量和果实之间的竞争也影响最终的果实大小。种子和果实对生物和非生物胁迫高度敏感,这往往导致种子和果实败育。果实数量由花束结构控制,但是花数量的增加经常导致败育。果实形状从扁平到长形、卵形不等,而这是在心皮发育阶段决定的。因此在选择番茄品种的时候应当根据所处的环境条件进行选择,对于温室大棚番茄栽培而言,春季栽培应选择耐低温寡照品种,秋季栽培宜选择发育快、易结果、光照低、温度低的早熟和中熟番茄品种。

二、中国番茄生产概况

中国是世界上番茄种植面积最大、产量最多的国家,2006年产量已达3749万t,占蔬菜总量的7%左右,目前全国年产量约5500万t,中国番茄的种植、加工、出口都处在稳定增加阶段,国内市场需求有扩大趋势,2006年全国总产量较上年增加5.42%。番茄产业区域特征明显,河北、山东、河南、四川、新疆等是我国番茄种植的主产区,凭借独特的气候优势,以及当地政府的引导与支持,成为迅速成长的新兴主产区(表1.3)。

表1.3　2006年番茄播种面积和产量(农业部,2008)

地区	播种面积(千 hm²)	总产量(万 t)	每公顷产量(kg)
全国总计	834.7	3749.2	44917
北京	6.2	35.2	56817
天津	8.2	40.1	48922
河北	85.2	554.5	65081
山西	20.7	86.3	41714
内蒙古	10.6	56.4	53204
辽宁	23.7	169.0	71312
吉林	10.4	35.5	34134
黑龙江	12.5	44.0	35179
上海	6.3	25.3	40187

地区	播种面积（千 hm²）	总产量（万 t）	每公顷产量（kg）
江苏	48.4	176.7	36512
浙江	15.1	63.7	42177
安徽	33.8	101.7	30084
福建	15.3	43.6	28497
江西	10.8	23.3	21541
山东	82.3	508.0	61725
河南	109.7	509.6	46455
湖北	38.3	130.3	34025
湖南	20.3	40.2	19796
广东	26.3	67.9	25820
广西	45.5	102.6	22542
海南	2.8	6.8	24393
重庆	14.5	28.8	19867
四川	40.2	103.5	25746
贵州	21.7	46.8	21585
云南	10.5	29.5	28142
西藏	0.2	0.3	15635
陕西	22.6	110.4	48865
甘肃	18.8	87.0	46294
青海	0.6	2.4	39893
宁夏	6.9	29.5	42764
新疆	66.3	490.1	73916

根据各个地区的气候特点与番茄茬口安排，番茄栽培模式可分为设施栽培与露地栽培。其中设施栽培类型主要有早春日光温室、越夏拱棚，以及越冬拱棚，北方番茄种植以设施栽培为主，南方以露地为主，但随着对商品性重视程度的不断提高，目前南方地区番茄的设施栽培呈增长趋势。设施番茄的亩产量近几年均大于露地番茄的亩产量，2018年亩产可达5160.3 kg（图1.2），且设施番茄的亩产值远远大于露地番茄的亩产值，为露地番茄的2倍左右（图1.3）。

设施番茄栽培模式下土地利用率高，单位亩产值高，栽培环境较好。从全国番茄每亩主产品产量来看，2018年全国设施番茄亩产量为5160.3 kg，同比增长3.82%，露地番茄亩产量为3288.2 kg，同比下降5.25%。设施番茄的生产调控成本大于露地栽培，可达露地番茄总成本的2倍，从全国番茄每亩总成本来看，2018年全国设施番茄每亩总成本为8966.11元，同比增长1.45%，露地番茄每亩总成本为3797.36元，同比下降5.91%（图1.4）。设施栽培环境条件下番茄品质也往往大于露地番茄，从全国番茄每亩净利润来看，2018年全国设施番茄每亩净利润为6115.82元，同比增长22.09%，露地番茄每亩净利润为3592.93元，同比增长25.4%（图1.5）。番茄设施栽培因土地利用率以及经济效益均较高而被广泛应用于生产中。

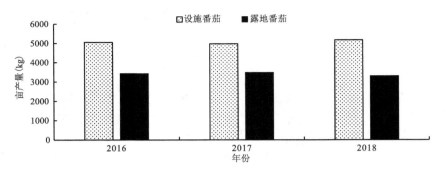

图 1.2　2016—2018 年全国(省份平均)番茄亩产量(张鑫,2020)

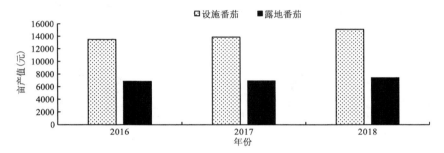

图 1.3　2016—2018 年全国(省份平均)番茄亩产值(张鑫,2020)

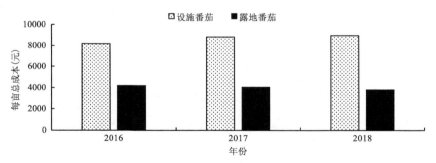

图 1.4　2016—2018 年全国(省份平均)番茄每亩总成本(张鑫,2020)

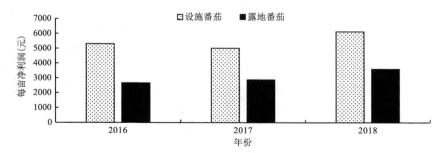

图 1.5　2016—2018 年全国(省份平均)番茄每亩净利润(张鑫,2020)

　　番茄作为全世界栽培最为普遍的果菜之一,从 1988 年到 2017 年,世界番茄产量从 64 Mt 定期增长到 182 Mt。世界番茄主要生产国从 1970 年到 2017 年的产量演变见图 1.6。1970 年,美国番茄产量为 5.3 Mt,中国为 3.9 Mt,意大利为 3.6 Mt,埃及为 1.5 Mt,印度、巴西等国家在 1 Mt 以下。到 1995 年后,中国番茄产量居世界第一位,达到 12.3 Mt;其次为美国,产量 12.0 Mt。到 2017 年,中国番茄产量达到 58.5 Mt;印度居第二位,达到 20.2 Mt;美国为 11.5 Mt;埃及为 6.8 Mt;意大利为 6.1 Mt;巴西为 4.2 Mt。

　　番茄制品的产地也具有明显的地域性特征,目前全球有三个主要的番茄制品加工产区,即美国加利福尼亚地区(简称加州)、地中海地区(主要包括意大利、法国、西班牙、葡萄牙和希腊 5 国)、中国的新疆和内蒙古,三个产区的加工用番茄产量占世界的比例分别为 28.5%、25.3% 和 20.5%,三个地区的总产量占到世界总体产量的 85% 左右,在世界番茄产业中具有举足轻重的地位。美国加州地区番茄加工量最大、机械化程度很高,但是北美市场由于需求较大,因此其生产产品主要用于供应北美市场,进出口量都较小,基本上处于一个自给自足的状态,但近年来美国番茄制品出口量提升,约占其产量的 10%,主要面向南美市场。欧洲地中海地区为整个番茄产业的核心区,尤其是意大利不仅自身产量大,而且进口大量的中国、美国原料进行分装加工后出口到欧盟、非洲、中东等地,拥有长期的加工经验、贸易经验和渠道优势,番茄技术、番茄制品的定价基本在此产生,但近年来由于受欧盟农业补贴取消、生产成本上升等原因影响,其市场占有率不断下降。

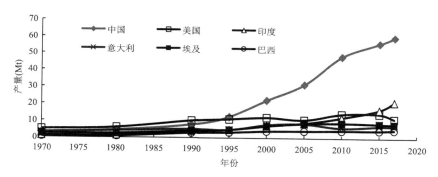

图 1.6　番茄主要生产国产量演变(Chittaranjan,2020)

　　中国番茄产业仍处于起步发展阶段,由于中国国内消费量有限,大部分产品出口,全国年加工番茄酱生产能力超过 100 万 t,年出口量超过 60 万 t,我国已经成为继美国、欧盟之后的第三大生产地区和第一大出口国,在世界番茄酱市场上占有举足轻重的地位。我国之所以能够在较短时间内确立在国际番茄酱市场上的地位,主要是由于番茄酱产品质优价宜,以红色素高著称,色差、黏稠度和霉菌指数均达到世界同类产品的较高水平。目前中国的番茄生产主要集中在新疆维吾尔自治区、内蒙古自治区等地,其中,内蒙古产量占全国产量的 1/3 左右,新疆产量占 2/3 左右。新疆地处北纬 37°05′~47°55′,光照强、日夜温差大、气候干燥、沙质土地十分丰富,番茄在新疆北疆沿天山一带和南疆焉耆盆地得到广泛种植,番茄原料具有品质好、病虫害少、固形物和红色素含量高等特点,适合进行番茄加工,可与世界其他地区的番茄产品相媲美。

第三节　番茄对环境的适应

番茄的整个生命历程为 110～120 d,分为芽、苗、花、果 4 个时期。在此过程中,番茄生长会遇到多种环境和生物因子的影响,包括温度、水分、光照、空气、土壤矿物质及害虫和病原体等,导致番茄品质和产量的不稳定性。番茄的驯化和改良长期以来一直集中在与生产力、品质和抗病性相关的农艺性状上。如今,作物对全球气候变化的适应能力是植物育种上其中一个最具挑战性的方面,人们已逐渐意识到培育气候适应型作物的重要性。环境因素的变化通常会在细胞分子、植物生理和形态水平上引起植物紊乱,从而改变作物的农艺性状。

一、生物胁迫

在基础农业生产中,番茄常遭到至少 200 种害虫和病原体的侵害,这些害虫和病原体主要有细菌、真菌、卵菌、病毒、线虫、昆虫和蜘蛛螨等。如危害番茄根系的根结线虫,危害番茄叶、花蕾、果实及种子的苜蓿夜蛾的幼虫,危害果实的棉铃虫,吸收汁液的茄无网蚜、白粉虱等。它们扰乱叶片发育,干扰光合作用碳同化过程,使果实外观变形,最终降低番茄果实产量。这些虫害一旦暴发将会对番茄造成大面积减产,严重时可导致绝收。此外,有的昆虫还能传播病毒,少数病毒如妥布病毒也可通过接触传播。而许多细菌病害危害也很严重,番茄细菌性叶斑病病原菌可以使植物为了防御病害入侵而关闭的气孔重新打开,从而感染番茄,危害很大,青枯病一旦发生,就会造成绝收。真菌病害的危害也不可忽视,茄链格胞菌以分生孢子初侵染植物,先侵染子叶,接着侵入胚轴,并扩展到茎、叶片上,最后植株得病;疫霉从气孔或表皮侵入,使番茄得病,随后孢囊柄从气孔里伸出,并产生孢子囊作为再次侵染;灰霉以侵染果实为主,从残留的花瓣或柱头侵染,随后呈中心式传播,使果实腐烂;尖孢镰刀菌从幼根或伤口浸入,在维管束中扩展蔓延,堵塞导管,并产生番茄凋萎素,随输导组织扩展,致使维管束功能损害,导致植物得病;叶霉菌以侵染健壮植株为主,从开放的气孔进入植物体内,随后裂解栅栏组织细胞,阻塞气孔,抑制植株呼吸。在全球范围内,病害造成了番茄近 40% 的产量损失,这些疾病的发生因番茄种植地的地理位置、环境条件以及种植方式而异。例如,较高的相对湿度易导致茎溃疡病以及由不同种类链格孢菌引起的早疫病,较高气温和潮湿的条件易导致不同种匍柄霉引起的灰斑病,较低地温易导致由番茄拟除虫菊酯引起的木栓根腐病,低温环境易导致镰刀菌冠腐病和根腐病,较高的空气湿度与较低的夜间温度交替易导致由致病卵菌疫霉引起的晚疫病的发展,该晚疫病可破坏高达 100% 的大田或温室番茄作物。对这些致病性生物的防治,要考虑成本和环境友好性。比如,用抗性砧木和几丁质的土壤的联合使用能够有效抵抗番茄土传病害的发生;野生型的抗疫霉病番茄品种如何保持其抗疫霉病的性状可遗传也在研究当中;从番茄茎中分离的内生细菌中筛选出具有抗青枯病的菌株。而采取何种措施取决于对致病机理的研究以及对病虫害的检测、检验等。

二、非生物胁迫

1. 温度胁迫

气候变化最明显的影响是世界不同地区的气温上升。21 世纪的结束预计将伴随着全球变暖的加剧,导致全球主要栽培作物产量的大幅下降。过高的温度会导致番茄叶片的超微结构发生改变,叶绿体基粒数减少,进而对糖分的积累与代谢产生不利影响,最终对植株的生长发育、果实产量与品质等带来不良影响。其中花期是高温胁迫下最敏感的发育时期,高温胁迫导致番茄产量严重下降,主要是因为高温对花和果实等生殖器官的影响很大,番茄植株的繁殖性能下降。对番茄而言,开花前后的高温胁迫在很大程度上改变雄花可育性来抑制繁殖,在可准确预测温度的地区,应合理安排播种日期以避免开花前后的高温胁迫。高温胁迫下,番茄雄花可育性是限制番茄植株繁殖的主要因素,研究中常使用花粉特性来衡量番茄植株的耐热性,而不仅仅是最终产量。

低温胁迫是指植物在高于 0 ℃且低于最佳生长温度的环境下生长。低温时会出现不发芽或发芽率低、生长停顿等不利症状,低温胁迫在冷冻胁迫之前,温度过低时还会造成冻伤、冻死现象,严重低温时番茄无法从外界得到足够能量而使得细胞内的生物代谢几乎停滞,导致番茄种子处于休眠状态。番茄在 14 ℃时生长减缓,降低温度会诱发一些冷应激症状,而在 12 ℃以下几乎没有观察到任何生长。番茄在低温下光合产物分配受影响,花的数量、果实的数量和最终产量均出现不同程度的减少。植物生长发育过程中的低温胁迫会降低番茄红素、β-胡萝卜素和 α-生育酚等非酶抗氧化剂的含量,也会对番茄的果实品质产生不利影响,外用酚类化合物——特别是水杨酸,可以显著提高番茄对低温的耐受性。但在一定的温度范围内,番茄能够适应温度的降低,让番茄适当适应低温,也能为番茄生产带来好处。比如,根部适应低温,可使番茄中可溶性糖类物质含量增加。

因此,在番茄种植过程中要选择合适的温度。基础设施中,常采用改变外界条件的措施来满足番茄生长的最佳环境需求,如采用覆盖大棚、填埋作物秸秆、增加反光、添加热源等方法减少或缓解冻害,采用灌溉降温缓解高温危害。

2. 水分胁迫

番茄的营养面积大,蒸腾作用强,果实是浆果,陆续结果且数量多,因此番茄是一种高需水量作物,在其生长过程中需要大量的水分,这使得水资源管理显得尤其重要。当植物生长期间出现水分亏缺时,通常会观察到细胞分子和植物形态的变化,水分缺失极易造成番茄发芽率低、植株矮化、生长发育受阻、光合速率下降,进而影响番茄的最终产量。水分的缺失还会引起番茄细胞的活性氧(O_2^-、H_2O_2 等)大量积累,破坏膜系统稳定,严重损伤 DNA、蛋白质、脂类等,对番茄生长造成损害。

营养生长和生殖发育过程中的水分亏缺对作物的整体经济效益有负面影响,但对果实品质的正面影响已有记录。在水分胁迫下,由于多糖合成及稀释效应,包括番茄在内的果树蔬菜中维生素 C、抗氧化剂和可溶性糖等营养成分含量均有所增加。水分胁迫下果实含糖量的增加是由于果实含水量的减少,而不是糖的合成增加。

当然,涝害也会对番茄产生不利的影响。但是,当番茄在部分根系遭受短时间涝害的时候,其他未受害的根部会通过增加对氮素的吸收来抵抗不利环境的胁迫。我国处于亚热带季风气候,沿海地区夏季多雨,极易造成番茄的涝害。内陆高温少雨,番茄常遭受干旱的威胁。在设施农业中,人们常采用修建排水沟、及时松土等方式,减少涝害的损失。采用覆盖地膜、合理密植等方式,减少干旱的威胁。在水资源缺乏的西北地区,则可改渠灌为喷灌、滴灌。

3. 光照胁迫

光照主要影响番茄的光合作用,在番茄生长中光照强度和光照时间非常重要。弱光会显著抑制番茄的生长,降低其产量,光照不足极易造成番茄的生长素和微量元素含量减少,导致植株徒长、发黄,生长势减弱,产量降低。不同光质对番茄果期的影响也是不可忽视的。红光处理下番茄果实中番茄红素含量最高,但维生素 C 含量最低;蓝光处理下番茄果实维生素 C 含量、可溶性蛋白含量均显著提高;红蓝组合光处理下番茄果实可溶性蛋白的含量显著提高。红光和蓝光是影响番茄果实转色期品质变化的主要光质,另外,采用低剂量短波紫外线照射番茄果实,可使果皮细胞中叶绿体等细胞器衰老延缓,细胞壁和细胞质变得致密和黏稠,中胶层分解推迟,番茄果实抗病性提高,果皮细胞壁防御能力增强。番茄主要在春季栽培,此时光照时间和光照强度都不足,人们可以利用人工光源适当地延长光照时间,或覆盖不同颜色的塑料薄膜,以提高光照利用率和果实品质,保证番茄的健康生长。

4. CO_2 胁迫

作为一种常年食用的世界性蔬菜,许多地区都在大棚里种植番茄,因此大棚内的气体成分和比例对番茄的生长发育具有非常重要的影响。目前,这方面的研究主要集中在对 CO_2 的研究上。这是因为适当提高 CO_2 含量,增加 C 的来源,本身对提高植物的光合作用形成碳水化合物有非常明显的影响。此外,CO_2 对番茄还有其他的有益作用。比如,提高空气中的 CO_2 含量,可以有效地抑制番茄黄曲叶病毒病的发生,而 CO_2 除了直接影响番茄生长以外,也可以通过影响与番茄共生的微生物来提高番茄的产量。

5. 土壤矿物质不足

矿质元素对植物生命活动的影响非常大,通常被分为必需营养元素和非必需营养元素。番茄虽为自养生物,但仍需要添加一些营养物质以利于其种子的发芽、茎和叶的增长、花的生长、果的增重和品质的提高。大量矿物养分是刺激番茄生长发育所必需的,其中氮、磷和钾尤其重要。

氮素是限制番茄生长发育的最重要的元素之一,番茄生长速度与施氮量线性相关,低氮供应限制了叶片的生长,但促进了根的发育,这种活性主要与细胞分裂的素浓度变化有关。酚类化合物积累的增加也是番茄缺氮的一个显著特征。氮素缺乏严重影响番茄果实数量、果实大小、果实颜色和味道、贮藏品质等,对番茄栽培经济造成严重后果。在实际番茄栽培过程中,氮供应超过番茄所需施氮量的情况十分普遍,过量的氮素水平将会抑制番茄果实发育成熟,造成番茄植株徒长,过量氮素在对地下水造成污染的同时,还会抑制根系发育。这足以表明番茄种植过程氮素管理的必要性,随着计算机智能系统的使用和叶片反射率等胁迫耐受特性的定义,实时温室管理技术现已能实现。

磷通常以植物无法吸收的形式存在于土壤中。因此,包括番茄在内的主要作物都需要施磷肥。番茄吸收利用土壤中磷的能力与根的形态变化有关,并涉及植株激素水平的变化。植物早期发育对磷含量非常敏感,番茄磷供应不足会导致植株生长发育受阻,磷酸盐缺乏是通过增加番茄对生长素的敏感性,来激活磷转运基因以使番茄植株从脂质和核酸中重新利用磷素,从而引起根结构形态的改变。长期适应磷饥饿的番茄植株初生根生长受到抑制,侧根生长加快。番茄植株长期缺磷,叶片净光合速率降低,蔗糖含量降低,淀粉含量则有所增加。在野外条件下,番茄需要更庞大的根系来更好地吸收利用土壤中的磷。

钾对番茄营养生长的重要性体现在光合作用、渗透调节和离子平衡等重要生理过程。番茄产量和品质直接受到植物光合作用的影响,因此二者与番茄果实中钾离子浓度也是直接相关。钾离子供应充足,则番茄植株生长旺盛、开花早、果实数多且可滴定酸度高。同时,在施钾番茄果实中,可溶性固形物、抗氧化物质和抗坏血酸含量均有所升高。缺钾番茄植株叶片会出现褐色边缘似灼烧叶和脉间黄化现象。植物通常能感知到外界环境中钾离子浓度的变化,可通过激活信号转导在钾离子转运蛋白作用下来重建植株内环境离子稳态。钾离子在番茄体内的转运始于根系,缺钾对根系结构的影响最大,改善根系发育可以直接减轻钾缺乏的不利影响。

钙是一种重要的离子,参与到植物的多种代谢过程中,对番茄植株的生长发育至关重要。番茄细胞壁刚性、细胞膜稳定性、离子转运以及非生物胁迫信号的传导都与矿质营养素含量息息相关。番茄植株缺钙将会引起营养失衡,扰乱植物细胞内的离子平衡。番茄植株对非生物胁迫的响应与细胞内钙离子内环境稳态密切相关,特别是细胞内信号的传导响应。钙离子可减轻番茄在盐胁迫下盐毒性对植株生长和果实发育的影响。大多数番茄品种易受钙缺乏的影响,出现诸如花末腐烂等植物生理紊乱现象。生产中需要优选成本低、效益高、污染小、作用全面的肥料。可以利用发酵废弃物(酒糟、沼液)和农业固体废弃物(家禽粪便、动物粪便、植物秸秆)来提高番茄的品质,还可利用生物缓释技术,延长其作用时间。

第四节　中国农业气候资源

近年来,随着农业生物环境工程控制技术的突破,大规模的现代设施农业迅速发展起来,形成一种集约化程度较高的现代农业生产技术,设施内的生态系统为作物的生长发育提供了必要的环境条件。制约温室作物生产的主要环境因子包括:光照、温度、湿度及通风条件等。在过去的 20 年,温室在农业生产中的重要性日益凸显,使用温室的主要目的在于,在每个作物生长阶段保证作物的最优热量条件以便在非作物生长季提供量高质优的农业产品。以荷兰为代表的设施农业发达国家的农业设施标准化程度高,大多为联动智能温室;种植技术及栽培技术规范,植物保护及采后加工商品化技术先进;设施环境综合调控及农业机械化技术发达,并在逐步向自动化、智能化和网络化的方向发展。因此,这些国家的温室受气象灾害影响较少,其受灾机理与中国日光温室相差较大,且温室灾害多为温室作物的病害、虫害等。20 世纪 80 年代以来,中国以日光温室、塑料大棚为代表的设施农业得到快速发展,尤其是适应中国农村经济技术水平的节能型日光温室在黄河中下游的黄淮平原、辽东半岛、京津地区发展迅速。据统计,2010 年中国园艺设施面积超过 350 万 hm^2,成为世界设施农业第一大国,其中日光温室面积超过 38 万 hm^2,设施农业已成为中国农业生产、农民增收的主导产业。

尽管近 30 年来中国设施农业取得了长足的进步,但总体水平仍落后于发达国家。设施作物一般不直接触及外界气象条件,即不直接受益于或受损于外界天气,但是灾害性的天气对设施作物的危害是显而易见的,加之我国地处季风气候区,设施管理水平较低,抵御自然灾害能力较差,发生大风、暴雨、暴雪等灾害,将给设施农业带来严重危害。全球变暖、气候异常所带来的影响,更是加剧了复合型气象灾害发生的频率,危害明显加重。

番茄是喜温性蔬菜,几乎适应所有气候,在世界各地广泛栽培。中国是世界上最大的番茄生产国家,2015 年,我国番茄的栽培面积已达 150 万 hm^2,总产量达 3500 万 t,居世界首位,即使从世界范围来看,番茄在蔬菜中也是栽培得最多的。但是我国的设施番茄生产面临产量低、品质差、难以周年持续生产等问题,单位面积产量远远低于发达国家,这说明:我国设施环境调控装备技术还比较落后,设施装备水平、智能环境调控系统还不够完善,无法提供稳定适宜的生长环境。生产中遇到的气象灾害是影响设施番茄高产优质的主要因素之一。因此研究设施番茄气象灾害的发生频率和分布,为保障设施番茄安全高效生产提供理论支撑和科学依据显得尤为重要。

农业气候资源,是指一个地区的气候条件对农业生产发展的潜在能力,包括能为农业生产所利用的气候要素中的物质和能量,它是农业自然资源的组成部分,由热量资源、光资源、水分资源、大气资源和风资源组成,也是农业生产的基本条件,能为农业生产提供物质和能量的气候条件,即光照、温度、降水、空气等气象因子的数量或强度及其组合,并具有年日周期的循环性、时空变化的不稳定性,可周而复始反复利用,以及随农业发展阶段而变化等特性。它在一定程度上制约一个地区农业的生产类型、生产率和生产潜力。通过对全国 824 个基准站 1990—2019 年的历史气象数据进行统计,计算得到 30 年来全国季度平均气温、日照时数、降水量以及风速数据。选择的站点空间分布如图 1.7 所示。

图 1.7 中国 824 个气象站点空间分布

一、热量资源

热量资源,是指通过湍流运动和分子传导引起空气温度和土壤温度的变化,包括地表面与其上层大气之间的热量交换和地表面与其下层土壤之间的热量交换。热量资源主要来源于太阳辐射的热效应。热量资源与农、林、牧、副、渔业生产密切相关,尤其是农业,它是对气候资源最敏感的一个生产部门。热量资源是作物生活所必需的环境条件之一,作物的生长发育需要在一定的温度条件下进行,而且温度需要积累到一定程度后才能完成其一定的生育期。对于不同的作物,高于其下限温度的季节长度和热量才是可以利用的热量资源;而各种作物或同一作物的不同发育阶段,其下限温度和最适温度范围差异较大。因此,对热量资源及其潜力的估算更复杂,其重要性也更大。平均气温能够综合反映某一地区的热量状况,其数值大小和分布特征是热量资源丰富程度和地区差异的具体表现。因此,在此主要基于气象站点的平均气温来讨论我国热量资源分布特征。

利用全国 824 个基准站 1990—2019 年的历史气象数据,统计了 1990—2019 年各站点日平均气温,之后计算成季度均值,然后在 ArcGIS 中用克里金插值,计算出 1990—2019 年我国春季、夏季、秋季和冬季日平均气温,结果如图 1.8 所示。从图中可以看出,1990—2019 年我国春季日平均气温整体呈现出由南向北逐渐递减的趋势,区域性差异显著。其中,南部的广西、广东、云南南部以及海南春季日平均气温最高,在 20 ℃以上。以这些地区为中心,气温逐渐向北递减。值得注意的是,西南地区的青海省和西藏自治区由于海拔较高,温度较同纬度地区低很多,成为春季低温中心。另外,在新疆地区出现了一个次高温中心,温度较同纬度地区要高,平均气温也在 16 ℃以上。我国东北地区由于纬度较高,日平均气温相对较低,日平均气温在 0 ℃以下。

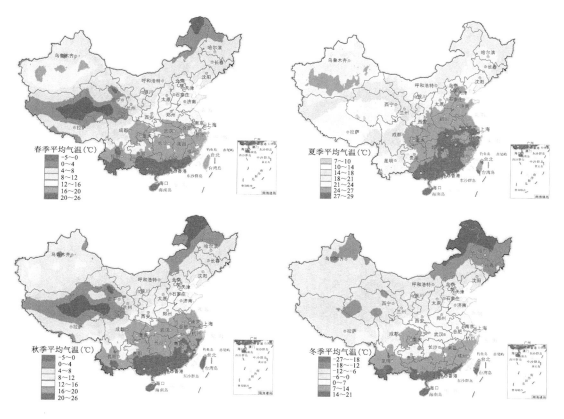

图 1.8　1990—2019 年中国季度日平均气温空间分布特征

我国夏季日平均气温亦呈现出由南向北逐渐递减的趋势,区域性差异显著。夏季,我国高温中心范围向北延伸,集中在江苏南部、安徽中部、河南南部、湖北东部、湖南东部、江西和浙江大部、广西、广东以及海南等地,气温均在 27 ℃以上。以这些地区为中心,气温逐渐向北递减。低值区主要分布在青藏高原地区,日平均气温也为 7~10 ℃。到秋季,我国日平均气温分布特征依然是呈由南向北逐渐递减势,区域性差异显著。高值中心相较于夏季向南收缩,分布在广东、广西、福建、台湾和海南等地,日平均气温 20 ℃以上。华东、华中地区,气温以此为中心逐渐向外递减。低温中心依然分布在青藏高原地区和我国东北地区,气温在 0 ℃以下。到冬季,我国日平均气温分布特征仍然呈现出由南向北逐渐递减的趋势,区域性差异显著。高值中心依旧向南收缩,退到云南南部、广西南部、广东南部、台湾南部以及海南等地区,日平均气温在 14 ℃以上。青藏高原地区气温也降到－8 ℃,东北地区由于纬度低,日平均气温降到－27 ℃。

二、光照资源

光资源是指可以利用的太阳辐射能,是人类生活生产活动的基本能源,是一种重要的农业气候资源。日照时数是光资源分析中常用的指标。日照时数是太阳直射光实际照射的时间,以小时为单位。利用日照时数、日照百分率以及平均云量可以估算总辐射量,以弥补辐射站点少的不足。因此,日照时数是评价地区光资源的重要农业气候指标。

利用全国 824 个基准站 1990—2019 年的历史气象数据统计了 1990—2019 年各站点平均每天日照时数,之后计算成季度值,然后在 ArcGIS 中用克里金插值,得出 1990—2019 年我国各季度日照时数空间分布,结果如图 1.9 所示。

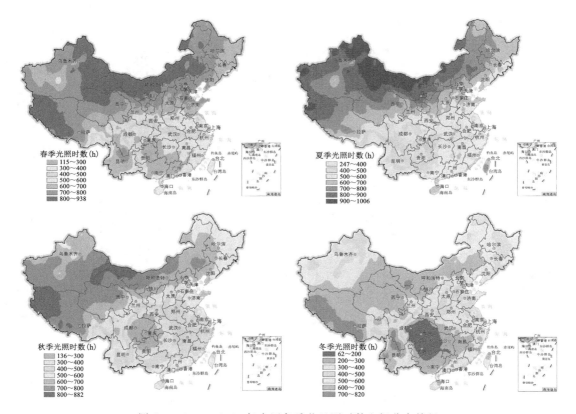

图 1.9　1990—2019 年中国各季节日照时数空间分布特征

从图 1.9 中可以看出,1990—2019 年我国春季日照时数呈南少北多,由南向北逐渐增加的趋势,南北差异显著。其中,内蒙古、新疆东部、甘肃北部、青海北部以及西藏中西部日照时数最长,超过 800 h。我国中部和南部地区日照时数最短,尤其是四川省东部、重庆南部、贵州省中北部、湖南南部、广西北部、广东西北部以及江西南部地区,春季日照时数在 300 h 以下。其余地区如东北地区、华北地区以及西南地区,平均每天日照时数在 600 h 以上,基本能够满足各种植物生长发育的需要。

夏季,我国日照时数亦呈北多南少、由南向北逐渐增加的趋势,南北差异显著。高值中心主要分布在内蒙古西部、新疆东部、甘肃北部以及西藏西部,日照时数在 900 h 以上、甚至达 1006 h,光照充足。日照时数最短的区域主要集中在长江中上游、贵州高原等广大地区,尤其是在四川东部、云南南部、贵州中部以及西藏东南部地区,气候湿润云雨较多,日照时数在 400 h 以下。其余地区如东北地区、华北地区以及西南地区,日照时数均在 500 h 以上,基本能够满足各种植物生长发育的需要。

到秋季,我国日照时数空间分布特征没有变化,仍是呈西北多东南少、由东南向西北逐渐增加的趋势,南北差异显著。但是光照时数较夏季整体减少,低值区仍然分布在华南地区,尤其是四川省东部、重庆市、贵州省北部以及湖南省西部地区,平均日照时数仅在 300 h 以下。新疆东部、内蒙古西部、甘肃北部以及西藏西北部为高值中心,平均日照时数在 800 h 以上。

到冬季,我国日照时数空间分布特征依然没有变化,仍是呈西北多东南少、由东南向西北逐渐增加的趋势,南北差异显著。不同的是,冬季除了云南省,整个南方地区日照时数均较少,日照时数在 400 h 以下,尤其是四川东部、重庆市、贵州、江西西部以及广西北部地区,日照时数在 200 h 以下。

三、水资源

农业水资源是可为农业生产使用的水资源,包括地表水、地下水和土壤水。其中,土壤水是可被旱地作物直接吸收利用的唯一水资源形式,地表水、地下水只有被转化为土壤水后才能被作物利用。自然界的水资源可用于农业生产中的农、林、牧、副、渔各业及农村生活的部分,主要包括降水的有效利用量、通过水利工程设施而得以为农业所利用的地表水量和地下水量。降水对农田是一种间断性的直接补给,也是农业水资源最基本的部分。

利用全国 824 个基准站 1990—2019 年的历史气象数据统计了 1990—2019 年各站点平均每天降水量,之后计算成季度值,然后在 ArcGIS 中用克里金插值,得出 1990—2019 年我国各季度降水量空间分布,结果如图 1.10 所示。从图中可以看出,1990—2019 年我国春季降水量整体呈东南多西北少、从东南向西北依次逐渐递减的趋势,区域性差异显著。我国春季东南部降水量最多,尤其是江西、广西北部、广东北部、福建、浙江南部地区,降水量在 550 mm 以上。由这些地区向西北降水量逐渐减少,尤其是在新疆、西藏中西部、青海西部、甘肃北部以及内蒙古地区,降水量达到最少,在 50 mm 以下。

夏季,我国降水量依然整体呈东南多西北少、从东南向西北依次逐渐递减的趋势,区域性差异显著。夏季降水量较春季整体增加。夏季降水量多的区域依旧分布在我国南部沿海的广西南部以及广东南部,降水量在 800 mm 以上,有的甚至达 1046 mm。由北向西南降水量逐渐递减,东北地区由于季风的影响,降水量也在 300 mm 以上。西北地区由于地处大陆内部,距离海洋远,降水少,尤其是在新疆、内蒙古西部、甘肃北部、青海北部以及西藏北部地区降水最少,在 150 mm 以下。

秋季,我国降水量依然整体呈东南多西北少、从东南向西北依次逐渐递减的趋势,区域性差异显著。相较于夏季,秋季我国降水量急剧减少。虽然降水量大的区域依然分布在南部沿海地区,但是降水量仅在 350 mm 以上,高的达 383 mm,分布在海南省。降水量向北逐渐减少,中部地区降水量也减少到 150～300 mm。西北地区降水量依然最少,有的在 30 mm 以下。

冬季,我国降水量依然整体呈东南多西北少、从东南向西北依次逐渐递减的趋势,区域性差异显著。相较于春季、夏季和秋季,冬季降水量最少,主要分布在湖南东部、江西、福建、浙江,降水量在 200 mm 以上,有的甚至达 308 mm。由此向北,降水量急剧减少,华北地区降水

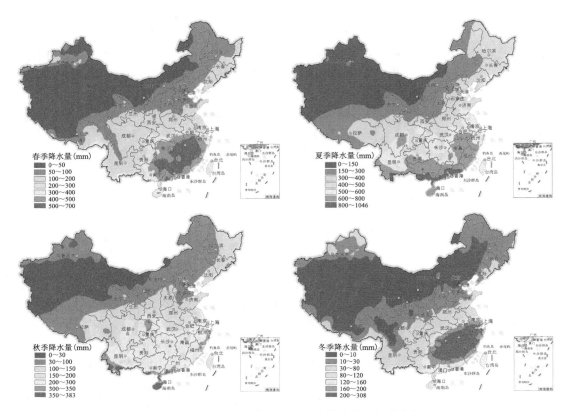

图 1.10　1990—2019 年中国各季度降水量空间分布特征

量仅在 10～80 mm。整个北方地区降水量均很少。

四、风资源

风是农业生产的环境因素之一。适度的风速对改善农田环境条件起着重要作用。近地层的热量交换、农田蒸散和空气中的二氧化碳、氧气等输送过程随着风速的增大而加快或加强。风可传播植物花粉、种子,帮助植物授粉和繁殖。我国盛行季风,对作物生长有利。不过,风对农业也会产生消极作用,它能传播病原体,使植物病害蔓延。强台风来袭时,甚至会严重危及生命安全和国家财产。

利用全国 824 个基准站 1990—2019 年的历史气象数据统计了 1990—2019 年各站点平均每天风速,之后计算成季度平均值,然后在 ArcGIS 中用克里金插值,得出 1990—2019 年我国各季度日平均风速空间分布,结果如图 1.11 所示。从图中可以看出我国春季风速整体呈北大南小、由北向南逐渐递减的趋势,区域差异显著。北方地区尤其是新疆东部、内蒙古北部以及山东东部春季日均风速最大,达 4 m/s 以上。风速最小地区分布在华中和华南,尤其是在四川东部、重庆市、贵州北部、湖南西部、云南南部以及福建等地区春季日均风速均最小,在 1.5 m/s 以下。夏季我国日均风速依然整体呈北大南小、由北向南逐渐递减的趋势,区域差异显著。相较于春季,夏季我国日均风速整体减小;风速大的区域依旧分布在新疆东部以及内蒙古北部地区,日均风速为 3.5～3.8 m/s。低风速区域范围相较于春季逐渐扩大,整个南方地区风速均不大,尤其是四川东部、西藏东部、重庆、贵州北部、广西北部、湖南西部、湖北西部以及福建西部等地区,风速最小在 1.5 m/s 以下。秋季,我国日均风速依然整体呈北大南小、由北向南逐渐递减的趋势,区域差异显著。秋季日均风速相较于夏季没有太大变化,仅仅是新疆西部地区日均风速降低,到 1.5 m/s 以下。冬季,我国日均风速依然整体呈北大南小的趋势,区域差异显著。日均风速依然相对较小,山东东部地区风速在 4 m/s 以上,全国大部分地区风速在 2 m/s 以下,尤其是新疆西部、四川东部、重庆、贵州北部、湖南西部地区,日均风速在 1.5 m/s 以下。

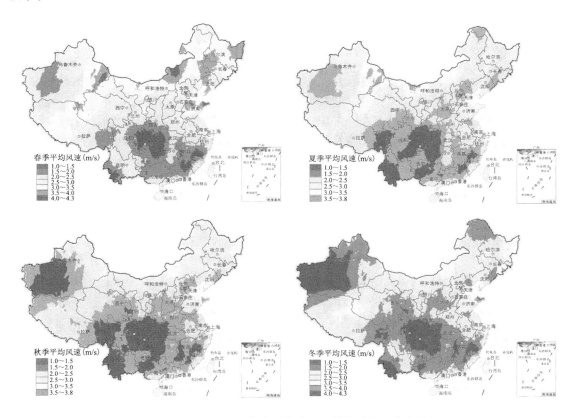

图 1.11　1990—2019 年中国各季度日均风速空间分布特征

第二章 高温高湿复合灾害的致灾机理

第一节 高温高湿对设施番茄植株生长发育的影响

作物在生长发育阶段,对环境的温度、湿度变化都是极为敏感的,温度与湿度配合相宜,才能成为作物的最适生长条件。株高、茎粗和叶面积是作物生长中重要的形态指标,是衡量作物长势的基本要素。干物质的积累和分配影响作物器官的形成,为产量形成提供基础。根冠比是指植物地下部分与地上部分的鲜重或干重的比值,它的大小可以反映矿质成分和营养物质在地上部和根系的分配情况。高温与空气湿度可以显著影响设施作物,如番茄、甜椒和黄瓜等的株高、茎粗、叶面积以及干物质的积累与分配等。黄艳慧等(2010)研究表明,高温条件下提高空气湿度至75%可使番茄植株的株高、茎粗、叶面积生长量、干物质积累量增加。王艳芳等(2010)研究表明,空气相对湿度增加,番茄幼苗叶和茎干物质分配比例增加,根的干物质分配比例下降,表明作物不同器官干物质分配比例对空气相对湿度有不同响应。

试验以"金粉5号"(Jinfen No.5)番茄品种为试材,于2017年3月至2018年6月在南京信息工程大学农业气象试验站玻璃温室(Venlo型)和智能人工气候室(TPG1260,Australian)中进行。在温室中进行育苗,温室内气温为22~28 ℃,空气相对湿度45%~55%,待番茄苗生长至高约15 cm时,选择长势较好且均一的苗,移栽到营养盆中(高22 cm,口径26 cm),盆栽土壤有机碳、氮、速效磷、速效钾含量分别为11600 mg·kg^{-1}、1190 mg·kg^{-1}、29.3 mg·kg^{-1}、94.2 mg·kg^{-1},pH值为6.8,土壤质地为中壤土,之后将盆栽幼苗放入人工气候室中进行高温高湿控制试验,连续处理12 d,处理结束后在适宜环境中恢复。运用电导率法测定出番茄植株高温半致死温度为41.8 ℃,因此昼温/夜温的高温设置3个水平:38 ℃/18 ℃、41 ℃/18 ℃、44 ℃/18 ℃,分别用H1、H2、H3表示;空气相对湿度(用RH表示)也设置3个水平:50%±5%、70%±5%、90%±5%,分别用L、M、H表示。由此,共9个处理表示为H1L、H1M、H1H、H2H、H2M、H2L、H3L、H3M、H3H,以昼温28 ℃、夜温18 ℃、相对湿度50%±5%为对照(即28/18 ℃、$RH_{50±5}$,此为适宜温湿条件,本书以CK表示并作为不同温湿处理下的对照,余同)处理,分别于处理开始当天即第0天、第3天、第6天、第9天、第12天和恢复期间的第4天、第8天、第12天,早晨09:00—11:00进行相关指标测量和待测样品取样,叶片取生长旺盛的功能叶片,田间试验结束后在实验室对样品进行试验测定,每个处理重复3次取平均,高温高湿交互试验设计如表2.1所示。试验期间,气候箱的光周期设定为12 h/12 h(昼/夜),所有处理07:00—19:00(白天)的光合有效辐射(PAR)设定为1000 μmol·s^{-1}·m^{-2},其他时段为0 μmol·s^{-1}·m^{-2}(夜间);按照温室中的实际情况,白天空气相对湿度分别按处理要求设定,夜间均设定为90%~95%,正负误差控制在5%;气候箱中的温度设置为动态变化的温度,即每天13:00—15:00达到昼间最高温即昼温28 ℃、38 ℃、41 ℃、44 ℃,凌晨03:00—05:00有最低温度即夜温18 ℃,其余每小时的温度按梯度自动控制,温度动态变化如表2.2所示。确保试验期间盆栽土壤的水分和养分条件均维持在适宜水平。

表 2.1　高温高湿交互试验设计表

处理	温度(昼温/夜温)(℃)	空气相对湿度(%)	处理天数(d)	恢复天数(d)
CK	28/18	50±5	3、6、9、12	4、8、12
H1L	38/18	50±5	3、6、9、12	4、8、12
H1M	38/18	70±5	3、6、9、12	4、8、12
H1H	38/18	90±5	3、6、9、12	4、8、12
H2L	41/18	50±5	3、6、9、12	4、8、12
H2M	41/18	70±5	3、6、9、12	4、8、12
H2H	41/18	90±5	3、6、9、12	4、8、12
H3L	44/18	50±5	3、6、9、12	4、8、12
H3M	44/18	70±5	3、6、9、12	4、8、12
H3H	44/18	90±5	3、6、9、12	4、8、12

表 2.2　人工控制下的温度、光照日变化

时间 (时:分)	光合有效辐射 ($\mu mol \cdot s^{-1} \cdot m^{-2}$)	温度(℃)			
		28	38	41	44
01:00—03:00	0	20	21	22	23
03:00—05:00	0	18	18	18	18
05:00—07:00	0	19	19.5	20	22
07:00—09:00	1000	20	21	24	25
09:00—11:00	1000	23	25	28	29
11:00—13:00	1000	26	31	34	35
13:00—15:00	1000	28	38	41	44
15:00—17:00	1000	25	36	39	41
17:00—19:00	1000	23	33	36	38
19:00—21:00	0	22	29	32	34
21:00—23:00	0	21	24	27	29
23:00—01:00	0	20	22	23.5	25

一、高温高湿对番茄幼苗花芽分化进程的影响

由图 2.1 可见,处于未分化期的番茄茎尖顶端未见明显分生组织(图 2.1(a));分化初期的顶端分生组织稍膨大,顶端分生组织明显可见(图 2.1(b));当观测到顶花芽四周萼片原基开始隆起时即为萼片形成期(图 2.1(c));雄蕊形成期的萼片原基的内侧开始形成齿状的雄蕊原基,番茄顶芽进一步隆起(图 2.1(d));雌蕊形成期的花芽中心部分进一步隆起,在电镜解剖图中可以看到中心隆起部分开始出现数个突起的小圆丘,即雌蕊心皮原基(图 2.1(e))。

由图 2.2 可见,对照植株于处理开始后 7 d 即 5 月 7 日开始花芽分化,此时取 10 株番茄苗样观察,其中 8 株处于分化初期,分化概率为 80%,分化初期历时 6 d,萼片、雄蕊、雌蕊分化期分别历时 10 d、6 d 和 8 d,从观测日起历时 30 d。图 2.2(a)显示,与 CK 相比,各高温处理水

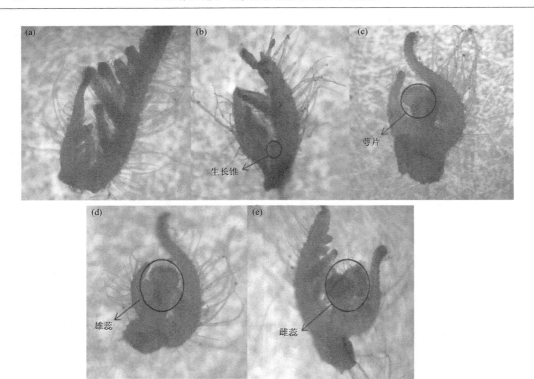

图 2.1 番茄幼苗花芽分化阶段生长锥的形态特征（Olympus 电子显微镜，40×10 倍）

（a）未分化期；（b）分化初期；（c）萼片分化期；（d）雄蕊分化期；（e）雌蕊分化期

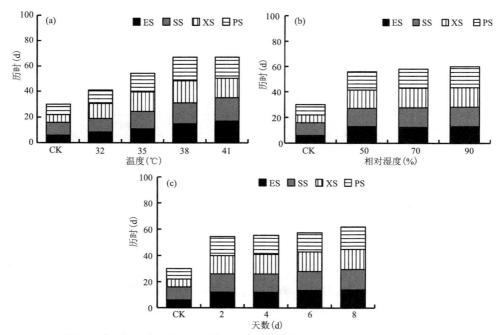

图 2.2 不同温度、湿度和天数处理下番茄幼苗花芽各分化阶段历时比较

（a）不同温度处理；（b）不同湿度处理；（c）不同天数处理；

ES—分化初期；SS—萼片分化期；XS—雄蕊分化期；PS—雌蕊分化期（数据为平均值）

平下花芽开始分化的时间均有不同程度的延迟，T_{32}（本书以 T 表示气温，T_{32} 表示 32 ℃，余同）处理水平下于处理开始后 32 d 进入分化初期，T_{35} 处理水平下于 38 d 后开始分化，T_{38} 和 T_{41} 处理水平下分别于 42 d 和 48 d 后开始分化，分别比 CK 晚 35 d 和 41 d；各高温处理水平下花芽分化到雌蕊分化总历时 44 d、56 d、66 d 和 78 d，分别比 CK 延长 14 d、26 d、36 d 及 48 d。可见，日最高温度高于 T_{32} 条件会使番茄幼苗花芽分化明显延迟，分化进程明显延长，而且温度越高，延迟或延长的程度越重。

图 2.2(b)显示，与 CK 相比，各空气湿度处理水平下花芽分化时间均有不同程度的延迟，RH_{50} 处理水平下于处理开始后 16 d 进入分化初期，RH_{70} 处理水平下于 22 d 后开始分化，RH_{90} 处理水平下于 26 d 后开始分化，分别比 CK 晚 9 d、17 d 和 21 d。各高湿度处理水平下花芽分化到雌蕊分化分别历时 40 d、52 d 和 56 d。可见，空气相对湿度高于 45% 会使番茄花芽分化进程明显增长与延迟。湿度越高，延迟或延长程度越重。

由图 2.2(c)可见，与 CK 相比，各处理时长下花芽分化时间均有不同程度的延迟，2 d 处理水平下于处理开始后 12 d 进入分化初期，4 d 处理水平下于 18 d 后开始分化，6 d 处理水平下于 24 d 后开始分化，8 d 处理水平下在 26 d 后开始分化，分别比 CK 晚 7 d、17 d 和 19 d。2 d、4 d、6 d 和 8 d 处理时长下花芽分化到雌蕊分化分别历时 36 d、42 d、48 d 和 52 d。可见，处理时间越长，花芽分化延迟或延长程度越重。

二、高温高湿对番茄植株生长的影响

1. 高温高湿对番茄株高的影响

株高对温度和湿度变化十分敏感，高温高湿处理对番茄幼苗株高日增量的影响见图 2.3。从图中可以看出，CK 环境中的番茄幼苗株高日增量为 0.41~0.416 cm·d^{-1}，而高温处理下植株株高日增量绝大多数小于 CK 处理，且随着处理时间延长，株高日增量值越小，最小值只有 0.321 cm·d^{-1}，较 CK 降低了 22.7%。在处理期间，T_{38} 处理下植株的株高日增量在 RH_{70} 与 RH_{90} 条件下降低不明显，其中 RH_{70} 下处理 3 d 与 6 d，植株株高日增量略高于 CK 处理12 d 时，幼苗株高日生长量分别较 CK 降低了 4.1%、4.6%。而 RH_{50} 处理下则显著低于 CK 处理，处理结束时，其值较 CK 降低 10.6%（$P<0.05$）。T_{41} 高温下处理 3 d 时，RH_{70} 与 RH_{90} 的番茄幼苗与 CK 并无明显差异，RH_{50} 处理下有最低值，随着处理时间的延长，各湿度处理的幼苗株高日增量的下降幅度比 T_{38} 高温处理大，在处理结束时，RH_{70}、RH_{90} 与 RH_{50} 处理，其值分别较 CK 低了 10.1%、13.2% 与 16.7%。T_{44} 高温环境下处理 3 d 时，RH_{50} 处理的植株株高日增量就降至 0.38 cm·d^{-1}，RH_{90} 与 RH_{50} 处理 6 d 之后，株高日增量就明显低于 RH_{70} 与 CK 处理，处理 12 d 时，其值显著低于 CK 处理（$P<0.05$），只有 0.311 cm·d^{-1}。说明在 RH_{70} 处理下，有助于缓解高温对番茄幼苗的胁迫。不同湿度条件下，植株株高日增量均随处理温度的升高而降低，RH_{70} 处理下其值降低最缓慢，RH_{50} 降低最迅速，即在高温条件下，空气湿度越低，植株受到的胁迫越严重。

恢复期间，幼苗株高日增量均有升高的趋势。其中 T_{38}、RH_{70} 湿度处理株高日增量在恢复 12 d 时，与 CK 无显著差异，而 RH_{50}、RH_{90} 处理后，其值均小于 0.4 cm·d^{-1}。T_{41} 与 T_{44} 高温处理过后的植株株高日增量恢复速度缓慢，直至恢复结束，其值还是显著小于 CK 处理（$P<0.05$）。从不同湿度处理来看，RH_{70} 下，株高日增量恢复速度最快，RH_{90} 处理次之，RH_{50} 处理最慢，经过 T_{44}、RH_{50} 环境处理过的植株在恢复 12 d 时，株高日增量只

有 0.342 cm·d⁻¹。

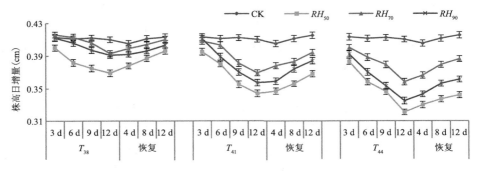

图 2.3　高温高湿对番茄幼苗株高日增量的影响

2. 高温高湿对番茄茎粗的影响

高温高湿处理对番茄幼苗茎粗日增量的影响见图 2.4。从图中可以看出,番茄幼苗在适宜环境中茎粗日增量在 0.058 cm·d⁻¹ 左右,高温处理下植株茎粗日增量绝大多数小于 CK 处理,且随着处理时间延长,茎粗日增量呈现下降趋势。在不同高温处理期间,T_{38} 处理下植株的茎粗日增量在 RH_{70} 与 RH_{90} 环境处理下并无显著差异,其中 RH_{70} 下处理 3 d,植株茎粗日增量略高于 CK 的,处理第 12 d,幼苗株高日生长量分别较 CK 降低了 15.6%、16.9%,而 RH_{50} 处理下茎粗日增量显著降低,处理结束时为 0.411 cm·d⁻¹,较 CK 降低 31.3%($P<0.05$)。T_{41} 高温下处理 3 d 时,RH_{70} 处理的番茄幼苗与 CK 并无明显差异,在处理结束时,RH_{70}、RH_{90} 与 RH_{50} 处理,其值分别较 CK 低了 16.8%、25.4% 与 33.7%($P<0.05$)。T_{44} 高温环境下处理 3 d,各湿度处理下茎粗日增量均明显小于 CK,且随着处理时间的延长,它们与 CK 的差距进一步增大,处理结束时,RH_{50} 处理的植株茎粗日增量只有 0.036 cm·d⁻¹,较 CK 处理低了 38.9%($P<0.05$)。说明在高温胁迫下植株茎粗日生长量是显著降低的,而增加空气湿度至 70% 左右,有利于植株茎秆生长,RH_{50} 与 RH_{90} 处理并未缓解高温胁迫。从不同温度条件来看,植株茎粗日增量均随处理温度的升高而降低,温度越高,茎粗日增量下降越明显,植株受到的胁迫越严重。

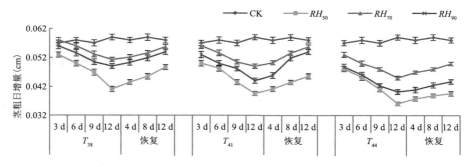

图 2.4　高温高湿对番茄幼苗茎粗日增量的影响

在处理后的恢复期间,幼苗茎粗日增量均呈现升高趋势。其中,T_{38}、T_{41} 处理下 RH_{70}、RH_{90} 处理后植株茎粗日增量在恢复结束时与 CK 无显著差异($P>0.05$),而 RH_{50} 处理后,其值均明显低于 CK 处理。T_{44} 高温不同湿度处理过后的茎粗日增量恢复速度缓慢,直至恢复结束,其值还是显著小于 CK 处理,说明温度过高对番茄幼苗产生了不可逆的胁迫。不同湿度来看,RH_{70} 下恢复速度最快,RH_{50} 处理最慢,即高温环境下,适当增加空气湿度可以提高植株的抗逆性。

3. 高温高湿对番茄叶面积的影响

叶面积是反映植株光合作用能力强弱的重要指标之一,图 2.5 为高温高湿处理对番茄幼苗叶面积日增量的影响。如图所示,在适宜环境(CK)中,番茄幼苗叶面积日增量为 7.85～8.13 $cm^2 \cdot d^{-1}$,高温处理下植株叶面积日增量整体低于 CK 处理,且叶面积增长量随着处理天数延长而下降,不同高温条件下,其增长量略有不同。持续 12 d 处理期间,T_{38} 高温环境中各湿度处理 3 d 时植株叶面积日增量均与 CK 无显著性差异,其中,RH_{70} 与 RH_{90} 处理植株叶面积日增量略高于 CK 处理。处理结束时,RH_{70} 处理下植株叶面积日增量顶芽吲哚-3-乙酸(植物体内的一种内源生长素,英文全称 indole-3-acetic acid,简称 IAA)含量为 7.55 $cm^2 \cdot d^{-1}$,RH_{50} 处理为 6.54 $cm^2 \cdot d^{-1}$,分别比 CK 降低了 5.3%、17.8%($P<0.05$)。在 T_{41} 高温环境中处理 3 d 时 RH_{70} 处理下,幼苗叶面积日增量略高于 CK 处理,处理 12 d 时,RH_{70}、RH_{90} 与 RH_{50} 叶面积日增量分别比 CK 降低了 10.1%、19.7% 和 26.6%($P<0.05$)。T_{44} 高温下各湿度处理的番茄幼苗叶面积日增量降低幅度较 T_{38} 与 T_{41} 大,处理 12 d 时,RH_{50}、RH_{70} 与 RH_{90} 下,叶面积日增量分别较 CK 处理降低了 18.9%、31.5%、40.2%($P<0.05$)。处理结束时,T_{38}、RH_{70} 处理下植株叶面积日增量最高,T_{44}、RH_{50} 处理下最低。在高温环境中,不同湿度处理下幼苗叶面积日增量为:RH_{50} 处理的番茄幼苗叶面积日增量明显低于 RH_{70} 与 RH_{90},且处理温度越高,番茄幼苗叶面积日增量越小。

经过不同处理后,幼苗在 CK 条件下恢复过程中,番茄幼苗叶面积日增量均呈现升高的趋势,处理温度越高,其含量升高越缓慢,即恢复速度越缓慢,恢复 12 d 时,T_{38} 高温环境中 RH_{70} 和 RH_{90} 处理与 T_{41} 高温环境中 RH_{70} 处理下的植株叶面积日增量均基本恢复至 CK 水平;T_{44} 高温中各湿度处理后叶面积日增量恢复均很缓慢,说明高于 T_{41} 的高温环境对番茄幼苗产生了不可恢复的胁迫。

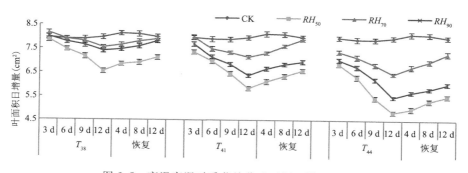

图 2.5　高温高湿对番茄幼苗叶面积日增量的影响

三、高温高湿处理下番茄幼苗生长指标的模拟

利用 Logistic 生长模型对高温高湿处理下番茄的株高、茎粗、叶面积进行拟合,得到回归方程以及特征值,如表 2.3 所示,方程均通过了 0.05 的显著性检验。从表中看出,高温高湿处理下番茄株高生长的始盛点、高峰点和盛末点均提前,温度越高,提前越明显,最大生长速率随

温度升高而显著降低。T_{38} 处理下植株的株高最大生长速率在 RH_{50}、RH_{70} 与 RH_{90} 湿度处理下分别较 CK 降低了 4.1％、7.3％和 16.17％（$P < 0.05$），T_{44} 处理下植株的株高最大生长速率在各湿度处理下分别较 CK 降低了 32.33％、20.19％和 28.74％（$P < 0.05$）。相同温度处理下株高的最大生长速率均为 RH_{70} 处理最高。T_{38} 下各湿度处理番茄茎粗的始盛点分别比 CK 提前了 47.22％、34.32％和 39.1％（$P < 0.05$），T_{41} 下各湿度处理番茄茎粗生长始盛点分别较 CK 提前了 56.35％、38.77％和 51.02％（$P < 0.05$），T_{44} 下茎粗的始盛点比 CK 提前更显著，番茄茎粗生长的始盛点、高峰点和盛末点均随高温胁迫的加重而提前，茎粗的最大生长速率也随温度的升高而降低；同一高温处理下，番茄幼苗茎粗的始盛点、高峰点和盛末点均为 RH_{70} 与 CK 的差异最小，茎粗的最大生长速率均是 RH_{70} 处理高于 RH_{90} 与 RH_{50} 处理。高温高湿处理下番茄叶面积生长的始盛点、高峰点和盛末点均有不同程度提前，番茄幼苗叶面积的最高峰在 T_{44} 环境中各湿度处理下，分别较 CK 提前了 46.4％、28.7％与 38.9％（$P < 0.05$），随处理温度升高，始盛点、高峰点和盛末点提前越明显，T_{38} 植株的叶面积最大生长速率在 RH_{50}、RH_{70} 与 RH_{90} 下分别较 CK 降低了 24.3％、10.7％和 15.6％（$P < 0.05$），T_{44} 处理下叶面积最大生长速率分别较 CK 降低了 56.0％、39.1％和 52.4％（$P < 0.05$），叶面积的最大生长速率随温度升高而显著降低，同一高温处理下，RH_{70} 处理的最大生长速率均高于 RH_{90} 与 RH_{50} 处理。

表 2.3　高温高湿处理下番茄幼苗生长的 Logistic 模型和特征值

指标	处理	回归方程	R^2	始盛点（d）	高峰点（d）	盛末点（d）	最大生长速度
株高 （cm）	CK	$y = 45.34/(1+0.44e^{-0.037x})$	0.951	5.79	13.18	23.40	1.67
	H1L	$y = 41.27/(1+0.37e^{-0.034x})$	0.965	3.23	11.15	19.81	1.40
	H1M	$y = 43.54/(1+0.41e^{-0.038x})$	0.978	4.94	12.64	21.84	1.60
	H1H	$y = 42.13/(1+0.39e^{-0.037x})$	0.947	4.33	11.82	20.47	1.55
	H2L	$y = 40.21/(1+0.27e^{-0.036x})$	0.954	3.10	10.98	17.16	1.43
	H2M	$y = 42.22/(1+0.35e^{-0.037x})$	0.957	4.16	11.69	20.73	1.60
	H2H	$y = 41.32/(1+0.32e^{-0.037x})$	0.954	3.31	3.01	18.80	1.38
	H3L	$y = 38.42/(1+0.19e^{(0.036x)})$	0.965	2.87	11.12	15.37	1.13
	H3M	$y = 40.38/(1+0.33e^{(0.036x)})$	0.967	4.01	11.26	17.51	1.35
	H3H	$y = 39.45/(1+0.28e^{(0.036x)})$	0.945	3.63	9.02	16.41	1.19
茎粗 （cm）	CK	$y = 13.51/(1+0.47e^{-0.017x})$	0.934	4.72	16.18	23.41	0.057
	H1L	$y = 10.04/(1+0.24e^{-0.019x})$	0.965	2.49	12.15	19.01	0.047
	H1M	$y = 13.55/(1+0.33e^{-0.038x})$	0.945	3.10	15.64	20.84	0.056
	H1H	$y = 11.15/(1+0.11e^{-0.017x})$	0.987	2.87	11.82	19.47	0.053
	H2L	$y = 9.859/(1+0.29e^{-0.019x})$	0.965	2.06	10.69	14.86	0.043
	H2M	$y = 12.53/(1+0.33e^{-0.015x})$	0.944	2.89	13.98	16.73	0.054
	H2H	$y = 10.21/(1+0.28e^{-0.013x})$	0.964	2.31	11.01	15.70	0.047
	H3L	$y = 8.62/(1+0.13e^{(0.023x)})$	0.974	1.87	8.12	13.43	0.038
	H3M	$y = 10.16/(1+0.21e^{(0.017x)})$	0.934	2.01	11.26	15.51	0.048
	H3H	$y = 9.88/(1+0.28e^{(0.018x)})$	0.957	1.63	9.02	13.41	0.039

续表

指标	处理	回归方程	R^2	始盛点(d)	高峰点(d)	盛末点(d)	最大生长速度
叶面积 (cm²)	CK	$y=53.16/(1+0.79e^{-0.062x})$	0.968	7.83	11.43	15.76	0.82
	H1L	$y=44.02/(1+0.61e^{-0.061x})$	0.954	5.83	10.15	14.47	0.62
	H1M	$y=51.84/(1+0.73e^{-0.062x})$	0.947	6.85	11.13	15.37	0.74
	H1H	$y=50.25/(1+0.72e^{-0.062x})$	0.971	6.04	10.82	14.81	0.70
	H2L	$y=45.81/(1+0.54e^{-0.058x})$	0.954	4.71	7.98	12.73	0.44
	H2M	$y=50.73/(1+0.76e^{-0.058x})$	0.981	6.01	9.69	14.86	0.57
	H2H	$y=45.81/(1+0.54e^{-0.058x})$	0.963	5.10	8.01	13.70	0.49
	H3L	$y=45.81/(1+0.54e^{-0.058x})$	0.976	3.32	6.12	11.37	0.36
	H3M	$y=45.56/(1+0.45e^{(0.048x)})$	0.942	5.18	8.26	14.17	0.50
	H3H	$y=40.45/(1+0.38e^{(0.039x)})$	0.970	3.16	7.02	13.41	0.39

四、高温高湿对番茄干物质积累的影响

由图 2.6 可见,高温高湿处理对番茄植株各器官干物质积累的影响不尽相同。正常温湿度条件(CK)下,番茄幼苗干物质随时间而上升,由 1.06 g 增加到 2.58 g,而高温处理下幼苗干物质积累速度低于 CK 处理,且随着处理时间延长,高温下各湿度处理的植株干重与 CK 处理的差距越大。图 2.6(a)中显示,T_{38} 处理下番茄幼苗干物质积累在前 6 d 与 CK 处理的差异并不显著,处理到 9 d 时,则明显低于 CK 处理,其中 RH_{70} 处理下幼苗干重较 RH_{50} 与 RH_{90} 处理多,处理结束时 RH_{70}、RH_{90} 与 RH_{50} 处理下幼苗干重分别较 CK 处理降低 14.7%、31.5% 和 35.4%($P<0.05$)。幼苗叶片干重在 T_{38} 高温中 RH_{70} 处理下处理前 6 d,与 CK 处理无明显差异,说明该温湿度组合的环境对番茄幼苗产生的胁迫不明显,RH_{50} 与 RH_{90} 处理则在处理 6 d 时已经明显低于 CK 处理($P<0.05$);RH_{70} 环境处理茎干重增加最快,在 9 d 之前与 CK 处理无明显差距,RH_{50} 与 RH_{90} 处理下茎干重均缓慢增长;在处理前期,RH_{50} 与 RH_{90} 处理的植株根系出现负增长,可见该环境对植株根系生长产生了胁迫。在恢复期间,T_{38} 高温处理后植株的干物质积累还是显著低于 CK 处理,其中 RH_{70} 处理后的幼苗叶片干重由 0.67 g 增长至 0.84 g,而 RH_{50} 处理后的由 0.51 g 增长至 0.61 g,速度明显低于 RH_{70} 处理后植株,恢复结束时,叶片干重还是显著低于 CK 处理;茎秆干重在恢复 12 d 时,由 0.73 g 增长至 0.91 g,恢复速度高于 RH_{50}、RH_{90} 处理;根系干重较 CK 处理降低 19.8%($P<0.05$)。

图 2.6(b)中显示,T_{41} 昼间高温对番茄干物质积累在处理 3 d 时已明显低于 CK 处理,随处理时间的延长,植株干重与 CK 的差距增大,处理 12 d 时 RH_{70}、RH_{90} 与 RH_{50} 处理下植株干重分别较 CK 降低了 26.1%、36.6% 和 42.5%。番茄幼苗叶片干重在处理 3 d 时均已明显低于 CK 处理,处理 12 d 时 RH_{50} 处理下叶片干重较 CK 降低了 41.7%;茎干重也表现为 RH_{70} 处理最高,RH_{90} 处理次之,RH_{50} 处理最低;处理 12 d 时,RH_{70}、RH_{90} 与 RH_{50} 下根系干重分别较 CK 降低了 27.4%、35.9% 和 47.6%($P<0.05$)。在恢复期间,番茄植株的干重还是明显低于 CK 处理,植株叶片干重增加不明显,株茎秆干重恢复速度也较为缓慢,直至恢复结束还是显著小于 CK 处理,RH_{50} 处理后植株在恢复 12 d 时根系干重均较 CK 处理低了 53.2%($P<0.05$)。

图 2.6(c)中可以看出,T_{44} 高温处理下,植株在 RH_{70} 处理下干物质积累高于其余湿度处

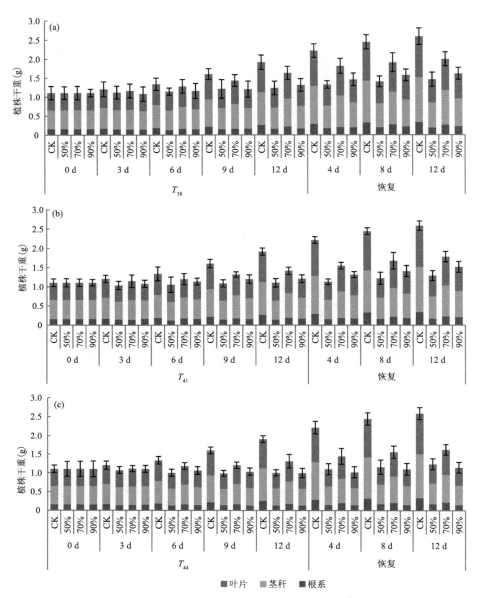

图 2.6　高温高湿对番茄幼苗干物质积累的影响

(a)38 ℃高温处理；(b)41 ℃高温处理；(c)44 ℃高温处理

理，但还是明显低于 CK 处理，处理的前 9d，RH_{90} 与 RH_{50} 处理下植株叶片干重均呈现略微下降的趋势，在处理结束时，幼苗叶片干重分别只有 0.41 g 与 0.43 g，而 RH_{70} 下植株叶片干重为 0.54 g；RH_{50} 与 RH_{90} 处理下幼苗茎干重随时间呈略微下降趋势，RH_{70} 处理下茎干重增长也很缓慢，说明植株受到了严重的胁迫；RH_{50} 和 RH_{90} 处理的植株根系干重均呈现下降趋势，处理第 12 d 时，根系干重约为 0.13 g，较 CK 降低了 49.4％($P<0.05$)，说明高温对植株的根系的生长极为不利，RH_{70} 处理下幼苗根系干重缓慢升高，处理结束时较 CK 处理降低 31.1％($P<0.05$)。在恢复期间，RH_{90} 处理过的幼苗在恢复期间叶片干重由 0.41 g 增至 0.48 g，增长速度

最慢,茎秆干重恢复结束时只有 0.52 g,与处理前的 0.49 g 相比,只增加了 0.03 g;RH_{90} 与 RH_{50} 处理后植株在恢复 12 d 时根系干重均较 CK 处理低了 52.3%、55.6%($P<0.05$)。

五、高温高湿对番茄植株根冠比的影响

表 2.4 表示高温高湿对番茄幼苗根冠比的影响。根冠比是作物生长过程中一项重要指标,表示生物体地下部与地上部同化物质分配比例。根系发达有利于作物吸收养分和水分,因此根系的生长状况和活力水平直接影响地上部的生长发育、营养水平及作物产量,有合适的根冠比是作物高产的基础。从表中可以看出,适宜环境下生长的番茄幼苗根冠比随处理时间呈降低趋势,在 0.161～0.151 波动,可能是由于植株生长过程中,地上部生长速度较地下部迅速,在不同高温高湿处理期间,番茄根冠比的变化规律各不相同,T_{38} 高温,各湿度处理下番茄幼苗根冠比呈现下降趋势,其中 RH_{70} 处理下降速度较其余湿度处理缓慢,在处理结束时,RH_{50}、RH_{70} 与 RH_{90} 处理下幼苗根冠比较 CK 处理降低了 10.8%、4.4% 和 7.9%。T_{41} 高温下,幼苗的根冠比均明显小于 CK 处理。其中,RH_{50} 处理下植株的根冠比是最小的,可能是由于 RH_{50} 处理对植株根系的生长有较严重的抑制,RH_{90} 处理下番茄的根冠比最高,可能是由于高湿度环境中番茄地上部分生长被严重抑制。T_{44} 高温下处理前期,RH_{70} 与 RH_{50} 处理下的幼苗植株根冠比就快速降低,第 3 天时,就与 CK 有显著性差异($P<0.05$),之后随处理时间的延长呈现降低趋势,而 RH_{90} 处理下番茄的根冠比先升高后降低,可能是由于该处理下植株地上部分的生长受到了严重影响,导致根冠比数值升高,之后根系生长受到抑制,植株的根冠比降低。相同温度处理,RH_{50} 的番茄根冠比均明显降低。

在恢复期,CK 处理的幼苗根冠比缓慢下降,可能是地上部分生长速度较根系生长速度快,经过高温高湿处理后番茄植株根冠比的变化表现并不一致,其中 T_{38} 高温环境中 RH_{70} 处理后植株根冠比在恢复期间呈上升趋势,RH_{50} 与 RH_{90} 处理后番茄幼苗根冠比仍持续降低,在恢复结束时明显低于 CK,RH_{70} 处理后幼苗根冠比则与 CK 无显著差异,T_{41} 高温,RH_{70} 处理后植株根冠比在恢复期间呈缓慢上升趋势,RH_{50} 与 RH_{90} 处理后番茄幼苗根冠比变化不明显,恢复结束时,分别较 CK 降低了 3.1%、5.9% 和 4.3%;T_{44} 处理后番茄根冠比在恢复结束时,仍显著低于 CK,不同湿度处理后番茄根冠比大小为:RH_{50} 处理后＞RH_{90} 处理＞RH_{70} 处理,可能是由于该温度条件处理的植株根系生长受到的抑制较地上部分严重,而且 RH_{90} 与 RH_{50} 处理下植株地上部分的生长状况较 RH_{70} 差,导致它们的根冠比高于 RH_{70} 处理。

表 2.4　高温高湿对番茄幼苗根冠比的影响

处理	处理期			恢复期			
	3 d	6 d	9 d	12 d	4 d	8 d	12 d
CK	0.161±0.02 a	0.159±0.02 a	0.155±0.02 a	0.157±0.02 a	0.154±0.02 a	0.153±0.02 a	0.152±0.02 a
H1L	0.148±0.04 c	0.145±0.02 c	0.141±0.02 c	0.140±0.02 c	0.146±0.02 b	0.145±0.02 c	0.145±0.02 c
H1M	0.159±0.02 a	0.156±0.01 a	0.152±0.02 a	0.150±0.02 b	0.152±0.02 a	0.154±0.02 a	0.155±0.02 a
H1H	0.151±0.02 b	0.148±0.02 b	0.149±0.02 b	0.143±0.02 c	0.147±0.02 b	0.145±0.02 c	0.144±0.02 c
H2L	0.147±0.01 c	0.146±0.02 c	0.147±0.01 b	0.142±0.02 c	0.143±0.01 c	0.144±0.02 c	0.143±0.02 c
H2M	0.153±0.05 b	0.148±0.02 b	0.149±0.02 b	0.146±0.02 b	0.143±0.02 c	0.145±0.02 c	0.148±0.02 b
H2H	0.155±0.02 b	0.156±0.02 a	0.153±0.02 a	0.150±0.02 b	0.149±0.02 b	0.147±0.02 b	0.146±0.02 c
H3L	0.152±0.01 b	0.146±0.01 c	0.141±0.02 c	0.138±0.01d	0.136±0.02d	0.142±0.02 c	0.144±0.02 c
H3M	0.153±0.03 b	0.149±0.02 b	0.144±0.02 b	0.142±0.02 c	0.146±0.02 b	0.143±0.02 c	0.145±0.02 c
H3H	0.155±0.01 b	0.157±0.02 a	0.151±0.02 b	0.147±0.02 b	0.150±0.01 b	0.150±0.02 b	0.152±0.02 a

注:a、b、c 表示通过 $P<0.05$ 的 Duncan 检验。

研究证实,高温高湿处理下植株的株高、茎粗、叶面积日增量均显著小于CK,株高、茎粗、叶面积生长的始盛点、高峰点和盛末点随高温加剧而提前,最大生长速率随温度的升高而降低。不同湿度处理来看,RH_{70}处理的幼苗生长状况较RH_{50}与RH_{90}好。高温环境中,番茄受到的胁迫程度与温度成正比,而加湿至70%左右可以缓解番茄幼苗的高温胁迫,同一高温环境中,RH_{70}处理后植株叶片干重的恢复速度较RH_{50}与RH_{90}度快,即该湿度处理下植株受到的胁迫小于其余湿度处理,湿度过高或过低对植株生长均无益;高温高湿处理下,番茄幼苗的干物质积累量均小于CK处理,且温度越高,与CK处理的差异越显著,同一温度处理下均为RH_{70}处理的幼苗叶、茎、根的干物质积累量较RH_{90}与RH_{50}处理多,RH_{70}处理下,植株的高温胁迫会有所缓解。在恢复期间,T_{38}高温下,各湿度处理下幼苗各器官干物质积累量的恢复速度较T_{44}处理快,恢复结束时,幼苗的干物质积累量显著高于T_{44}处理;高温高湿处理下番茄幼苗根冠比呈下降趋势,其中,T_{38}、RH_{70}处理下根冠比下降最缓慢,温度越高,番茄根冠比降低缓慢。恢复期间,T_{38}与T_{41}高温,RH_{70}处理后植株根冠比呈上升趋势,处理温度越高,上升速度越缓慢,RH_{50}与RH_{90}处理后番茄幼苗根冠比持续降低或变化不明显,T_{44}处理后番茄根冠比在恢复结束时,仍显著低于CK;高温高湿处理降低了幼苗的相对生长速率(relative growth rate,简称RGR)与净同化速率(net assimilation rate,简称NAR),T_{38}高温环境中各湿度处理12 d时,番茄幼苗的RGR与NAR均高于T_{44}处理,不同湿度下均为RH_{70}处理的幼苗RGR、NAR最高,明显高于RH_{50}与RH_{90}处理。在恢复期间,植株的RGR、NAR也是在T_{38}处理中恢复最快,T_{41}处理次之,T_{44}处理最为缓慢,说明高温对幼苗生长的影响随温度升高而增大,RH_{70}处理下,植株的生长状况较RH_{90}与RH_{50}处理好。

第二节　高温高湿对设施番茄果实生长及品质的影响

作物对环境变化的响应直观地表现在果实形态和产量的变化上。高温高湿环境严重时,作物生长受到胁迫,在持续高温高湿条件下,番茄的叶片会出现萎蔫、干枯迹象,番茄株高、茎粗、叶面积日生长量降低(王琳 等,2017)。高温环境下伴随着湿度的增加,番茄植株的株高、茎粗、叶面积生长量和干物质积累均有不同程度的增加,坐果率也显著提高(黄艳慧等,2010)。在温室大棚内,夏季气候高温、干旱,经常出现湿度低于50%的环境;由于温室处于封闭状态且通风不畅,加湿过多可能会使温室中空气相对湿度高达90%,对番茄生长造成不利影响。为了研究高温高湿复合胁迫对番茄的影响,以番茄品种"粉罗兰"(FenLuoLan)为研究对象,试验设计为温度、相对湿度和持续天数的三因素正交试验,高温设置4个水平(日最高气温/日最低气温),分别为32 ℃/22 ℃、35 ℃/25 ℃、38 ℃/28 ℃和41 ℃/32 ℃;空气相对湿度设置3个水平,分别为50%±5%(RH_{50})、70%±5%(RH_{70})、90%±5%(RH_{90});持续时间设为4个水平,分别为3 d、6 d、9 d、12 d,分别在番茄开花期和果实膨大期进行试验。以28/18 ℃、50%~55%环境下处理的番茄幼苗为对照组(CK)。

一、高温高湿对设施番茄果实生长的影响

1. 高温高湿对设施番茄果实横径的影响

研究表明,果径为能够反映果实生长的主要特征参数之一,同时也能够在一定程度上反映出外界环境对作物的影响。番茄果实的横径定义为番茄果实最宽处的长度。高温高湿对设施番茄果实横径的影响如图2.7所示。番茄果实横径在花期时不同温度处理下的生长曲线均呈

S 形,且番茄果实横径的最大值与高温胁迫程度呈显著负相关关系。在坐果后,不同高温处理并没有导致番茄果实横径与 CK 处理间的差异,而随着果实的不断发育,不同高温胁迫下番茄果实横径与 CK 处理间的差异愈加显著,各处理番茄果实的横径从大到小依次为:CK$>T_{32}>T_{38}>T_{41}$。最终,日最高气温 32~41 ℃处理下,番茄果实横径较 CK 处理减小了 13.64%~42.82%。随着果实的不断发育,不同湿度处理下番茄果实的横径与 CK 处理间的差异愈加显著,最终各处理番茄果实的横径从大到小依次为:CK$>RH_{70}>RH_{90}>RH_{50}$。不同持续时间处理下番茄果实的横径与 CK 处理间的差异愈加显著,最终各处理番茄果实的横径从大到小依次为:CK$>$3 d$>$6 d$>$9 d$>$12 d。

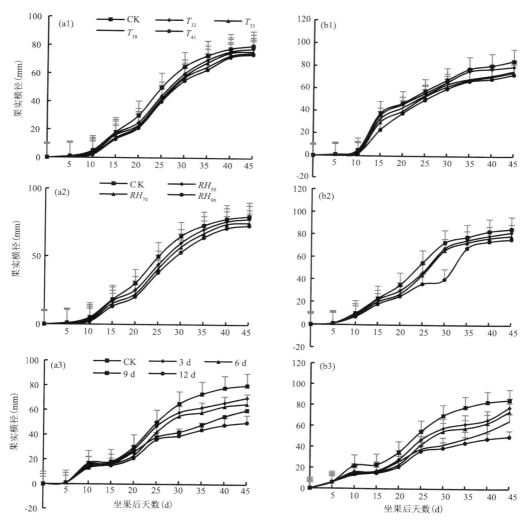

图 2.7　高温高湿处理对番茄果实横径的影响(赵和丽 等,2019)

(a)花期处理;(b)果期处理;1—不同胁迫温度处理;2—不同胁迫湿度处理;3—不同胁迫天数处理

番茄果实横径在果期时不同温度处理下的生长曲线均呈 S 形,且番茄果实横径的最大值与高温胁迫程度呈显著负相关关系。在坐果后 0~10 d,不同高温处理并没有造成番茄果实横径与 CK 处理间的差异。而随着果实的不断发育,不同高温处理下番茄果实的横径与 CK 处理间的差异愈加显著,各处理番茄果实的横径从大到小依次为:CK>T_{32}>T_{38}>T_{41}。最终,日最高气温 32~41 ℃处理下番茄果实横径较 CK 处理减小了 8.03%~31.89%。随着果实的不断发育,不同湿度处理下番茄果实的横径与 CK 处理间的差异愈加显著,最终各处理番茄果实的横径从大到小依次为:CK>RH_{70}>RH_{90}>RH_{50}。不同天数高温高湿处理下番茄果实的横径与 CK 处理间的差异愈加显著,最终各处理番茄果实的横径从大到小依次为:CK>3 d>6 d>9 d>12 d。

2. 高温高湿对设施番茄果实纵径的影响

与果实横径的发育动态相似,纵径在花期时不同温度胁迫处理下的生长曲线均呈 S 形,且果实纵径的最大值与气温胁迫的程度呈显著负相关关系。在坐果后 0~10 d,不同高温处理并没有造成番茄果实纵径与 CK 处理间的差异。而随着果实的不断发育,不同高温处理下番茄果实的纵径与 CK 处理间的差异愈加显著,各处理番茄果实的纵径从大到小依次为:CK>T_{32}>T_{38}>T_{41}。最终,日最高气温 32~41 ℃处理下番茄果实纵径较 CK 处理减小了 11.32%~36.51%。不同气温和湿度对番茄果实纵径的影响见图 2.8。随着果实的不断发育,不同湿度处理下番茄果实的纵径与 CK 处理间的差异愈加显著,最终各处理番茄果实的纵径从大到小依次为:CK>RH_{70}>RH_{90}>RH_{50}。50%~70%湿度处理下番茄果实纵径较 CK 处理减小了 9.76%~32.29%。不同温度和湿度处理番茄果实的纵径与 CK 处理间的差异愈加显著,最终各处理番茄果实的纵径从大到小依次为:CK>3 d>6 d>9 d>12 d。处理 3~12 d 番茄果实纵径较 CK 处理减小了 4.79%~33.31%。

与果实横径的发育动态相似,纵径在果期时不同温度胁迫处理下的生长曲线均呈 S 形,且果实纵径的最大值与温度胁迫的程度呈显著负相关关系。在坐果后 0~10 d,不同高温处理并没有造成番茄果实纵径与 CK 处理间的差异,而随着果实的不断发育,不同高温处理下番茄果实的纵径与 CK 处理间的差异愈加显著,各处理番茄果实的纵径从大到小依次为:CK>T_{32}>T_{38}>T_{41}。最终,日最高气温 T_{32} 处理下番茄果实纵径较 CK 处理减小了 7.35%~32.35%。不同温度和湿度对番茄果实纵径的影响见图 2.8。随着果实的不断发育,不同湿度处理下番茄果实的纵径与 CK 处理间的差异愈加显著,各处理番茄果实的纵径从大到小依次为:CK>RH_{70}>RH_{90}>RH_{50};50%~90%湿度处理下番茄果实纵径较 CK 处理减小了 7.35%~36.76%。不同温度和湿度处理番茄果实的纵径与 CK 处理间的差异愈加显著,各种处理番茄果实的纵径从大到小依次为:CK>3 d>6 d>9 d>12 d;处理 3~12 d 番茄果实纵径较 CK 处理减小了 8.82%~44.12%。

3. 高温高湿处理下设施番茄果实果径的模拟

利用 Logistic 生长模型对花期高温高湿处理下的番茄果实的横径和纵径进行拟合,得到的回归方程均通过了 0.05 的显著性检验,拟合得到的回归方程及特征参数见表 2.5。从中可以看出,日最高气温 32~41 ℃处理下,番茄果实横径始盛点分别比 CK 处理推迟了 0.66~1.16 d,高峰点分别比 CK 推迟了 1.19~2.11 d,盛末点分别比 CK 推迟了 1.71~3.54 d;比较不同处理番茄果实横径的迅速生长时间,可以发现日最高气温 32~41 ℃处理横径迅速生长时间分别比 CK 处理延长了 1.02~2.86 d。从 3 个湿度处理来看,RH_{50}、RH_{70} 和 RH_{90} 处理下番茄果实横径始盛点分别比 CK 处理推迟了 0.82~1.44 d,高峰点分别比 CK 推迟了 1.46~2.54 d,盛末点分别比 CK 推迟了 1.97~3.65 d;比较不同处理番茄果实横径的迅速生长时间,可以发现 50%~90%湿度处理果实横径迅速生长时间分别比 CK 处理延长了 1.03~2.21 d。处理 3~12 d 的番茄果实横径始盛点分别比 CK 处理推迟了 0.87~1.34 d,高峰点分别比 CK 推迟了 1.47~2.61 d,盛末点分别比 CK 推迟了 1.85~3.87 d;比较不同处理番茄果

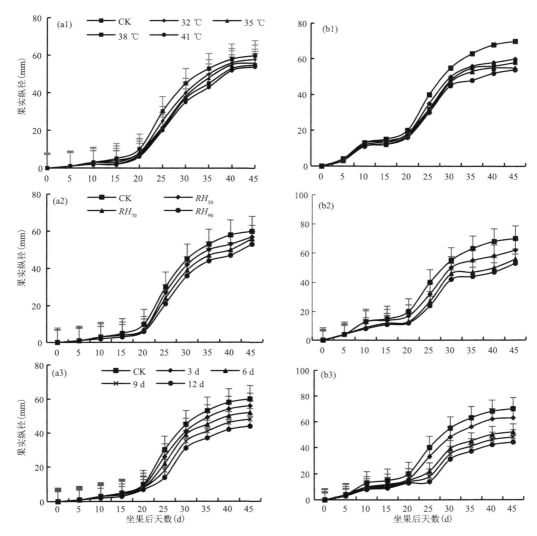

图 2.8　高温高湿处理对番茄果实纵径的影响

(a)、(b)、1、2、3 说明同图 2.7

实横径的迅速生长时间,可以发现处理 3~12 d 番茄果实横径迅速生长时间分别比 CK 处理延长了 0.75~2.53 d。

　　不同处理下果实纵径的特征点及迅速生长时间的表现与果实横径有一定差异。日最高气温 32~41 ℃处理下,番茄果实纵径的始盛点、高峰点和盛末点较 CK 处理有不同程度的推迟,日最高气温 32 ℃处理下果实纵径的始盛点、高峰点和盛末点分别较 CK 处理推迟了 0.08 d、0.46 d 和 0.83 d,迅速生长时间较 CK 处理延长了 0.76 d;日最高气温 35 ℃处理果实纵径的始盛点、高峰点和盛末点较 CK 处理推迟了 0.94 d、1.66 d 和 2.38 d,迅速生长时间较 CK 处理延长了 1.44 d;日最高气温 38 ℃处理下果实纵径的始盛点、高峰点和盛末点分别较 CK 处理推迟了 0.08 d、0.81 d 和 1.54 d,迅速生长时间较 CK 处理延长了 1.45 d;日最高气温 41 ℃处理果实纵径的始盛点提前了 0.14 d,高峰点和盛末点推迟了 0.67 d 和 1.49 d,迅速生长时间较 CK 处理延长了 1.64 d。RH_{50} 处理下,果实纵径的始盛点和高峰点提前了 0.99 d 和 0.38 d,盛末点推迟了 0.22 d,迅速生长时间延长了 1.22 d;RH_{70} 处理下,果实纵径的始盛点和高峰点提前了 0.30 d 和 0.09 d,盛末点推迟了 0.11 d,迅速生长时间延长了 0.41 d;RH_{90} 处理下,果实纵径的始盛点和高峰点提前了 0.66 d 和 0.13 d,盛末点推迟了 0.41 d,迅速生长时间延长了 1.07 d。处理天数均值显示,处理 3 d,果实纵径的始盛点、高峰点和盛末点较 CK 推迟了 0.02 d、0.14 d 和 0.27 d,迅速生长时间延长了 0.25 d;处理 6 d,果实纵径始盛点提前了 0.31 d,高峰点和盛末点推迟了 0.06 d、0.42 d,迅速生长时间延长了 0.73 d;处理 9 d,果实纵径的始盛点、高峰点和盛末点较 CK 提前了 1.21 d、0.98 d 和 0.74 d,迅速生长时间延长了 0.47 d;处理 12 d,果实纵径的始盛点和高峰点较 CK 提前了 0.84 d 和 0.35 d,盛末点推迟 0.14 d,迅速生长时间延长了 0.47 d。

表 2.5　花期高温高湿处理下番茄果实果径的 Logistic 模型和特征值

指标	处理	回归方程	始盛点 (d)	高峰点 (d)	盛末点 (d)	迅速生长时间(d)
横径 (cm)	CK	$y=81.86/(1+67.17e^{-0.19x})$	15.27	22.23	29.19	13.92
	T_{32}	$y=71.21/(1+62.26e^{-0.18x})$	15.96	23.43	30.90	14.94
	T_{35}	$y=69.56/(1+57.61e^{-0.17x})$	16.43	24.34	32.26	15.81
	T_{38}	$y=56.31/(1+52.25e^{-0.16x})$	15.93	23.87	31.82	15.89
	T_{41}	$y=51.48/(1+45.71e^{-0.16x})$	15.95	24.34	32.73	16.77
	RH_{50}	$y=54.43/(1+52.13e^{-0.16x})$	16.09	24.14	32.18	16.08
	RH_{70}	$y=71.44/(1+65.07e^{-0.18x})$	16.22	23.69	31.17	14.95
	RH_{90}	$y=62.91/(1+57.24e^{-0.16x})$	16.71	24.78	32.85	16.12
	S_{3d}	$y=76.48/(1+70.59e^{-0.18x})$	16.38	23.71	31.05	14.67
	S_{6d}	$y=68.47/(1+64.45e^{-0.17x})$	16.58	24.25	31.92	15.33
	S_{9d}	$y=59.48/(1+58.45e^{-0.17x})$	16.14	23.87	31.61	15.46
	S_{12d}	$y=54.83/(1+53.42e^{-0.16x})$	16.62	24.84	33.07	16.45
纵径 (mm)	CK	$y=64.82/(1+83.12e^{-0.18x})$	17.63	25.11	32.59	14.96
	T_{32}	$y=58.12/(1+72.50e^{-0.17x})$	17.71	25.57	33.44	15.73
	T_{35}	$y=56.68/(1+73.55e^{-0.16x})$	18.57	26.78	34.98	16.41
	T_{38}	$y=45.99/(1+63.99e^{-0.16x})$	17.72	25.93	34.14	16.42
	T_{41}	$y=41.88/(1+59.76e^{-0.16x})$	17.49	25.79	34.09	16.61
	RH_{50}	$y=43.88/(1+56.74e^{-0.16x})$	17.35	25.73	34.13	16.78
	RH_{70}	$y=58.49/(1+72.97e^{-0.16x})$	18.04	26.03	34.02	15.98
	RH_{90}	$y=50.30/(1+61.26e^{-0.16x})$	17.68	25.99	34.31	16.64
	S_{3d}	$y=62.47/(1+79.32e^{-0.17x})$	18.358	26.27	34.18	15.82
	S_{6d}	$y=53.98/(1+68.80e^{-0.16x})$	18.03	26.18	34.33	16.29
	S_{9d}	$y=46.58/(1+62.08e^{-0.16x})$	17.12	25.14	33.16	16.04
	S_{12d}	$y=43.88/(1+60.41e^{-0.16x})$	17.49	25.78	34.05	16.56

注:S 表示胁迫。

利用 Logistic 生长模型对果期高温高湿处理下番茄果实的横径和纵径进行拟合,拟合得到的回归方程及特征参数见表 2.6。从中可以看出,日最高气温 32~41 ℃处理下,番茄果实横径始盛点分别比 CK 处理推迟了 1.44~6.47 d,高峰点分别比 CK 推迟了 1.82~9.57 d,盛末点分别比 CK 推迟了 2.21~12.67 d;比较不同气温处理番茄果实横径的迅速生长时间,可以发现日最高气温 32~41 ℃处理横径迅速生长时间分别比 CK 处理延长了 0.77~6.20 d。从 3 个湿度处理来看,RH_{50}、RH_{70} 和 RH_{90} 处理下番茄果实横径始盛点分别比 CK 处理推迟了 1.02~2.07 d,高峰点分别比 CK 推迟了 1.26~2.90 d,盛末点分别比 CK 推迟了 1.50~4.92 d;比较不同湿度处理番茄果实横径的迅速生长时间,可以发现 RH_{50}、RH_{70} 和 RH_{90} 处理果实横径迅速生长时间分别比 CK 处理延长了 0.48~2.91 d。处理天数均值显示,处理 3~12 d 的番茄果实横径始盛点分别比 CK 处理推迟了 0.76~3.47 d,高峰点分别比 CK 推迟了 1.07~5.63 d,盛末点分别比 CK 推迟了 1.39~7.80 d;比较不同时长处理番茄果实横径的迅速生长时间,可以发现处理 3~12 d 番茄果实横径迅速生长时间分别比 CK 处理延长了 0.63~4.32 d。

表 2.6　果期高温高湿处理下番茄果实果径的 Logistic 模型和特征值

指标	处理	回归方程	始盛点	高峰点(d)	盛末点(d)	迅速生长时间(d)
横径(cm)	CK	$y=86.57/(1+76.56e^{-0.20x})$	15.15	21.76	28.36	13.21
	T_{32}	$y=80.23/(1+85.04e^{-0.19x})$	16.59	23.58	30.57	13.98
	T_{35}	$y=79.15/(1+82.04e^{-0.17x})$	18.07	25.76	33.45	15.38
	T_{38}	$y=72.91/(1+77.73e^{-0.14x})$	19.64	28.16	36.68	17.04
	T_{41}	$y=67.47/(1+70.19e^{-0.14x})$	21.62	31.32	41.03	19.41
	RH_{50}	$y=56.13/(1+61.69e^{-0.16x})$	17.17	25.23	33.29	16.12
	RH_{70}	$y=81.99/(1+83.81e^{-0.19x})$	16.17	23.02	29.86	13.69
	RH_{90}	$y=72.94/(1+78.64e^{-0.18x})$	17.22	24.66	32.10	14.88
	S_{3d}	$y=79.90/(1+77.09e^{-0.19x})$	15.91	22.83	29.75	13.84
	S_{6d}	$y=74.88/(1+71.68e^{-0.17x})$	17.20	24.86	32.53	15.33
	S_{9d}	$y=66.32/(1+75.67e^{-0.16x})$	18.66	26.82	34.98	16.33
	S_{12d}	$y=48.18/(1+61.23e^{-0.15x})$	18.63	27.39	36.16	17.54
纵径(mm)	CK	$y=70.44/(1+87.72e^{-0.17x})$	18.65	26.44	34.227	15.57
	T_{32}	$y=65.69/(1+85.45e^{-0.17x})$	18.72	26.60	34.48	15.75
	T_{35}	$y=61.75/(1+81.27e^{-0.16x})$	19.19	27.40	35.61	16.41
	T_{38}	$y=56.19/(1+77.71e^{-0.15x})$	20.08	28.79	37.50	17.42
	T_{41}	$y=50.39/(1+71.64e^{-0.14x})$	20.73	29.98	39.22	18.48
	RH_{50}	$y=45.13/(1+51.46e^{-0.15x})$	17.17	25.79	34.41	17.24
	RH_{70}	$y=66.12/(1+80.55e^{-0.16x})$	19.18	27.39	35.62	16.44
	RH_{90}	$y=59.50/(1+70.08e^{-0.15x})$	19.21	27.83	36.46	17.25
	S_{3d}	$y=64.76/(1+81.64e^{-0.16x})$	18.73	26.73	34.73	15.99
	S_{6d}	$y=58.53/(1+74.39e^{-0.16x})$	18.79	27.07	35.34	16.55
	S_{9d}	$y=53.53/(1+68.21e^{-0.16x})$	18.61	27.05	35.49	16.87
	S_{12d}	$y=44.37/(1+58.29e^{-0.13x})$	21.45	31.73	42.02	20.56

注:S 表示胁迫。

不同气温、湿度、时长处理下果实纵径的特征点及迅速生长时间的表现与果实横径有一定差异。日最高气温 T_{32}、T_{35}、T_{38} 和 T_{41} 处理下番茄果实纵径的始盛点、高峰点和盛末点较 CK 处理有不同程度的推迟。日最高气温 T_{32} 处理下,果实纵径的始盛点、高峰点和盛末点分别较 CK 处理推迟了 0.07 d、0.15 d 和 0.25 d,迅速生长时间较 CK 处理延长了 0.19 d;日最高气温 T_{35} 处理下,果实纵径的始盛点、高峰点和盛末点较 CK 处理推迟了 0.53 d、0.95 d 和 1.37 d,迅速生长时间较 CK 处理延长了 0.84 d;日最高气温 T_{38} 处理下,果实纵径的始盛点、高峰点和盛末点分别较 CK 处理推迟了 1.42 d、2.34 d 和 3.27 d,迅速生长时间较 CK 处理延长了 1.85 d;日最高气温 T_{41} 处理下,果实纵径的始盛点、高峰点和盛末点分别推迟了 2.08 d、3.53 d 和 4.99 d,迅速生长时间较 CK 处理延长了 2.92 d。RH_{50} 处理下,果实纵径的始盛点和高峰点提前了 1.48 d 和 0.65 d,盛末点推迟了 0.18 d,迅速生长时间延长了 1.67 d;RH_{70} 处理下,果实纵径的始盛点、高峰点和盛末点推迟了 0.52 d、0.95 d 和 1.39 d,迅速生长时间延长了 0.87 d;RH_{90} 处理下,果实纵径的始盛点、高峰点和盛末点推迟了 0.54 d、1.38 d 和 2.22 d,迅速生长时间延长了 1.68 d。处理天数均值显示,处理 3 d,果实纵径的始盛点、高峰点和盛末点较 CK 推迟了 0.07 d、0.29 d 和 0.49 d,迅速生长时间延长了 0.42 d;处理 6 d,果实纵径始盛点、高峰点和盛末点较 CK 推迟了 0.13 d、0.63 d 和 1.11 d,迅速生长时间延长了 0.98 d;处理 9 d,果实纵径的始盛点提前了 0.05 d,高峰点和盛末点推迟了 0.61 d 和 1.26 d,迅速生长时间延长了 1.30 d;处理 12 d,果实纵径的始盛点、高峰点和盛末点推迟了 2.79 d、5.29 d 和 7.79 d,迅速生长时间延长了 4.99 d。

研究证实,高温胁迫对番茄果实横径和纵径生长的影响表现为明显的抑制作用。高温胁迫程度越重,番茄果实横径和纵径的最大值越小,横径和纵径增长速率的峰值越小,通过 Logistic 生长模型对果实横径和纵径进行拟合发现,高温胁迫后,横径和纵径迅速生长时间延长,横径和纵径增长速率的高峰点和盛末点有不同程度的延迟。果期高温处理果实的最大值和增长速率峰值显著低于花期处理。高温条件下,湿度越低,番茄果径最小,增长速率的峰值最小,果实横径和纵径迅速生长时间延长,横径和纵径增长速率的高峰点和盛末点延迟。横径和纵径最大值、增长速率的峰值都在 RH_{70} 条件下最高。随着胁迫时间的延长,番茄生长受到强烈抑制,横径和纵径的最大值、增长速率的峰值降低,迅速生长时间延长,增长速率的高峰点和盛末点延迟。

二、高温高湿对设施番茄果实品质的影响

番茄果实品质包括外观品质和内在品质,是衡量番茄果实经济价值的重要方面。随着生活水平的不断提高,人们在选购番茄时越来越多地考虑到番茄果实的内在品质方面,主要包括营养品质和风味品质。本研究通过测定番茄果实发育过程中可溶性固形物、维生素 C、茄红素、可溶性总糖、有机酸和糖酸比共 6 个指标,分析番茄果实内在品质在花期和幼果期高温胁迫后的变化,同时明确高温下提高空气湿度是否对番茄果实品质产生影响,以期为高温灾害下温室管理提供理论依据。

1. 高温高湿对设施番茄果实可溶性固形物含量的影响

花期和果期高温处理对番茄果实可溶性固形物(Soluble Solid Content,简称 SSC)含量均值都有持续影响(图 2.9),并且 SSC 均值随着胁迫温度的升高先降低后升高。花期高温处理后,T_{32} 处理下,SSC 平均值与 CK 无显著差异;T_{35} 及以上高温处理下,SSC 平均值显著低于

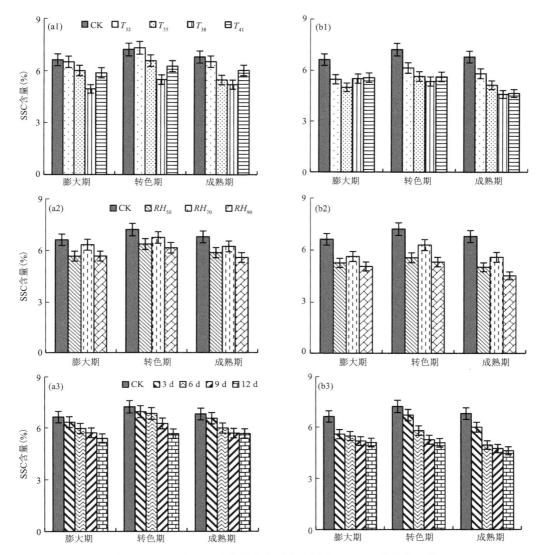

图 2.9　高温处理后番茄果实内可溶性固形物（SSC）含量的比较

（a）花期高温处理；（b）果期处理；1—不同胁迫温度处理；2—不同胁迫湿度处理；3—不同胁迫天数处理

CK；在果实膨大期和转色期内，高温处理组 SSC 平均值低于 CK 值 1.75%～25.19% 和 1.30%～23.84%，其中，T_{38} 处理下，SSC 均值显著低于 T_{35} 和 T_{41} 下均值；在果实成熟期，SSC 均值低于 CK 值 3.92%～23.25%，T_{41} 处理显著高于 T_{35} 和 T_{38} 处理。果期高温处理后，在果实膨大期内，高温处理组 SSC 平均值低于 CK 值 15.82%～24.88%，T_{35} 处理组 SSC 含量最低，T_{38} 和 T_{41} 处理组 SSC 含量与 T_{32} 处理无显著差异；果实转色期内，高温处理组 SSC 平均值低于 CK 值 14.80%～25.79%，T_{38} 处理下 SSC 均值最低且与 T_{32} 处理差异显著；在果实成熟期，高温处理组 SSC 平均值低于 CK 值 14.39%～32.31%，T_{38} 处理 SSC 最低且与 T_{41} 处理下无显著差异。花期和果期高温胁迫中不同程度加湿后，各湿度水平下 SSC 的平均值依旧低于 CK，但无论是花期还是果期处理后，RH_{70} 水平都有最高的 SSC 均值。在花期高温处理组中，在番茄果实发育的三个时期内 RH_{70} 处理下 SSC 平均值与 CK 无显著差异,分别低于 CK 值 4.36%、6.35% 和 8.16%,并且显著高于 RH_{90} 处理,这种差异持续到了果实的成熟期间,同时发现 RH_{50} 处理在转色期和成熟期与 RH_{70} 无显著差异。而在果期高温处理组中,各湿度处理下,SSC 的平均值一直都显著低于 CK 水平,其中在转色—成熟期中,RH_{70} 处理组 SSC 均值显著高于其他湿度处理组。花期和果期高温胁迫下随着胁迫时间的延长,SSC 的均值下降。在花期处理后,在果实的 3 个发育期中,3 d 处理组始终与 CK 水平无显著差异,在膨大期 6 d 处理显著低于 CK,但这种差异随着时间推移逐渐减小至不显著,而 9 d 和 12 d 处理组显著低于 CK 和 3 d 处理。在果期处理后,处理组 SSC 平均值在膨大、转色和成熟期分别低于 CK 值 15.88%~23.43%、7.07%~29.93% 和 11.9%~32.41%,6 d~12 d 处理下 SSC 均值始终显著低于 CK 水平。

2. 高温高湿对设施番茄果实维生素 C 含量的影响

花期和果期高温处理显著降低了番茄果实维生素 C 含量,并且胁迫气温越高,维生素 C 含量降低越快(图 2.10)。花期高温处理后,在膨大期、转色期和成熟期维生素 C 含量均值均显著低于 CK 水平,分别下降了 19.93%~82.38%、2.13%~52.09% 和 15.40%~17.02%。在果实膨大期,不同高温处理组之间差异显著,T_{41} 处理组维生素 C 含量最低;果实膨大至转色期内,气温为 32~38 ℃ 处理下维生素 C 含量有所上升,显著高于 T_{41},且互相间没有显著差异;在果实成熟期中,T_{41} 高温处理显著最低。果期高温处理后,在果实各发育期内,高温处理组维生素 C 平均值较 CK 值显著下降了 27.27%~82.12%、32.92%~72.77% 和 9.69%~76.74%,在膨大期各温度处理间差异显著;在转色—成熟期,T_{32} 和 T_{35} 处理下,维生素 C 含量均值有较大幅度的上升,而 T_{38} 和 T_{41} 时,维生素 C 含量保持在一个很低的水平上。花期和果期高温胁迫中不同程度加湿后,各湿度水平下维生素 C 的均值均显著低于 CK,且随处理湿度的增加而逐渐降低。花期高温处理后,在果实各发育阶段,加湿处理组维生素 C 含量均值分别较 CK 值降低 31.59%~72.19%、32.96%~55.13% 和 30.32%~42.03%,在果实膨大期和转色期中,RH_{50} 处理都显著最高;但在果实成熟期中,RH_{70} 处理与 RH_{50} 下无显著差异。果期高温处理后,各湿度处理组维生素 C 含量均值分别低于 CK 值 47.97%~57.87%、49.43%~63.11% 和 35.45%~57.43%,其中,RH_{50} 处理组维生素 C 含量均值始终显著高于 RH_{90} 处理组,但在果实成熟期,RH_{50} 与 RH_{70} 处理间无显著差异。花期和果期高温胁迫下维生素 C 含量的均值随着胁迫时间的延长而逐渐下降。花期高温处理后,从相同的持续时间看,在 3 个时期内分别低于 CK 值 44.67%~74.64%、30.45%~53.57% 和 20.09%~50.20%,在果实成熟期中,3 d 处理显著高于其他处理且 12 d 处理组显著低于其他处理。果期高温胁迫后,从相同的持续时间看,在 3 个时期内分别低于 CK 值 24.32%~70.69%、37.34%~63.36% 和 32.05%~50.43%,其中在果实转色和成熟阶段,3~6 d 处理的维生素 C 均值显著高于 9~12 d 处理。

在番茄果实发育过程中,维生素 C 含量随发育进程逐渐升高,在转色—成熟期附近含量达到最高,并与膨大期差异显著。在经过花期高温和果期高温处理后,维生素 C 含量在发育过程中基本保持原来的变化规律,在数值上显著低于对照组,花期高温处理在果实发育不同时期维生素 C 平均含量分别低于 CK 50.74%、41.38% 和 34.21%,果期为 52.10%、55.30% 和 41.95%,故这种差异随果实的发育过程而逐渐减小,在膨大期维生素 C 含量的差异最为明显。

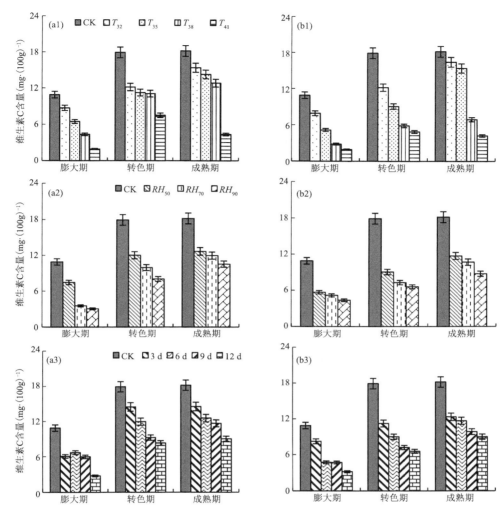

图 2.10 高温处理后番茄果实内维生素 C 含量比较

(a)、(b)、1、2、3 说明同图 2.9

3. 高温高湿对设施番茄果实茄红素含量的影响

花期和果期高温处理使番茄果实茄红素(Lycopene,简称 Lyc)平均值有不同程度的下降,具体表现为随胁迫温度的升高先降低后略有回升。花期高温处理后,在果实膨大、转色和成熟期内,高温处理组 Lyc 均值分别低于 CK 值 19.32%~39.24%、8.56%~32.69% 和 8.76%~32.16%。T_{35} 处理下,Lyc 含量始终最低(图 2.11),而 T_{38} 和 T_{41} 处理下的果实在转色—成熟期间快速增加,在果实成熟期时甚至与 CK 无显著差异。果期高温处理后,在果实膨大期内,T_{41} 处理下,Lyc 含量与 CK 无显著差异,其他处理显著低于 CK;果实转色期内,32~38 ℃处理均显著低于 CK 值 37.19%~26.47%,在 T_{41} 处理下显著上升甚至显著高于 CK 水平;在果实成熟期中,果期高温处理组 Lyc 均值低于 CK 值 19.82%~46.43%,T_{35} 处理显著低于其他温度处理。花期和果期高温胁迫后,各空气湿度处理组均值均显著低于 CK 水平,并且随空气湿度的增加而下降。花期高温处理后,在果实膨大期和转色期内各湿度处理之间差异不显著;在果实成熟期中,低于 CK 值 30.32%～42.03%,RH_{90} 显著最低。果期高温处理后,在果实成熟期中,高温处理组 Lyc 平均值明显降低,低于 CK 值 29.27%～44.89%,和 CK 差异较大且 RH_{90} 处理显著低于其他处理。花期和高温胁迫下随着胁迫时间的延长,Lyc 含量下降。在花期高温处理后,在果实膨大、转色和成熟期内,处理组 Lyc 含量平均值分别低于 CK 值 20.69%～30.71%、12.14%～28.11% 和 7.62%～26.06%,随着胁迫天数的增加,Lyc 的含量逐渐下降,在成熟期,9～12 d 处理显著低于 3～6 d 处理。果期高温处理后,在果实膨大、转色和成熟期内,处理组 Lyc 含量平均值分别低于 CK 值 10.10%～26.16%、8.56%～27.05% 和 17.28%～47.23%,但随胁迫天数的增加,Lyc 含量均值先明显下降后略有回升,在果实成熟时,6～12 d 处理间无显著差异。在番茄果实发育过程中,Lyc 含量在成熟期最高,各时期番茄 Lyc 含量差异显著(表 2.7)。花期高温处理在果实发育不同时期,Lyc 平均含量分别低于 CK 27.98%、17.22% 和 16.62%,果期为 15.38%、18.71% 和 33.82%,在成熟期花期处理 Lyc 均值显著低于 CK 但显著高于果期处理。

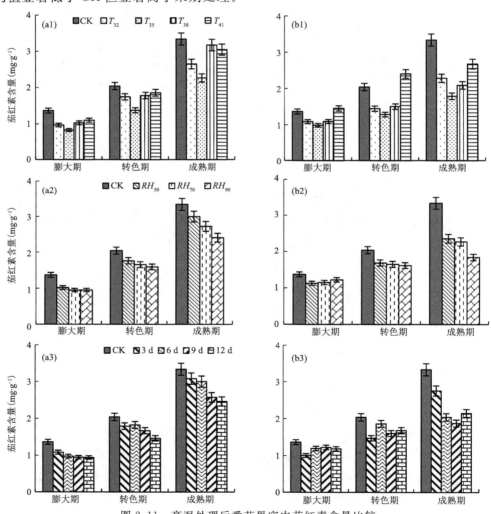

图 2.11　高温处理后番茄果实内茄红素含量比较

(a)、(b)、1、2、3 说明同图 2.9

表 2.7　高温灾害后各生育期中番茄果实内 Lyc 含量的比较(%)

果实发育阶段	花期灾害	果期灾害	对照组
膨大期	0.98±0.12 c	1.16±0.24 b	1.37±0.33 a
转色期	1.69±0.29 b	1.66±0.49 b	2.04±0.21 a
成熟期	2.78±0.58 b	2.37±0.53 c	3.34±0.58 a

注:a、b、c 表示通过 $P<0.05$ 的 Duncan 检验。

4. 高温高湿对设施番茄可溶性糖含量的影响

花期和果期高温处理后,可溶性糖(Total soluble sugar content,简称 TSC)含量的变化规律有所不同(图 2.12),但在成熟期时果实中,TSC 含量都随胁迫温度的上升而下降。花期高温处理后,在果实膨大期内,32~35 ℃处理下,TSC 含量较 CK 高 41.51%~56.29%,差异显著,T_{38} 处理与 CK 无显著差异,T_{41} 处理显著低于其他处理和 CK;果实转色期内,T_{32} 处理依旧

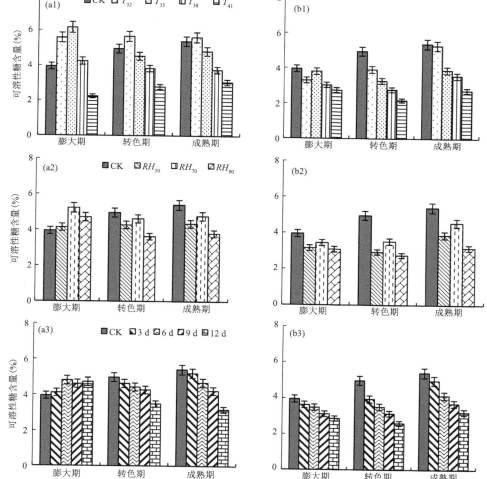

图 2.12　高温处理后番茄果实内可溶性糖含量比较

(a)、(b)、1、2、3 说明同图 2.9

显著高于 CK，但 T_{35} 处理下的 TSC 含量下降至与 CK 无显著差异；在果实成熟期中，T_{35} 和 T_{32} 处理组与 CK 无显著差异，但 T_{38} 和 T_{41} 处理下的 TSC 含量依旧维持在低水平。果期高温处理后，在果实膨大期，T_{32} 和 T_{38} 处理下的 TSC 含量均值并没有出现显著上升的情况，而是低于 CK 值 3.86% 和 16.83%。在果实的转色—成熟过程中，T_{32} 处理下 TSC 含量上升加快。在成熟期时与 CK 无显著差异，而 T_{35} 及以上高温处理下的 TSC 均值在成熟期显著低于 CK。花期和果期高温胁迫后，高温下不同程度地提高空气湿度时，TSC 含量均值在 RH_{70} 最高。花期高温处理后，在膨大期 RH_{70} 处理下，TSC 均值显著高于 CK，而在转色—成熟期间，RH_{70} 中 TSC 含量略有下降，最后下降到 CK 水平并且显著高于 RH_{90} 处理下。果期高温处理后，各湿度处理下 TSC 均值都低于 CK，其中 RH_{70} 处理在转色期和成熟期间显著提高。高温胁迫后成熟期果实中 TSC 含量随着胁迫时间的延长而下降。花期高温处理后，在膨大期各处理组 TSC 有所上升，高于 CK 值 4.24%~21.70%，互相间无显著差异；在果实转色期和成熟期内，果实中 TSC 含量随处理时间的延长而逐渐下降，分别低于 CK 值 7.04%~29.58% 和 3.69%~40.85%，9 d~12 d 处理均显著低于 CK 和 3 d 处理。果期高温胁迫后，随胁迫时间的延长，TSC 含量在各发育期中都逐渐下降，3 d 处理在转色—成熟期间有较明显的上升，在成熟期时与 CK 差异不显著。

5. 高温高湿对设施番茄可滴定酸含量的影响

在花期和果期高温胁迫后，随胁迫温度的升高，处理组果实中可滴定酸（Tomato titratable acid，简称 TOA）含量先降低后升高。花期高温处理后，在果实膨大期内，高温处理组果实 TOA 含量低于 CK 处理 12.99%~25.86%，T_{38} 处理下 TOA 含量最低（图 2.13）；果实转色—成熟期内，T_{38} 处理组依旧最低，其他三个处理与 CK 间无显著差异。果期高温处理后，在果实膨大期和转色期内，高温处理组果实 TOA 含量均在 T_{32} 处理下最低，显著低于其他处理，T_{41} 处理显著高于 CK 值；在果实成熟期中，T_{38} 和 T_{41} 高温处理组 TOA 均值显著高于 CK 值 38.98%~45.76%，T_{32} 和 T_{35} 处理下的 TOA 含量与 CK 无显著差异。高温条件下提高空气湿度对 TOA 的含量没有显著影响，TOA 在 RH_{70} 下较低一些，但是没有达到显著水平。由图 2.13(a3) 和 (b3) 可知，花期和果期高温胁迫下，随着胁迫时间的延长，TOA 含量先下降后上升。花期高温处理后，在果实的 3 个发育期中，6 d 处理显著低于 CK。果期高温处理后，3 d 处理下 TOA 含量均值显著低于 9~12 d 处理，但在成熟期与 CK 无显著差异。在番茄果实发育过程中，TOA 含量先升高后降低，在转色期附近达到最高，显著高于膨大期和转色期。在经过花期高温和果期高温处理后，花期处理组果实 TOA 含量均值在膨大期下降 21.99%，而果期处理上升了 15.97%，均与 CK 差异显著；花期处理 TOA 含量在转色期附近上升了 0.28%，增加幅度高于果期和 CK 处理；成熟期果期高温处理 TOA 含量下降幅度明显小于花期处理和 CK，始终维持较高水平。

6. 高温高湿对设施番茄糖酸比的影响

花期和果期高温胁迫后果实糖酸比（Tomato sugar-acid ratio，简称 S/A）均值在果实膨大期随胁迫温度升高而先升高后降低，在 T_{32} 或 T_{35} 处理下最高，而在成熟期随胁迫温度的升高而下降。花期高温处理后，在膨大期，32~38 ℃ 处理下 S/A 均值都显著高于 CK，T_{41} 处理下 S/A 始终显著低于其他处理和 CK；在成熟期时，T_{32} 和 T_{35} 处理下 S/A 与 CK 无显著差异（图 2.14）。果期高温胁迫后，果实膨大期中只有 T_{32} 处理下，果实 S/A 显著高于 CK 值，T_{38} 和 T_{41}

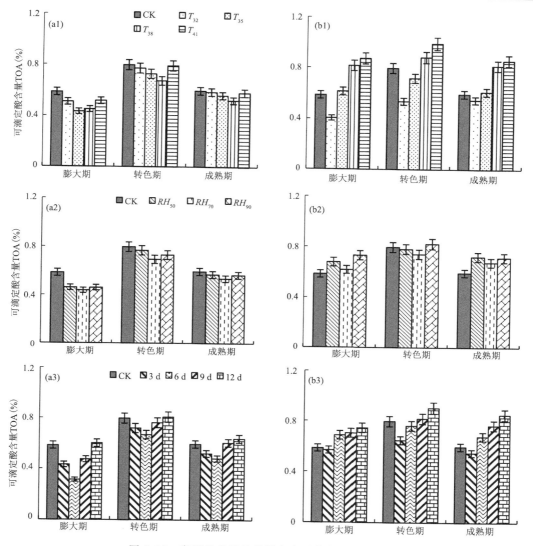

图 2.13　高温处理后番茄果实内可滴定酸含量比较
（a）、（b）、1、2、3 说明同图 2.9

处理下 S/A 在 3 个时期中均显著低于 CK 和 32～35 ℃ 处理。花期和果期高温胁迫后,高温下不同程度地提高空气湿度时,S/A 均值都是在 RH_{70} 下最高。花期高温处理后,在果实膨大期各湿度处理组,S/A 显著高于 CK 值 32.84%～76.92%,RH_{70} 下最高且差异显著;果实转色期和成熟期时,RH_{70} 处理下,S/A 显著高于 RH_{50} 和 RH_{90} 处理且与 CK 无显著差异。果期高温处理后,各湿度处理组 S/A 均值在整个发育期内均低于 CK 值,并且 RH_{70} 处理下的 S/A 均值显著高于其他湿度。花期高温胁迫后,随着胁迫时间的延长,S/A 先略微升高后明显降低,果期则为持续下降。花期高温胁迫后,3 d 和 6 d 处理下,S/A 均值在膨大期显著高于 CK 值,在转色和成熟期,S/A 均值与 CK 无显著差异,而 9 d 和 12 d 处理在果实成熟期 S/A 均值显著低于 CK 值。果期高温胁迫后,有且仅有 3 d 处理与 CK 无显著差异,在成熟期时各相同持续天数处理间 S/A 均值差异显著。在番茄果实发育过程中,S/A 的值在成熟期附近达到最高,并且与膨大期、转色期差异显著。在经过花期高温处理后,果实 S/A 均值在膨大期较 CK 明显上升,之后逐渐下降,在成熟期时低于 CK 值 13.53%,差异显著。而经过果期处理后,果实 S/A 均值在膨大期和转色期分别下降了 20.09% 和 27.72%,在成熟期时有所上升,但始终显著低于花期处理和 CK 值。

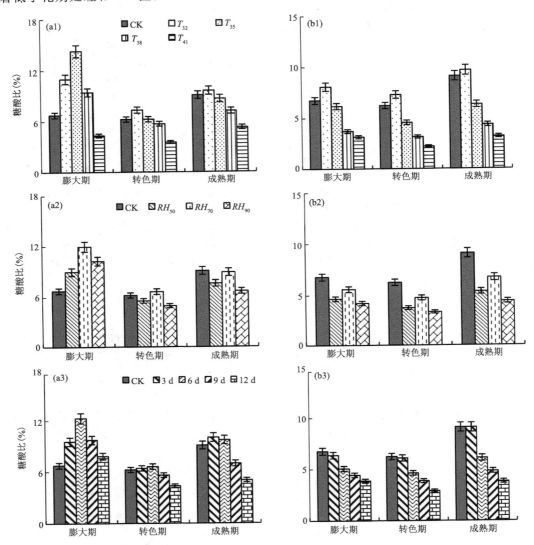

图 2.14　高温处理后番茄果实内糖酸比的比较

(a)、(b)、1、2、3 说明同图 2.9

第三节　高温高湿对设施番茄叶片光合特性的影响

一、高温高湿对设施番茄叶片叶绿素含量的影响

叶绿素是植物进行光合作用的主要色素,是一类位于类囊体膜的含脂色素家族。叶绿素吸收大部分的红光和紫光,但反射绿光,所以叶绿素呈现绿色,它在光合作用的光吸收中起核

心作用。叶绿素为镁卟啉化合物,包括叶绿素 a、b 以及原叶绿素和细菌叶绿素等,在绿色植物光合作用过程中,叶绿素 a 和叶绿素 b 起主要作用。叶绿素不很稳定,光、酸、碱、氧、氧化剂等都会使其分解。酸性条件下,叶绿素分子很容易失去卟啉环中的镁成为去镁叶绿素。叶绿素 a 的分子结构由 4 个吡咯环通过 4 个甲烯基($=CH-$)连接形成环状结构,称为卟啉(环上有侧链)。叶绿素 b 作为光合作用的天线色素之一,分子式是 $C_{55}H_{70}MgN_4O_6$,可吸收并传递光能。叶绿素 b 比叶绿素 a 多一个羰基,因此更容易溶于极性溶剂。它的颜色是黄绿色,主要吸收蓝紫光。

高温或低温会对植物膜系统造成损伤,其中主要是破坏叶绿体外膜和类囊体膜,这使得 H^+ 透性增加,膜内外正常的 H^+ 浓度梯度丧失。高温或低温下,光系统 II 的光反应受到抑制,导致 ATP 生成降低,作为 CO_2 受体的 RuBP 合成因能量供应不足而减慢。同时,在温度胁迫下光合作用的主要酶 RuBP 羧化酶活性下降。上述影响均可使叶绿体吸收、同化 CO_2 的能力受到限制,这不但使光合速率降低,而且导致光合量子效率下降。这表明温度胁迫通过影响植物对光能的吸收、传递和转换,从而影响植物的正常生长发育(邵毅 等,2009)。高温会损伤叶绿体、线粒体的结构,使光合色素降解,从而抑制光合作用,促进呼吸作用。高温胁迫对光系统中心除了瞬时钝化作用外,还存在间接的、较为缓慢的钝化作用。其原因可能是高温胁迫激活了类囊体膜上的脂肪酶,使富含不饱和脂肪酸的类囊体膜脂降解,形成自由的不饱和脂肪酸,从而钝化反应中心(温晓刚 等,1996)。短期高温下光合系统 II 的可逆性失活是光抑制的主要原因(吴韩英 等,2001)。高温胁迫使叶绿素含量明显降低,而且以叶绿素 a 下降为主,但叶绿素含量及其变化规律与其对温度逆境的抗性无明显的相关性(马德华 等,1999)。

在光合作用中,绝大部分叶绿素的作用是吸收及传递光能,仅极少数叶绿素 a 分子起转换光能的作用。它们在活体中大概都是与蛋白质结合在一起,存在于类囊体膜上。叶绿素是高等植物和其他所有能进行光合作用的生物体含有的一类绿色色素。叶绿素有多种,例如叶绿素 a 和 b,以及细菌叶绿素和绿菌属叶绿素等,与食品有关的主要是高等植物中的叶绿素 a 和 b 两种。其结构共同特点是结构中包括四个吡咯构成的卟啉环,四个吡咯与金属镁元素结合。叶绿素存在于叶片的叶绿体内。在叶绿体内,叶绿素可看成是嵌在蛋白质层和带有一个位于叶绿素植醇链旁边的类胡萝卜素脂类之间。当细胞死亡后,叶绿素即从叶绿体内游离出来,游离叶绿体很不稳定,对光或热都很敏感。叶片中光合色素参与光合作用过程中光能的吸收、传递和转化,光合色素含量不仅直接影响番茄光能利用的能力,还影响光能利用的效率,叶片中叶绿素的含量因逆境胁迫程度和时期不同而变化。高温下叶绿素含量合成受阻,叶黄素、类胡萝卜素含量下降,且各种色素之间的比例也会发生一定的变化,而这直接影响了光能的吸收。

1. 高温高湿对设施番茄叶片叶绿素 a 含量的影响

高温高湿对设施番茄叶片叶绿素 a(Chlorophyll a content,简称 Chl a)含量的影响如图 2.15 所示。Chl a 除了可以吸收和传递光能外,还能通过其含量表征植物叶片的衰老程度。相比于对照(CK),不同高温高湿复合处理均造成设施番茄叶片 Chl a 不同程度的降低,且随着温度的升高,其与 CK 的差值加大,且各处理在整个实验进程中 Chl a 均小于 CK。在 T_{38} 条件下,各湿度处理的 Chl a 随着处理时间的延长呈先波动上升后下降的趋势,且 RH_{70} 处理的 Chl a 高于 RH_{50} 和 RH_{90} 处理,在处理 12 d 后,仅有 RH_{90} 处理 Chl a 与 CK 差异显著($P<0.05$)。T_{41} 条件下,各处理的 Chl a 均小于 CK,且随着处理时间的延长而波动下降,除了

RH_{70}处理 3 d 外,其余各处理天数下 Chl a 与 CK 相比,差异均达显著水平($P<0.05$),在处理 12 d 后,RH_{50}、RH_{90} 和 RH_{70} 处理分别降至 CK 的 73.06%、83.39% 和 93.20%($P<0.05$)。T_{44} 条件下,各处理也随处理时间波动下降,各处理天数下 Chl a 均与 CK 相比达显著水平,在处理 12 d 后,RH_{50}、RH_{90} 和 RH_{70} 处理分别降至 CK 的 61.12%、65.46% 和 88.21%($P<0.05$)。

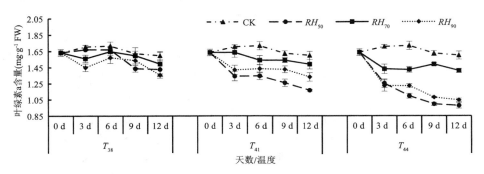

图 2.15　高温高湿对"金粉五号"设施番茄叶片叶绿素 a 含量的影响(FW 表示鲜重)

2. 高温高湿对设施番茄叶片叶绿素 b 含量的影响

高温高湿对设施番茄叶片叶绿素 b(Chlorophyll b content,简称 Chl b)含量的影响如图 2.16 所示。Chl b 除了可以吸收的传递光能外,还能通过其含量表征植物叶片的衰老程度。相比于对照(CK 组),不同高温高湿复合处理均造成设施番茄叶片 Chl b 不同程度降低,且随着温度的升高,其与 CK 的差值越大。T_{38} 条件下,各湿度处理随着处理时间的延长呈现先下降后上升再下降的趋势,其中在 RH_{50} 和 RH_{90} 处理 9 d 后出现 Chl b 极大值,且均大于 CK 处理,12 d 时各湿度处理迅速下降,且其值均与 CK 呈显著性差异($P<0.05$)。T_{41} 条件下,各处理随处理天数的延长呈先上升后下降的趋势,均于处理第 6 d 达到极大值点,且各处理 Chl b 高于 CK 处理;在处理 12 d 后,RH_{50}、RH_{90} 和 RH_{70} 处理分别降至 CK 的 70.52%、76.59% 和 91.87%。T_{44} 条件下,各处理在不同天数下 Chl b 均小于 CK,除 RH_{70} 处理 3 d 处理外,其余处理均与 CK 具有显著性差异($P<0.05$);从处理第 3 d 开始,RH_{50} 和 RH_{90} 处理下 Chl b 均显著小于 RH_{70} 处理($P<0.05$);在处理 12 d 后,RH_{50}、RH_{90} 和 RH_{70} 处理分别降至 CK 的 65.87%、71.32% 和 86.11%($P<0.05$)。

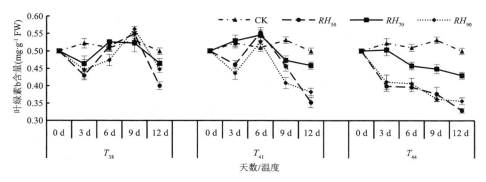

图 2.16　高温高湿对"金粉五号"设施番茄叶片叶绿素 b 含量的影响(FW 表示鲜重)

二、高温高湿对设施番茄叶片光响应曲线特征参数的影响

1. 高温高湿对设施番茄叶片光饱和点的影响

采用叶子飘模型对不同高温高湿复合处理下的光响应曲线进行拟合,得到光饱和点(LSP)、光补偿点(LCP)、最大净光合速率(P_{max})和初始量子效率(AQE),这些参数有助于了解光合机构对高温高湿的响应规律,也可以定量揭示光响应曲线在不同水平逆境胁迫下的变形程度。

光饱和点(Light saturation point,简称 LSP)是指在一定的光强范围内,植物叶片的净光合速率随光强的升高而增大,当光强继续升高时,净光合速率不再升高,开始出现降低的趋势,当叶片净光合速率达到最高时,对应的光强值即光的饱和点,该指标可以表征植物的光合能力。高温高湿对设施番茄叶片光饱和点的影响如图 2.17 所示。随着处理天数的延长,各处理 LSP 呈降低的趋势,且温度越升高,LSP 降低得越明显。在 T_{38} 条件下,RH_{70} 处理下 LSP 均显著高于 RH_{50} 和 RH_{90} 处理($P<0.05$);RH_{50} 处理仅在处理 3 d 时高于 RH_{90} 处理;从处理 9 d 开始,RH_{50} 处理显著低于 RH_{90} 处理;在处理 12 d 后,RH_{90}、RH_{50} 和 RH_{70} 显著降低至 CK 的 46.3%、53.4%和 69.0%($P<0.05$)。在 T_{41} 条件下,各湿度处理在不同处理天数下 LSP 值表现为 RH_{70} 最大、RH_{50} 其次和 RH_{90} 最小的规律;RH_{70} 处理仅在 9 d 和 12 d 时与 CK 存在显著性差异($P<0.05$);在处理结束时,各湿度处理与 CK 间均呈显著性差异($P<0.05$),RH_{90}、RH_{50} 和 RH_{70} 显著降低至 CK 的 41.3%、48.3%和 57.3%。在 T_{44} 条件下,各湿度处理 LSP 变化规律与 T_{41} 条件相似,均表现为 RH_{70} 最大、RH_{50} 其次和 RH_{90} 最小的规律;在整个处理过程中所有湿度处理均显著小于 CK($P<0.05$);在处理 12 d 后,RH_{90}、RH_{50} 和 RH_{70} 显著降低至 CK 的 18.4%、21.8%和 46.3%($P<0.05$)。

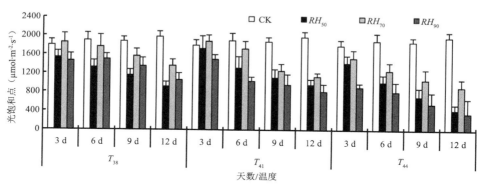

图 2.17　高温高湿对设施番茄叶片光饱和点的影响

2. 高温高湿对施设番茄叶片光补偿点的影响

光补偿点(Light compensation point,简称 LCP)的变化规律与光饱和点的变化呈相反的趋势,当光补偿点升高时,代表植物叶片在低光强下保持光合作用的能力减弱。高温高湿复合对设施番茄叶片光补偿点的影响如图 2.18 所示。随着处理天数的延长和温度的升高,该指标呈持续上升的趋势,且所有处理下,LCP 均高于 CK,说明高温高湿条件下光合作用的能力下降。在 T_{38} 条件下,RH_{70} 处理 LCP 均低于 RH_{50} 和 RH_{90} 处理,但是 RH_{50} 和 RH_{90} 处理间差异不大且在处理时间内均未见显著性差异,处理结束时,3 个湿度处理与 CK 差异显著。在 T_{41}

条件下,各湿度处理在不同处理天数下 LCP 值表现为 RH_{90} 最大、RH_{50} 其次和 RH_{70} 最小的规律,处理结束时分别升高至 CK 的 4.00 倍、3.26 倍和 2.34 倍($P<0.05$)。

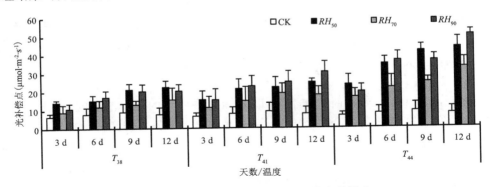

图 2.18　高温高湿对设施番茄光补偿点的影响

3. 高温高湿对设施番茄叶片最大净光合速率的影响

最大净光合速率(Maximum net photosynthetic rate,简称 P_{max})可以表征植物的光合潜能大小。高温高湿复合对设施番茄叶片最大净光合速率的影响如图 2.19 所示。P_{max} 随时间和温度的变化规律与 LSP 相似,各处理 P_{max} 均小于 CK,且随着处理时间的延长和温度的升高,P_{max} 与 CK 的差异变大。在 T_{38} 条件下,RH_{90} 处理 P_{max} 仅在 6 d 时低于 RH_{50},其余处理天数下均高于 RH_{50} 处理,RH_{70} 处理 P_{max} 均高于其他两个湿度处理。在 T_{41} 条件下,各湿度处理在不同处理天数下,P_{max} 值表现为 RH_{70} 最大、RH_{50} 其次和 RH_{90} 最小的规律;在处理结束时,各湿度处理与 CK 间均呈显著性差异($P<0.05$),RH_{90}、RH_{50} 和 RH_{70} 显著降低至 CK 的 47.9%、51.0% 和 65.5%($P<0.05$)。在 T_{44} 条件下,各湿度处理 P_{max} 变化规律与 T_{41} 条件相似,均表现为 RH_{70} 最大、RH_{50} 其次和 RH_{90} 最小的规律,在整个处理过程中所有湿度处理均显著小于 CK($P<0.05$),在处理 12 d 后,RH_{90}、RH_{50} 和 RH_{70} 显著降低至 CK 的 23.9%、32.0% 和 48.8%($P<0.05$)。

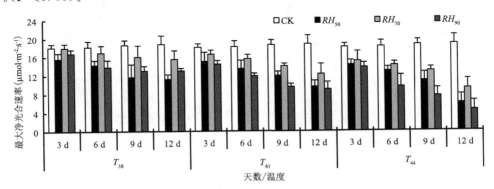

图 2.19　高温高湿对设施番茄最大净光合速率的影响

4. 高温高湿对设施番茄叶片初始量子效率的影响

初始量子效率(Initial quantum efficiency,简称 AQE)可以表征植物叶片在弱光下利用光合有效辐射的能力。高温高湿复合对设施番茄叶片初始量子效率的影响如图 2.20 所示。

AQE 随时间和温度的变化规律与 P_{max} 相似,随着处理时间的延长和温度的升高,AQE 呈下降的趋势。在 T_{38} 条件下,RH_{70} 除外的其余处理 AQE 均小于 CK,RH_{50} 和 RH_{90} 始终低于 CK 和 RH_{70} 处理,在处理 12 d 后,RH_{50}、RH_{90} 和 RH_{70} 显著降至 CK 的 61.8%、81.8% 和 88.0%(P <0.05)。在 T_{41} 条件下,各处理呈下降的趋势,AQE 值表现为 RH_{70} 最大、RH_{50} 其次和 RH_{90} 最小的规律,在处理 12 d 后,RH_{50}、RH_{90} 和 RH_{70} 显著降至 CK 的 71.1%、72.6% 和 89.2%(P <0.05)。在 T_{44} 条件下,各处理变化规律与 T_{41} 处理相似。在处理 12 d 后,RH_{90}、RH_{50} 和 RH_{70} 显著降至 CK 的 64.9%、70.9% 和 86.1%(P <0.05)。

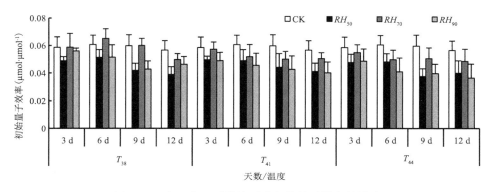

图 2.20 高温高湿对设施番茄初始量子效率的影响

AQE 随时间和温度的变化规律与 P_{max} 相似,随着处理时间的延长和温度的升高,AQE 呈下降的趋势。在 T_{38} 条件下,RH_{70} 外的其余处理 AQE 均小于 CK,RH_{50} 和 RH_{90} 始终低于 CK 和 RH_{70} 处理,在处理 12 d 后,RH_{50}、RH_{90} 和 RH_{70} 显著降至 CK 的 61.8%、81.8% 和 88.0% (P<0.05)。在 T_{41} 条件下,各处理呈下降的趋势,AQE 值表现为 RH_{70} 最大、RH_{50} 其次和 RH_{90} 最小的规律,在处理 12 d 后,RH_{50}、RH_{90} 和 RH_{70} 显著降至 CK 的 71.1%、72.6% 和 89.2%(P<0.05)。在 T_{44} 条件下,各处理变化规律与 T_{41} 处理相似,在处理 12 d 后,RH_{90}、RH_{50} 和 RH_{70} 显著降至 CK 的 64.9%、70.9% 和 86.1%(P<0.05)。

三、高温高湿对设施番茄叶片气体交换参数的影响

1. 高温高湿对设施番茄叶片净光合速率的影响

叶片净光合速率(Net photosynthetic rate,简称 P_n)表征植物叶片光合作用强弱和有机物的积累速率。相比于对照(CK)不同高温 38 ℃(T_{38})、41 ℃(T_{41})、44 ℃(T_{44})与不同高湿 50%(RH_{50})、70%(RH_{70})、90%(RH_{90})复合处理均造成设施番茄叶片 P_n 不同程度降低,且随着温度的升高,其与 CK 的差值越大。高温高湿复合对设施番茄叶片净光合速率的影响如图 2.21 所示。在 T_{38} 条件下,随着处理天数的延长,各湿度处理 P_n 波动式下降,处理 12 d 时,RH_{50}、RH_{90} 和 RH_{70} 处理分别降至 CK 的 56.4%、71.6% 和 89.4%(P<0.05),且 3 个处理均与 CK 差异显著(P<0.05)。在 T_{41} 条件下,随着处理天数的增加,3 个湿度处理均呈持续下降的趋势,整体来看,RH_{50} 和 RH_{90} 的胁迫程度均大于 RH_{70},从胁迫第 3 天开始,各湿度处理的 P_n 均与 CK 呈显著性差异(P<0.05),处理 12 d 时,RH_{50}、RH_{90} 和 RH_{70} 处理分别降至 CK 的 45.9%、48.3% 和 61.4%(P<0.05)。在 T_{44} 条件下,P_n 也随处理天数的增加呈持续下降的趋势,从胁迫第 3 天开始,各湿度处理的 P_n 均与 CK 呈显著性差异(P<0.05),处理 12 d 时,

RH_{90}、RH_{50}和RH_{70}处理分别降至 CK 的 19.5%、29.8%和 46.9%($P<0.05$),整体来看,RH_{70}条件一定程度上有效缓解了高温胁迫对设施番茄光合过程的抑制作用。

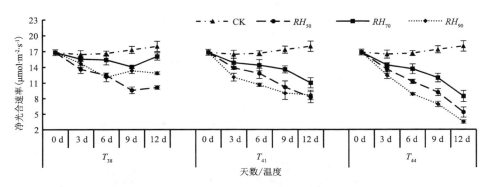

图 2.21　高温高湿对设施番茄叶片净光合速率的影响

2. 高温高湿对设施番茄叶片气孔导度的影响

气孔导度(Stomatal conductance,简称 G_s)表示的是气孔张开的程度,是影响植物光合作用、呼吸作用及蒸腾作用的主要因素。高温高湿复合对设施番茄叶片气孔导度的影响如图 2.22 所示。相比于对照(CK),不同高温高湿复合处理均造成设施番茄叶片 G_s 不同程度降低,且随着温度的升高,其与 CK 的差值越大。在 T_{38} 条件下,从胁迫第 3 天开始,各湿度处理的 G_s 均与 CK 呈显著性差异($P<0.05$),整体来看,随着处理天数的增加,G_s 波动下降;处理 12 d 时,RH_{50}、RH_{90} 和 RH_{70} 处理分别降至 CK 的 27.6%、35.2%和 71.5%($P<0.05$)。在 T_{41} 条件下,从胁迫第 3 d 开始,各湿度处理的 P_n 均与 CK 呈显著性差异($P<0.05$),整体来看,随着处理天数的增加,G_s 持续下降,处理 12 d 时,RH_{90}、RH_{50} 和 RH_{70} 处理分别降至 CK 的 21.1%、32.2%和 50.4%($P<0.05$),4 个处理间差异显著($P<0.05$)。在 T_{44} 条件下,各湿度随处理天数的变化情况类似 T_{41} 处理,但其与 CK 的差异明显大于 T_{41} 处理,处理 12 d 时,RH_{90}、RH_{50} 和 RH_{70} 处理分别降至 CK 的 14.1%、24.1%和 30.0%($P<0.05$),各湿度处理的 G_s 均与 CK 呈显著性差异($P<0.05$)。整体来看,RH_{70}条件在一定程度上有效缓解了高温胁迫对设施番茄气孔导度的抑制作用。

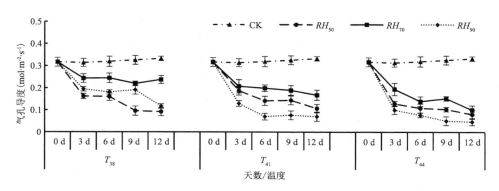

图 2.22　高温高湿对设施番茄叶片气孔导度的影响

3. 高温高湿对设施番茄叶片胞间 CO_2 浓度的影响

胞间 CO_2 浓度(Intercellular CO_2 concentration,简称 C_i)的变化方向可作为重要判据,以判定光合速率降低的主要原因是否为气孔限制,高温高湿对设施番茄叶片胞间 CO_2 浓度的影响如图 2.23 所示。在 T_{38} 条件下,各高温高湿复合处理下, C_i 均小于 CK 处理,且随着处理天数的增加, RH_{50} 和 RH_{70} 处理呈先下降后上升的趋势,且均在处理的第 9 天达到最小值,分别下降到 CK 的 80.2% 和 90.0%($P<0.05$),在 12 d 时上升,但其值均未超过 CK, RH_{70} 处理先在 6 d 时升高至最大值后又下降,处理 12 d 时,仅有 RH_{50} 与 CK 处理有显著性差异($P<0.05$)。在 T_{41} 条件下,当天至第 9 天时,各处理 C_i 均小于 CK;其中, RH_{50} 和 RH_{70} 处理在第 3 天迅速减小到极小值,之后呈上升趋势,而 RH_{90} 处理的极小值出现在第 6 天,随着处理天数的增加,9 d 时,各处理 C_i 均出现大于 CK 的情况;12 d 时, RH_{70} 略有下降趋势,其值略小于 CK 处理,而 RH_{90} 、 RH_{50} 分别显著升高至 CK 的 1.19 倍和 1.27 倍($P<0.05$)。在 T_{44} 条件下,3 个处理均呈上升趋势,且 RH_{90} 上升幅度最快, RH_{50} 其次, RH_{70} 最慢,除了 RH_{70} 处理 3 d 时 C_i 略小于 CK 外,其余处理的 C_i 均大于 CK,处理 12 d 时, RH_{90} 、 RH_{50} 和 RH_{70} 处理分别升高至 CK 的 1.30 倍、1.22 倍和 1.14 倍($P<0.05$),各湿度处理的 C_i 均与 CK 呈显著性差异($P<0.05$)。

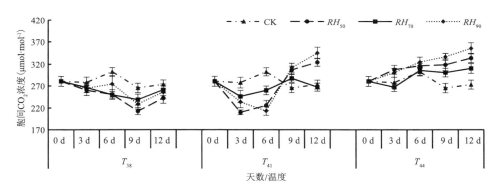

图 2.23　高温高湿对设施番茄叶片胞间 CO_2 浓度的影响

4. 高温高湿对设施番茄叶片气孔限制值的影响

叶片气孔限制值(Stomatal limitation value,简称 L_s)的变化方向可作为重要判据,以判定光合速率降低的主要原因是否为气孔限制,高温高湿复合对设施番茄气孔限制值的影响如图 2.24 所示, L_s 随处理天数的变化规律与 C_i 相反。在 T_{38} 条件下,各高温高湿复合处理下, L_s 均大于 CK 处理,整体呈先上升后下降的趋势,各湿度处理在 9 d 时达到最大值,且均显著高于 CK($P<0.05$),9 d 时 RH_{50} 处理最大, RH_{70} 其次,最后是 RH_{90} 处理。在 T_{41} 条件下, RH_{90} 、 RH_{50} 处理呈先上升后下降的趋势,其中 RH_{50} 处理在 3 d 时出现极大值,是 CK 的 1.55 倍,而 RH_{90} 处理 6 d 时出现极大值,是 CK 的 1.70 倍,在处理 9 d 时,各湿度处理 L_s 均下降至小于 CK,在处理 12 d 后, RH_{90} 、 RH_{50} 显著降低至 CK 的 49.8% 和 59.3%($P<0.05$)。在 T_{44} 条件下,各湿度处理随处理天数的增加呈下降趋势,除了 RH_{70} 处理 3 d 时 L_s 略高于 CK,其余处理的 L_s 均小于 CK 处理,在处理 9 d 和 12 d 时,各湿度处理下 L_s 均与 CK 差异显著($P<0.05$)。

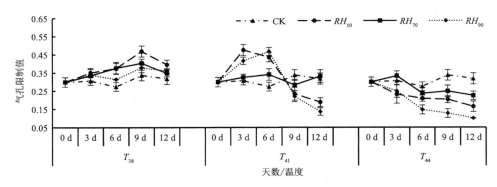

图 2.24 高温高湿对设施番茄叶片气孔限制值的影响

5. 高温高湿对设施番茄叶片蒸腾速率的影响

叶片蒸腾速率(Transpiration rate,简称 T_r)是指植物在一定时间内单位叶面积蒸腾的水量,是植物吸收和运输水分的主要动力,高温高湿对设施番茄蒸腾速率的影响如图 2.25 所示。相比于对照(CK),不同高温高湿复合处理均造成设施番茄叶片 T_r 不同程度降低。在 T_{38} 条件下,RH_{50} 处理 T_r 下降速率大于 RH_{90},处理 12 d 后,RH_{90}、RH_{70} 和 RH_{50} 显著降低至 CK 的 43.8%、69.2% 和 32.3%($P<0.05$),而 T_{41} 和 T_{44} 条件下,RH_{50} 处理 T_r 下降速率小于 RH_{90},T_{41} 条件下处理 12 d 后,RH_{90}、RH_{70} 和 RH_{50} 显著降低至 CK 的 26.6%、39.8% 和 34.9%($P<0.05$),T_{44} 条件下处理 12 d 后,RH_{90}、RH_{70} 和 RH_{50} 显著降低至 CK 的 23.6%、43.5% 和 30.8%($P<0.05$)。

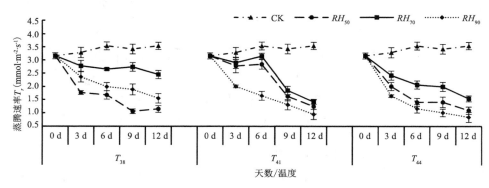

图 2.25 高温高湿对设施番茄叶片蒸腾速率的影响

6. 高温高湿对设施番茄叶片水分利用效率的影响

水分利用效率是净光合速率与蒸腾速率的比值。高温高湿复合对设施番茄水分利用效率(Water use efficiency,简称 WUE)的影响如图 2.26 所示。在 T_{38} 条件下,各湿度处理 WUE 均高于 CK 且呈波动上升的趋势。而 T_{41} 条件下,RH_{50} 和 RH_{70} 处理先减小后升高,在前 6 d 的 WUE 均小于 CK,之后迅速上升,RH_{90} 处理下,WUE 持续升高。T_{44} 条件下,各湿度处理呈先上升后下降的趋势,极大值出现在 6 d。

7. 高温高湿对设施番茄光合特性参数的方差分析

高温、高湿及高温高湿交互对光合参数影响的方差分析见表 2.8。高温、高湿对所有光合

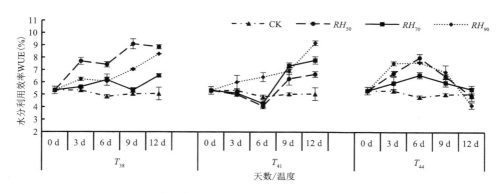

图 2.26 高温高湿对设施番茄叶片水分利用效率的影响

特性指标的影响均达到不同水平的显著性,其中以 P_n、G_s、T_r 和 WUE 指标的显著性更好。高温高湿交互仅对 P_n、G_s、T_r 和 WUE 的影响达到显著性水平。总体来看,高温因子对光合参数影响的显著性高于高湿因子,说明高温是主要影响因子,高湿次之。

表 2.8 高温高湿交互对光合特性影响的方差分析

参数	变异来源	显著性	参数	变异来源	显著性
P_n	T	***	G_s	T	***
	RH	***		RH	***
	$T \times RH$	**		$T \times RH$	***
LSP	T	***	C_i	T	***
	RH	***		RH	***
	$T \times RH$	NS		$T \times RH$	NS
LCP	T	***	L_s	T	***
	RH	**		RH	**
	$T \times RH$	NS		$T \times RH$	NS
P_{max}	T	***	T_r	T	***
	RH	**		RH	***
	$T \times RH$	NS		$T \times RH$	***
AQE	T	*	WUE	T	***
	RH	*		RH	*
	$T \times RH$	NS		$T \times RH$	NS

注:T 表示温度,RH 表示相对湿度;*、** 和 *** 分别表示 $P < 0.05$、$P < 0.01$ 和 $P < 0.001$ 下显著;NS 表示没有显著差异。

研究表明高温高湿复合处理下设施番茄叶片光合作用受到抑制,P_n、LSP、P_{max} 和 AQE 随着处理温度的升高和处理时间的延长表现出下降的趋势,LCP 呈上升的趋势。在同一温度下,不同湿度处理中 RH_{70} 相比于 RH_{50} 和 RH_{90} 处理,一定程度上有效缓解高温胁迫对设施番茄叶片光合参数的影响。方差分析结果显示,高温、高湿对光合参数的影响显著,高温高湿交互仅对 P_n 影响显著,高温是主要影响因子,高湿次之;高温高湿复合处理下设施番茄叶片气体交换参数受到不同程度的影响,G_s、T_r 随着处理温度的升高和处理时间的延长表现出下降的趋势，C_i 呈先下降后上升的趋势，L_s 呈先上升后下降的趋势，WUE 对高温高湿的响应无明显规律。在同一温度下，不同湿度处理中 RH_{70} 相比于 RH_{50} 和 RH_{90} 处理，一定程度上有效缓解高温胁迫对设施番茄叶片气孔特性的影响。高温、高湿对气体交换参数的影响显著，高温高湿交互仅对 G_s 和 T_r 影响显著，高温是主要影响因子，高湿次之；随着各处理 G_s 的下降，T_{38} 处理 9～12 d，T_{41} 处理 6～12 d，T_{44} 处理 3～12 d，C_i 有上升的趋势，同时 L_s 下降，表明高温高湿复合胁迫在后期或温度过高（44 ℃）时，光合作用降低的原因由气孔限制因素转化为非气孔限制因素。

第四节　高温高湿对设施番茄叶片叶绿素荧光参数的影响

一、高温高湿对设施番茄叶片 PS I 性能参数的影响

叶绿素荧光分析技术能够提供逆境胁迫下植物光合器官功能等丰富信息，该技术能快速无损地分析 PS Ⅱ 反应中心能量捕获及供体和受体侧电子传递变化。叶绿体的 PS Ⅱ 是对高温最为敏感的细胞器，即使受到短时高温胁迫也会使放氧复合体裂解，造成受体电子传递失去平衡。本节从设施番茄叶片光合机构的 PS I 和 PS Ⅱ 出发，选取 φ_{Ro} 和 PI_{total} 表征 PS I 特性，PI_{abs} 和 F_v/F_m 表征 PS Ⅱ 特性，并从光能的吸收（ABS/CS_m）、捕获（TR_o/CS_m）、热耗散（DI_o/CS_m）、光量子产额（ET_o/CS_m）等角度说明植物逆境胁迫下 PS Ⅱ 单位横截面积能量的分配情况。

1. 高温高湿对设施番茄叶片受体侧末端电子受体量子产额的影响

φ_{Ro} 表示用于还原 PSI 受体侧末端电子受体的量子产额，该参数可以间接反映 PS I 的相对活性，高温高湿复合对设施番茄叶片 φ_{Ro} 的影响见表 2.9。在 T_{38} 条件下，φ_{Ro} 随着处理天数的延长，表现出先升高后降低的趋势，且均高于 CK，在 6 d 时各处理均达到极大值，RH_{90} 升高至 CK 的 1.15 倍，与 CK 相比差异显著（$P<0.05$）。在 T_{41} 条件下，各湿度处理与 CK 差异不大，有下降趋势，处理 12 d 后，RH_{90}、RH_{70} 和 RH_{50} 分别下降至 CK 的 84.2%、94.3% 和 95.8%（$P<0.05$）。在 T_{44} 条件下，各湿度处理随着处理天数下降，且均在 CK 以下，其中 RH_{70} 最大，RH_{50} 其次，RH_{90} 最小，处理 12 d 后，RH_{90}、RH_{70} 和 RH_{50} 分别下降至 CK 的 81.5%、88.0% 和 84.1%（$P<0.05$）。

表 2.9　高温高湿对设施番茄叶片 φ_{Ro} 的影响

参数	天数 (d)	T_{38}			T_{41}			T_{44}			CK
		RH_{50}	RH_{70}	RH_{90}	RH_{50}	RH_{70}	RH_{90}	RH_{50}	RH_{70}	RH_{90}	
φ_{Ro}	3	0.266± 0.021	0.268± 0.015	0.258± 0.015	0.241± 0.012	0.251± 0.016	0.249± 0.011	0.232± 0.01	0.234± 0.012	0.229± 0.010	0.256± 0.028
	6	0.276± 0.010	0.283± 0.010	0.300± 0.010	0.258± 0.01	0.254± 0.012	0.248± 0.016	0.219± 0.011	0.225± 0.013	0.215± 0.012	0.250± 0.015
	9	0.264± 0.013	0.287± 0.015	0.296± 0.011	0.251± 0.012	0.257± 0.013	0.246± 0.010	0.229± 0.020	0.228± 0.018	0.205± 0.017	0.256± 0.017
	12	0.260± 0.015	0.260± 0.015	0.283± 0.012	0.247± 0.016	0.244± 0.013	0.218± 0.010	0.218± 0.020	0.229± 0.010	0.210± 0.010	0.259± 0.010

2. 高温高湿对设施番茄叶片综合性能指数的影响

综合性能指数 PI_{total} 能进一步解释 PSⅡ与 PSⅠ之间的电子传递能和 PSⅠ的相关性能，使得叶绿素荧光动力学参数的研究不仅局限于 PSⅡ。在 T_{38} 条件下，PI_{total} 随着处理天数的延长，表现出先升高后降低的趋势，且均小于 CK，各处理在 12 d 时达到与 CK 的最大差异，CK 分别为 RH_{70}、RH_{50} 和 RH_{90} 处理的 1.27、1.42 和 1.54 倍（$P<0.05$）。在 T_{41} 条件下，PI_{total} 随着处理天数的延长呈下降的趋势，除了 RH_{70} 处理 3 d 与 CK 无显著性差异外，其余处理均与 CK 差异显著（$P<0.05$），12 d 时 CK 分别为 RH_{70}、RH_{50} 和 RH_{90} 处理的 1.32 倍、1.58 倍和 2.10 倍。在 T_{44} 条件下，RH_{50} 和 RH_{90} 处理 PI_{total} 随着处理天数的延长呈下降的趋势，RH_{70} 则先上升后下降，各处理在不同处理天数下均与 CK 差异显著（$P<0.05$），12 d 时 CK 分别为 RH_{70}、RH_{50} 和 RH_{90} 处理的 1.86 倍、2.54 倍和 3.69 倍（$P<0.05$）。

二、高温高湿对设施番茄叶片 PSⅡ性能参数的影响

1. 高温高湿对设施番茄叶片最大量子效率的影响

最大量子效率 F_v/F_m 是反映 PSⅡ活性中心光能转化效率的重要参数，高温高湿复合对设施番茄叶片 F_v/F_m 的影响见表 2.10。在 T_{38} 条件下，F_v/F_m 随着处理天数的延长，RH_{90}、RH_{70} 呈先上升后下降的趋势，在 9 d 时有一个峰值，RH_{50} 处理持续下降的趋势；12 d 时，RH_{70}、RH_{50} 和 RH_{90} 处理分别降至 CK 的 98.5%、98.2% 和 97.3%（$P<0.05$）。在 T_{41} 条件下，各处理均与 CK 差异显著（$P<0.05$），随着处理时间的延长，F_v/F_m 呈下降的趋势，其中，RH_{70} 最大，RH_{50} 其次，RH_{90} 最小；12 d 时，RH_{70}、RH_{50} 和 RH_{90} 处理分别降至 CK 的 98.1%、97.1% 和 96.5%（$P<0.05$）。在 T_{44} 条件下，各处理均与 CK 差异显著（$P<0.05$），随着处理时间的延长，F_v/F_m 呈下降的趋势，其中，RH_{70} 最大，RH_{50} 其次，RH_{90} 最小；12 d 时，RH_{70}、RH_{50} 和 RH_{90} 处理分别降至 CK 的 97.6%、96.0% 和 95.6%（$P<0.05$）。所有处理的 PI_{abs} 均小于 CK，且与 CK 的差异明显大于 F_v/F_m，不同湿度处理规律一致，RH_{70} 最大，RH_{50} 其次，RH_{90} 最小。

表 2.10　高温高湿对设施番茄叶片最大量子效率（F_v/F_m）的影响

参数	天数(d)	T_{38}			T_{41}			T_{44}			CK
		RH_{50}	RH_{70}	RH_{90}	RH_{50}	RH_{70}	RH_{90}	RH_{50}	RH_{70}	RH_{90}	
F_v/F_m	3	0.829± 0.091	0.822± 0.072	0.815± 0.055	0.822± 0.037	0.823± 0.048	0.806± 0.090	0.815± 0.084	0.824± 0.076	0.798± 0.068	0.838± 0.055
	6	0.826± 0.12	0.822± 0.058	0.813± 0.092	0.820± 0.084	0.820± 0.022	0.805± 0.097	0.814± 0.077	0.818± 0.085	0.798± 0.100	0.836± 0.055
	9	0.824± 0.111	0.828± 0.092	0.819± 0.047	0.812± 0.065	0.818± 0.072	0.809± 0.060	0.800± 0.044	0.809± 0.068	0.800± 0.076	0.835± 0.061
	12	0.818± 0.082	0.821± 0.032	0.811± 0.054	0.809± 0.075	0.817± 0.103	0.804± 0.087	0.800± 0.065	0.814± 0.114	0.797± 0.085	0.833± 0.070

2. 高温高湿对设施番茄叶片光性能指数的影响

光性能指数 PI_{total} 包含了多个独立的荧光动力学参数（RC、ABS、φ_{Po}、Ψ_o），能综合反映 PSⅡ反应中心效率。如表 2.11 所示，在 T_{38} 条件下，PI_{abs} 呈先上升后下降的趋势，在 6 d 达到

一个峰值;12 d 时,RH_{70}、RH_{50}和 RH_{90} 处理分别降至 CK 的 74.6%、70.0% 和 68.9%($P<$ 0.05)。在 T_{41} 条件下,各处理均与 CK 差异显著($P<0.05$),RH_{70} 处理 PI_{abs} 呈先上升后下降的趋势,在 9 d 达到一个峰值,RH_{50} 和 RH_{90} 呈持续下降的趋势;12 d 时,RH_{70}、RH_{50} 和 RH_{90} 处理分别降至 CK 的 74.4%、59.4% 和 51.0%($P<0.05$)。在 T_{44} 条件下,各处理均与 CK 差异显著($P<0.05$),均随处理时间的延长下降;12 d 时,RH_{70}、RH_{50} 和 RH_{90} 处理分别降至 CK 的 74.3%、48.7% 和 33.1%($P<0.05$)。

表 2.11　高温高湿对设施番茄叶片光性能指数 PI_{total} 的影响

参数	天数(d)	T_{38}			T_{41}			T_{44}			CK
		RH_{50}	RH_{70}	RH_{90}	RH_{50}	RH_{70}	RH_{90}	RH_{50}	RH_{70}	RH_{90}	
PI_{total}	3	6.99± 0.55	7.61± 0.97	6.70± 0.38	7.06± 0.41	7.99± 0.46	5.85± 0.32	7.12± 0.39	6.48± 0.45	5.01± 0.55	8.88± 0.59
	6	7.00± 0.56	8.48± 0.98	7.23± 0.48	6.49± 0.41	7.76± 0.46	6.12± 0.59	5.97± 0.89	7.04± 0.78	5.00± 1.02	9.23± 0.58
	9	7.09± 0.56	8.33± 0.98	7.41± 0.48	6.05± 0.49	7.46± 0.88	5.56± 0.76	5.00± 0.65	6.59± 0.77	3.72± 0.87	9.65± 0.61
	12	6.53± 0.59	7.26± 0.97	6.01± 1.03	5.84± 0.98	6.99± 0.59	4.41± 0.48	3.65± 0.48	4.97± 0.84	2.51± 0.87	9.25± 0.70

3. 高温高湿对设施番茄叶片比活性参数的影响

比活性参数从光能的吸收(ABS/CS_m)、捕获(TR_o/CS_m)、热耗散(DI_o/CS_m)、光量子产额(ET_o/CS_m)等角度表征了植物逆境胁迫下 PSⅡ单位横截面积能量的分配情况。高温高湿处理后,所有处理 ABS/CS_m 均小于 CK。T_{38} 条件下,随着处理时间的延长,ABS/CS_m 呈下降的趋势,RH_{70} 最大,RH_{90} 其次,RH_{50} 最小;12 d 时,RH_{70}、RH_{90} 和 RH_{50} 处理分别降至 CK 的 91.9%、77.3% 和 70.0%($P<0.05$),且 4 个处理间差异显著($P<0.05$)(图 2.27(a))。T_{41} 条件下,各湿度处理随处理时间的延长呈波动下降的趋势,整体来看,RH_{70} 最大,RH_{50} 其次,RH_{90} 最小;12 d 时,RH_{70}、RH_{50} 和 RH_{90} 处理分别降至 CK 的 85.7%、70.3% 和 67.0%($P<0.05$)(图 2.27(b))。T_{44} 条件下,各湿度处理随处理时间的延长呈波动下降的趋势,各处理规律与 T_{41} 相似;12 d 时,RH_{70}、RH_{50} 和 RH_{90} 处理分别降至 CK 的 79.4%、64.0% 和 63.3%($P<0.05$)(图 2.27(c))。

高温高湿复合处理后,所有处理 DI_o/CS_m 均大于 CK,T_{38} 条件下,随着处理时间的延长,RH_{70} 和 RH_{90} 处理呈先上升后下降的趋势,RH_{50} 呈持续上升的趋势;12 d 时,RH_{50}、RH_{90} 和 RH_{70} 处理分别升高至 CK 的 1.15 倍、1.06 倍和 1.01 倍,仅 RH_{50} 与 CK 差异显著($P<0.05$)(图 2.27(a))。T_{41} 条件下,随着处理天数的延长,各处理也呈先上升后下降的趋势,RH_{50} 和 RH_{90} 处理 DI_o/CS_m 高于 RH_{70} 处理,但 RH_{50} 和 RH_{90} 无明显差异,12 d 时 RH_{50}、RH_{90} 和 RH_{70} 处理分别升高至 CK 的 1.11 倍、1.20 倍和 1.20 倍(图 2.27(b))。T_{44} 条件下,随着处理天数的延长,各处理呈持续升高的趋势,且不同天数处理下的高温高湿复合处理 DI_o/CS_m 均显著大于 CK 差异($P<0.05$),RH_{50} 和 RH_{90} 处理 DI_o/CS_m 高于 RH_{70} 处理;12 d 时,RH_{50}、RH_{90} 和 RH_{70} 处理分别升高至 CK 的 1.19 倍、1.29 倍和 1.25 倍(图 2.27(c))。

高温高湿复合处理后所有处理 TR_o/CS_m 均小于 CK,且与 CK 差异明显大于 ABS/CS_m。

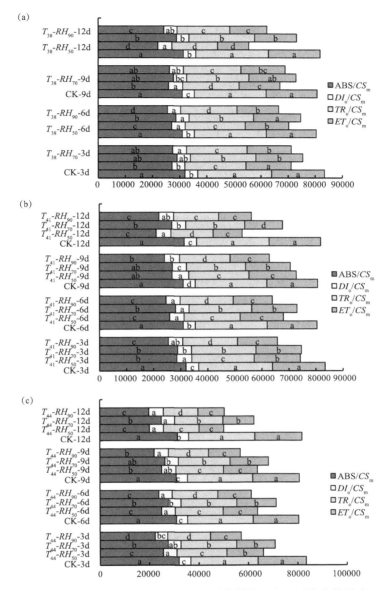

图 2.27 高温高湿对设施番茄叶片单位横截面积比活性参数影响

(a)38 ℃高温处理;(b)41 ℃高温处理;(c)44 ℃高温处理

图中 a、b、c、d 表示通过 $P<0.05$ 的 Duncan 检验

T_{38} 条件下,随着处理时间的延长,RH_{70} 呈先下降后上升的趋势,而 RH_{50} 和 RH_{90} 持续下降;12 d 时,RH_{50}、RH_{90} 和 RH_{70} 处理分别升高至 CK 的 62.5%、72.4% 和 90.5%($P<0.05$)(图 2.27(a))。T_{41} 条件下,各处理随着处理时间的延长呈下降的趋势,RH_{70} 最大,RH_{50} 其次,RH_{90} 最小,且 4 个处理在不同处理天数下差异均显著($P<0.05$);12 d 时,RH_{90}、RH_{50} 和 RH_{70} 处理分别升高至 CK 的 58.0%、61.9% 和 81.3%($P<0.05$)(图 2.27(b))。T_{44} 条件下,TR_o/CS_m 随处理时间的变化与 T_{38} 相似,各湿度处理均显著小于 CK($P<0.05$);12 d 时,RH_{90}、RH_{50} 和 RH_{70} 处理分别降低至 CK 的 52.2%、53.6% 和 72.7%($P<0.05$)(图 2.27(c))。

高温高湿复合处理后所有处理 ET_o/CS_m 均小于 CK。T_{38} 条件下,随着处理时间的延长,各处理均呈下降的趋势,其中,RH_{70} 最大,RH_{90} 其次,RH_{50} 最小,RH_{90} 和 RH_{50} 处理始终显著小于 CK($P<0.05$);12 d 时,RH_{50}、RH_{90} 和 RH_{70} 处理分别降低至 CK 的 60.4%、71.9% 和 80.8%($P<0.05$)(图 2.27(a))。T_{41} 条件下,随着处理时间的延长,各处理呈下降的趋势,除了处理第 12 d RH_{50} 最小外,其余处理天数下,RH_{70} 最大,RH_{50} 其次,RH_{90} 最小;12 d 时,RH_{50}、RH_{90} 和 RH_{70} 处理分别降低至 CK 的 56.4%、63.7% 和 73.4%($P<0.05$)(图 2.27(b))。T_{44} 条件下,随着处理时间的延长,ET_o/CS_m 随处理时间的变化与 T_{38} 相似,各湿度处理均显著小于 CK($P<0.05$);12 d 时,RH_{50}、RH_{90} 和 RH_{70} 处理分别降低至 CK 的 52.4%、55.9% 和 66.3%($P<0.05$)(图 2.27(c))。

4. 高温高湿对设施番茄叶片叶绿素荧光动力学参数的方差分析

高温、高湿及高温高湿复合对设施番茄叶片叶绿素荧光动力学参数的方差分析见表 2.12。高温、高湿对多数荧光特性指标的影响均达到不同水平的显著性,其中以 PI_{total}、F_v/F_m、DI_o/CS_m 和 ET_o/CS_m 指标的显著性更好。高温高湿交互仅对 PI_{total} 和 PI_{abs} 的影响达到显著性水平。总体来看,高温对光合特性影响的显著性高于高湿因子,说明高温是主要影响因子,高湿次之。

表 2.12　高温高湿交互对叶绿素荧光动力学参数影响的方差分析

参数	变异来源	显著性	参数	变异来源	显著性
φ_{Ro}	T	***	ABS/CS_m	T	***
	RH	NS		RH	***
	$T \times RH$	NS		$T \times RH$	NS
PI_{total}	T	***	TR_o/CS_m	T	***
	RH	***		RH	**
	$T \times RH$	*		$T \times RH$	NS
F_v/F_m	T	***	DI_o/CS_m	T	***
	RH	***		RH	***
	$T \times RH$	NS		$T \times RH$	NS
PI_{abs}	T	***	ET_o/CS_m	T	***
	RH	***		RH	***
	$T \times RH$	*		$T \times RH$	NS

注:T 表示温度,RH 表示相对湿度;*、** 和 *** 分别表示 $P<0.05$、$P<0.01$ 和 $P<0.001$ 下显著;NS 表示没有显著差异。

研究表明设施番茄叶片光合机构由 PS I 和 PS II 组成,本研究中选取 φ_{Ro}、PI_{total} 表征 PS I 特性,PI_{abs} 和 F_v/F_m 表征 PS II 特性。研究表明,高温高湿复合处理下,设施番茄 PS I 和 PS II 相对活性和反应中心效率受到不同程度的抑制,其中,PS II 的影响要大于 PS I,φ_{Ro} 在 T_{38} 和 T_{41} 条件下随着处理时间的延长呈先上升后下降的趋势,在 T_{44} 条件下呈下降的趋势。PI_{total}、PI_{abs} 和 F_v/F_m 在 T_{38} 条件下随着处理时间的延长呈先上升后下降的趋势,在 T_{41} 和 T_{44} 呈下降的趋势。在同一温度下,不同湿度处理中,RH_{70} 相比于 RH_{50} 和 RH_{90} 处理,能在一定程度有效缓解高温胁迫对设施番茄叶片 PS I 和 PS II 相对活性和反应中心效率的影响。由方差分析结果可知,高温、高湿对 PSⅠ和 PSⅡ性能参数的影响显著,高温高湿交互仅对 PI_{total} 和 PI_{abs} 影响达到显著性水平。PI_{abs} 和 F_v/F_m 均可表征 PSⅡ反应中心效率,但 PI_{abs} 对高温高湿的敏感性更强。由方差分析结果可知,高温、高湿对 PSⅠ和 PSⅡ性能参数的影响显著,高温高湿交互仅对 PI_{total} 和 PI_{abs} 的影响达到显著性水平,高温是主要影响因子,高湿次之;高温高湿复合处理给设施番茄叶片单位横截面积比活性参数造成不同程度的影响,ABS/CS_m、TR_o/CS_m 和 ET_o/CS_m 随着处理时间的延长和温度的升高呈下降的趋,而 DI_o/CS_m 表征逆境胁迫下的热耗散,因此变化趋势相反,呈下降趋势。在同一温度下,不同湿度处理中,RH_{70} 相比于 RH_{50} 和 RH_{90} 处理,能在一定程度上有效缓解高温胁迫对设施番茄叶片反应中心的影响。由方差分析结果可知,高温、高湿对单位横截面积比活性参数的影响显著,高温高湿交互仅对指标的影响均未达到显著性水平,高温是主要影响因子,高湿次之。

第五节　高温高湿对设施番茄叶片衰老特性的影响

一、保护酶活性

植物生长在自然环境条件中,不可避免地受到多种逆境胁迫,如重金属、干旱、盐、高温、低温、高辐射、紫外线、养分缺乏和大气污染。这些非生物胁迫均会产生次级胁迫,使植物直接或间接形成过量的活性氧自由基(ROS),而 ROS 对细胞膜系统、脂类、蛋白质和核酸等大分子具有很强的破坏作用。逆境条件下,植物体同时存在保护酶系统,能够清除体内多余的自由基,这一保护酶系统实际上是一个抗氧化系统,它由许多酶和还原性物质组成,其中,超氧化物歧化酶、过氧化氢酶、过氧化物酶是主要的抗氧化酶,植物通过抗氧化酶加强抗氧化作用提高对逆境的抗性,从而防止自由基毒害。

1. 高温高湿对设施番茄超氧化物歧化酶的影响

植物在逆境胁迫条件下,会产生活性氧胁迫。活性氧的累积主要是由大量的超氧自由基所致,超氧自由基可通过酶促反应歧化生成 H_2O_2 和 O_2,或产生氧化活性更强的羟基自由基(·OH)。对于清除超氧自由基起关键作用的是超氧化物歧化酶(Superoxide dismutase,简称SOD),它是一种含金属的抗氧化酶,在植物界普遍存在且具有多种类型。根据 SOD 所结合的金属原子的不同,植物 SOD 可分为 3 种类型:Cu/Zn-SOD、Mn-SOD 和 Fe-SOD。Cu/Zn-SOD 分子量 32000,由 2 个亚基组成,每个亚基结合着 1 个 Cu 或 Zn 原子;Mn-SOD 分子量 84000,由 4 个亚基构成,每个亚基各含 1 个 Mn 原子;Fe-SOD 分子量 42000,由 2 个亚基构成,每个亚基结合 1 个 Fe 原子。低等植物以 Fe-SOD 和 Mn-SOD 为主,高等植物以 Cu/Zn-SOD 为主,Cu/Zn-SOD 主要位于细胞质和叶绿体中,Mn-SOD 主要位于线粒体中,Fe-SOD 一般位于一些植物的叶绿体中。不同的 SOD 基因在转基因植株的表达有两种类型:一种类型是过量表达 SOD 的转基因植株未提高胁迫耐性,如过量表达矮牵牛叶绿体 Cu/Zn-SOD 的转基因烟草,未获得对臭氧或甲基紫精引起的氧化损伤的耐受性;另一种类型是 SOD 过量表达赋予转基因植株较好的活性氧胁迫耐性,在转基因苜蓿、烟草和棉花叶绿体中过量表达 SOD 基因,提高了植株对氧化胁迫的耐性。

高温高湿复合灾害对设施番茄叶片超氧化物歧化酶活性的影响如图 2.28 所示。SOD 能够清除 O_2^-,使其发生歧化反应生成 H_2O_2 和 O_2,是表征植物在逆境胁迫下衰老程度的指标之一。随着处理时间的延长,不同温度下,SOD 活性呈不同变化趋势。T_{38} 条件下,各湿度处理

SOD 活性均高于 CK 处理,且随着处理时间的延长呈波动上升的趋势,其中,RH_{50} 处理下,SOD 活性最高,RH_{90} 其次,RH_{70} 最低;在处理 12 d 后,RH_{50}、RH_{90} 和 RH_{70} 处理分别显著升高至 CK 的 1.96 倍、1.78 倍和 1.45 倍($P<0.05$)。T_{41} 条件下,各湿度处理 SOD 活性均显著高于 CK 处理($P<0.05$),RH_{50} 和 RH_{90} 呈先升高后降低的趋势,均在 9 d 时出现极大值后下降,但均未小于 CK 处理,RH_{50} 处理 12 d 后,SOD 活性低于 RH_{90},RH_{70} 处理随着处理时间的延长持续升高。T_{44} 条件下,各湿度处理随处理时间的延长呈先上升后下降的趋势,其中,RH_{50} 和 RH_{90} 处理在 3 d 时达到极大值后持续下降,在 12 d 出现最小值,其中,RH_{50} 处理的 SOD 活性在 12 d 时出现低于 CK 的情况,RH_{70} 在 9 d 时达到极大值后下降,12 d 时仅有 RH_{70} 处理与 CK 具有显著性差异($P<0.05$)。

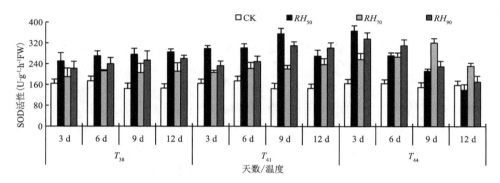

图 2.28　高温高湿对"金粉五号"番茄叶片超氧化物歧化酶(SOD)活性的影响

2. 高温高湿对设施番茄过氧化物酶活性的影响

过氧化物酶(Peroxidase,简称 POD)是活性较高的适应性酶,能够反映植物生长发育的特性、体内代谢状况以及对外界环境的适应性。逆境胁迫能诱导植物组织中 POD 活性升高,这是植物对所有逆境胁迫的共同响应。因为植物在遭受污染胁迫时,产生大量有害的过氧化物,POD 利用 H_2O_2 来催化这些对植物自身有毒害的过氧化物(POD 底物)的氧化和分解以维持自身的正常代谢,从而诱导了 POD 活性的增加(何学利,2010)。

高温高湿复合灾害对设施番茄叶片过氧化物酶活性的影响如图 2.29 所示。POD 是一种活性较强的抗氧化酶,可以有效清除 H_2O_2,参与活性氧的生成,是表征植物在逆境胁迫下衰老程度的指标之一。随着处理时间的延长,不同温度下 POD 活性呈不同变化趋势。T_{38} 条件下,各湿度处理 POD 活性均高于 CK 处理,且随着处理时间的延长呈波动上升的趋势,其中,

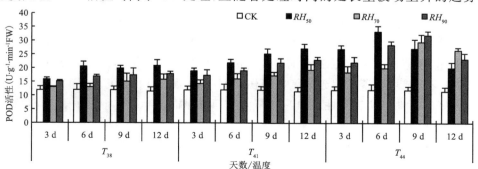

图 2.29　高温高湿对番茄叶片过氧化物酶(POD)活性的影响

RH_{50} 处理下 POD 活性最高，RH_{90} 其次，RH_{70} 最低；在处理 12 d 后，RH_{50}、RH_{90} 和 RH_{70} 处理分别显著升高至 CK 的 1.81 倍、1.55 倍和 1.37 倍（$P<0.05$）。T_{41} 条件下，各湿度处理也随着处理时间的延长呈持续升高的趋势，较 T_{38} 处理不同的是与 CK 处理的差异更大，且均与 CK 具有显著性差异（$P<0.05$）；在处理 12 d 后，RH_{50}、RH_{90} 和 RH_{70} 处理分别显著升高至 CK 的 2.35 倍、1.99 倍和 1.68 倍。T_{44} 条件下，各处理在不同天数下均与 CK 差异显著（$P<0.05$），各湿度处理随处理时间的延长呈先上升后下降的趋势，其中，RH_{50} 处理在 6 d 时达到极大值，在12 d 时出现最小值，RH_{70} 和 RH_{90} 处理在 9 d 时达到极大值后继续下降。

3. 高温高湿对设施番茄过氧化氢酶活性的影响

过氧化氢酶（Catalase，简称 CAT）是植物体所有组织普遍存在的一种抗氧化酶，是生物氧化过程中一系列抗氧化酶的终端，能够有效清除植物体内多余的 H_2O_2 保护膜结构，O_2 经双电子还原生成的 H_2O_2，在 CAT 催化下歧化为 O_2 和 H_2O，还可以清除线粒体电子传递、脂肪酸 β-氧化及光呼吸氧化过程中产生的 H_2O_2。植物体内的过氧化氢清除酶属于血红素过氧化氢酶，分子量 22 万～24 万，由 4 个亚基组成，每个亚基结合 1 个高铁血红素（Fe^{3+}）为辅基。CAT 由多基因编码，存在多个同系物，烟草的 3 种 CAT 基因编码的蛋白质功能已得到确证。CAT_1 基因产物主要清除光呼吸过程产生的 H_2O_2，CAT_2 基因产物可清除特异性活性氧胁迫过程中产生的 H_2O_2，CAT_3 基因产物主要清除乙醛酸循环体中脂肪酸 β-氧化产生的 H_2O_2。CAT 虽是一种高效清除 H_2O_2 的酶，但对 H_2O_2 的亲和力较弱。CAT 的活性受水杨酸和 NO 等多种因子的影响，水杨酸可能非选择性地保护所有 CAT 的活性。环境信号可以引发细胞内 Ca^{2+} 迅速、瞬时的增加，Ca^{2+} 信号可通过 CaM 等调节细胞生理过程。CaM 在 Ca^{2+} 存在下能与植物 CAT 结合，激活 CAT，表明 Ca^{2+}/CaM 能通过刺激植物的 CAT 活性，下调体内的 H_2O_2 水平。

随着处理时间的延长，不同温度下 CAT 活性呈不同变化趋势（图 2.30）。T_{38} 条件下，各湿度处理 CAT 活性均高于 CK 处理，且随着处理时间的延长呈波动上升的趋势，其中，RH_{50} 处理下，CAT 活性最高，RH_{90} 其次，RH_{70} 最低；在处理 12 d 后，RH_{50}、RH_{90} 和 RH_{70} 处理分别显著升高至 CK 的 6.16 倍、5.38 倍和 4.23 倍（$P<0.05$）。T_{41} 条件下，各湿度处理 CAT 活性均显著高于 CK 处理（$P<0.05$），RH_{50} 和 RH_{90} 呈先升高后降低的趋势，均在 9 d 时出现极大值后下降，但均未小于 CK 处理；RH_{50} 处理 12 d 后，CAT 活性显著低于 RH_{90}（$P<0.05$），RH_{70} 处理随着处理时间的延长持续升高。T_{44} 条件下，各湿度处理随处理时间的延长呈先上升后下降的趋势，其中，RH_{50} 和 RH_{90} 处理在 3 d 时达到极大值后持续下降，在 12 d 出现最小值，RH_{70} 在 9 d 时达到极大值后下降，4 个处理差异显著（$P<0.05$）。

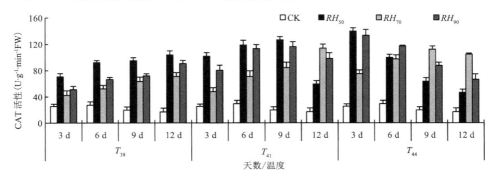

图 2.30 高温高湿对番茄叶片过氧化氢酶（CAT）活性的影响

4. 高温高湿对设施番茄叶片丙二醛含量的影响

植物体本身拥有一套完整的酶学和非酶学的保护系统,遏制活性氧水平的提高,同时能通过渗透调节物质来适应环境的变化。丙二醛(malondialdehyde,MDA)是膜脂过氧化作用的主要产物之一,其积累量多少反映了膜脂过氧化程度的高低,如果 MDA 量增加,说明膜脂发生过氧化,膜损伤越大。高温高湿复合灾害对设施番茄叶片丙二醛含量的影响如图 2.31 所示。当植物在逆境胁迫下,由于自由基代谢失调,组织或器官的膜脂质发生过氧化反应生成 MDA,不同温度下随着处理时间的延长各处理 MDA 含量均呈处理升高的趋势,且随着温度的升高,各处理 MDA 含量与 CK 处理的差值变大,各湿度处理 MDA 含量表现为 RH_{50} 处理最高、RH_{90} 其次、RH_{70} 最低。T_{38} 处理 12 d 后,RH_{50}、RH_{90} 和 RH_{70} 处理 MDA 含量分别升高至 CK 的 1.67 倍、1.60 倍和 1.36 倍。T_{41} 处理 12 d 后,MDA 含量分别升高至 CK 的 1.99 倍、1.68 倍和 1.55 倍。T_{44} 处理 12 d 后,MDA 含量分别升高至 CK 的 2.23 倍、1.94 倍和 1.77 倍。

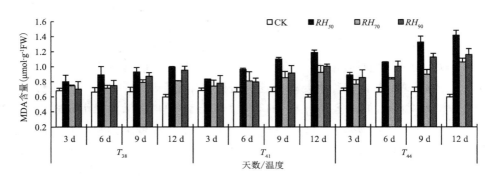

图 2.31　高温高湿对设施番茄叶片丙二醛(MDA)含量的影响

二、高温高湿对设施番茄内源激素含量的影响

内源激素(plant endogenous hormones)是指植物自身合成,以微小剂量即可对细胞分化、植物生长发育及衰老特性进行调控的一类生物活性物质。公认的内源激素有生长素(IAA)、赤霉素(GA₃)、反玉米素(ZT)、脱落酸(ABA)和乙烯(ETH)五大类。内源激素对温度变化有明显响应,对高温胁迫较为敏感。番茄是典型的喜温作物,其生长受内部营养物质、内源激素和外界环境的共同影响。IAA 促进植物生长,其含量因胁迫而降低;脱落酸(ABA)参与植株渗透调节,促进气孔关闭,减少叶片水分损失,增加植物的抗旱性;赤霉素(GA₃)促进植株茎和叶的伸长;反玉米素(ZT)是一种具有较高活性的细胞分裂素。内源激素在植株响应外部环境因素,调控生长发育和营养代谢中扮演着重要角色,其含量变化可在生理水平上反映植株的生长发育状况。

1. 高温高湿对设施番茄生长素含量的影响

生长素(Auxin)是首个被证实的植物内源激素,吲哚-3-乙酸(IAA)是生长素中最常见的一种,参与调控植物几乎所有的生长发育进程,具有调节茎的生长速率、抑制侧芽、促进生根等作用。李静(2014)研究结果表明,高温胁迫通过改变 IAA 的生物合成而变其含量;经过高温处理后,番茄植株体内 IAA 含量降低,水稻花药 IAA 含量有相似规律。在适宜环境(CK)中,番茄幼苗顶芽中 IAA 含量约为 8 $\mu g \cdot g^{-1}$,高温处理明显降低了幼苗顶芽中 IAA 含量,且其含量随着处理天数的增加呈现下降趋势。高温环境中,不同湿度处理下幼苗顶芽 IAA 含量为:RH_{50} 处理的番茄幼苗顶芽 IAA 含量明显低于 RH_{70} 与 RH_{90},且处理湿度越高,番茄幼苗顶芽 IAA 含量越低。经过不同处理后,幼苗在 CK 条件下(28/18 ℃、50%)恢复过程中,番茄幼苗顶芽 IAA 含量均升高,且处理温度越高,其含量升高越缓慢,即恢复越缓慢,恢复 12 d 时,T_{38} 和 T_{41} 环境中 RH_{70} 和 RH_{90} 处理下的植株顶芽 IAA 含量基本恢复至 CK 水平;T_{44} 高温中 RH_{50} 处理后,其含量升高最为缓慢,恢复 12 d 后仍较 CK 低了 41.6%($P<0.05$),说明高温环境下,空气湿度越低,番茄幼苗顶芽 IAA 含量恢复越缓慢(图 2.32)。

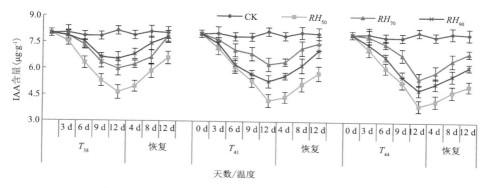

图 2.32 高温高湿对番茄吲哚-3-乙酸(IAA)含量的影响

2. 高温高湿对设施番茄赤霉素含量的影响

赤霉素(Gibberellic,GA_3)促进植物花芽分化、诱导开花、促进果实成熟等。GA_3 多存在于生长旺盛的植物器官内,是调控株高的重要激素。温度影响植株内源 GA_3 含量,调控植株节间生长。有研究认为,施用外源 GA_3 可以延缓植株衰老,增加黄花蒿素产量。相比于昼温 25 ℃、夜温 15 ℃(用 T_{25}/T_{15} 表示)适温条件,T_{38}/T_{28} 高温胁迫下番茄叶片内源 GA_3 显著升高,高温条件下膨大的果实中 GA_3 含量减少。CK 中,植株顶芽 GA_3 含量为 8.84~9.32 $\mu g \cdot g^{-1}$,高温条件下明显升高,与处理天数成正比。高温环境中,各湿度处理下植株顶芽 GA_3 水平为:RH_{70} 处理下植株顶芽 GA_3 含量与在 T_{38} 与 T_{41} 环境中没有明显差异,而 RH_{50} 与 RH_{90} 处理植株幼苗顶芽 GA_3 含量明显升高。幼苗在恢复期间,番茄幼苗顶芽 GA_3 含量均呈现降低的趋势,且处理温度越高,其含量降低越缓慢,即恢复速度越缓慢。恢复 12 d 时,T_{38} 与 T_{41} 高温环境中 RH_{70} 处理番茄幼苗顶芽 GA_3 含量基本恢复至 CK 水平;T_{44} 高温中 RH_{50} 处理在恢复期间含量下降最为缓慢,恢复 12 d 后仍显著高于 CK($P<0.05$)。RH_{50} 与 RH_{90} 处理的幼苗在恢复期间 GA_3 含量降低速度低于 RH_{70} 处理(图 2.33)。

3. 高温高湿对设施番茄反玉米素含量的影响

反玉米素(Trans-zeatin,简称 ZT)是一种细胞分裂素,促进细胞分裂、组织分化和生长,在植株内分布较广,生理功能多样。细胞分裂素最明显的生理作用有两种:一是促进细胞分裂和调控其分化;二是延缓蛋白质和叶绿素的降解。ZT 含量的变化会影响植株叶片的大小、颜色、水稻植株颖花数量。ZT 以延缓叶片的衰老;高温胁迫下番茄内源 ZT 含量极显著降低。CK 处理在整个观测期内,顶芽 ZT 含量为 10.3~10.9 $\mu g \cdot g^{-1}$,而同一高温不同湿度处理的植株顶芽 ZT 含量均低于 CK 处理,处理天数越长,其含量下降越明显。在 T_{38} 的高温环境中,

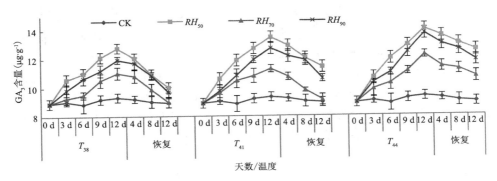

图 2.33　高温高湿对番茄赤霉素（GA$_3$）含量的影响

增加空气湿度,可以缓解植株的高温胁迫,温度超过 T_{41} 时,则为 RH_{70} 处理最为有利。温度越高,番茄幼苗顶芽 ZT 含量则显著降低,降低幅度与温度水平成正比(图 2.34)。在恢复期间,植株顶芽 ZT 含量均呈上升趋势,恢复 12 d 时,T_{38} 高温环境中 RH_{70} 和 RH_{90} 处理以及 T_{41} 高温下 RH_{70} 处理的幼苗顶芽 ZT 含量基本恢复至 CK 水平,而 T_{44} 高温环境中各湿度处理过的植株顶芽 ZT 含量均显著低于 CK,其中,RH_{50} 与 RH_{90} 处理后,其含量分别比 CK 低 30.8% 和 32.3%($P<0.05$),即在恢复期间,处理温度越高,ZT 含量恢复越缓慢,同一温度下 RH_{50} 处理后的幼苗顶芽 ZT 含量升高速度最缓慢,说明温度升高时,不加湿环境对植株产生了严重胁迫。

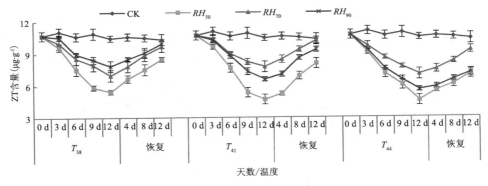

图 2.34　高温高湿对番茄反玉米素（ZT）含量的影响

4. 高温高湿对设施番茄脱落酸含量的影响

脱落酸(Abscisic acid,ABA)是生长抑制类激素,能引起芽休眠、叶子脱落和抑制细胞生长等,通常在植物受胁迫时合成增加并导致植物出现落叶等现象。有研究表明,高温诱导植物内源 ABA 急剧升高,且胁迫越严重,其含量越高。高温条件下生长的番茄植株,其内源 ABA 含量明显高于 T_{25} 下的植株,研究发现,耐热的玉米秧苗在受胁迫后,ABA 含量高于不耐热品种。在低温锻炼下,水稻体内 ABA 含量增加,油菜、番茄也有类似结论。内源 ABA 含量的降低与植株花芽分化和花的发育也有明显相关性。适宜环境中,植株顶芽 ABA 含量在 0.89~0.93 $\mu g \cdot g^{-1}$ 波动。不同高温、湿度处理下,植物顶芽 ABA 含量均显著高于 CK,且随着处理天数的增加呈现出上升的趋势,说明在高温胁迫下,适当地加湿有助于缓解幼苗的高温胁迫。

温度越高时,RH_{50}与RH_{90}处理下幼苗顶芽 ABA 含量均较低,可能是该温湿度条件下植株的自我调节能力遭到破坏,已经对其产生了极为严重的胁迫(图 2.35)。在不同处理后的恢复期间,番茄植株顶芽 ABA 含量均呈现下降趋势。T_{38}高温环境中,各湿度处理后,ABA 含量在恢复期的第 12 天,已经与 CK 处理无显著差异;T_{44}高温下,不同空气湿度处理后,ABA 含量还是明显高于 CK 处理($P<0.05$),幼苗在 12 d 恢复期后,RH_{70}湿度处理后,ABA 含量降低速度最快,且随温度升高,降低速度越缓慢;RH_{50}与RH_{90}处理后,番茄幼苗顶芽 ABA 含量恢复速度也有相同的规律,说明RH_{70}可以缓解植株的高温胁迫,且处理温度越高时,植株受到的高温胁迫越难恢复。

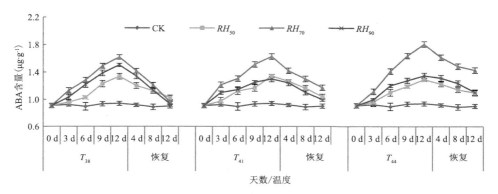

图 2.35　高温高湿对番茄脱落酸(ABA)含量的影响

5. 高温高温对设施番茄幼苗顶芽内源激素平衡的影响

(1)高温高湿对番茄幼苗顶芽 IAA/GA₃ 的影响

番茄幼苗顶芽 IAA/GA_3 比值在高温高湿处理下的变化情况见表 2.13。从表中可以看出,高温处理下番茄幼苗 IAA/GA_3 比值均低于 CK 处理,且温度越高,高湿度处理的植株 IAA/GA_3 比值降低越显著。处理期间,T_{38}高温下,RH_{70}与RH_{90}处理的幼苗 IAA/GA_3 比值随处理时间增加而缓慢降低;RH_{50}处理下 IAA/GA_3 比值明显低于 CK($P<0.05$),处理结束

表 2.13　高温高湿对番茄顶芽 **IAA/GA₃** 比值的影响

处理	处理期				恢复期		
	3 d	6 d	9 d	12 d	4 d	8 d	12 d
CK	0.89±0.04 a	0.88±0.08 a	0.85±0.03 a	0.87±0.05 a	0.85±0.08 a	0.89±0.09 a	0.90±0.01 a
H1L	0.71±0.03 c	0.57±0.09 c	0.43±0.08 c	0.36±0.06 d	0.41±0.02 d	0.53±0.08 c	0.66±0.04 c
H1M	0.84±0.09 a	0.77±0.01 b	0.60±0.02 b	0.54±0.02 b	0.57±0.09 b	0.67±0.04 b	0.87±0.02 a
H1H	0.79±0.08 b	0.70±0.06 c	0.59±0.03 b	0.54±0.07 b	0.58±0.01 b	0.68±0.01 b	0.80±0.04 b
H2L	0.67±0.08 c	0.51±0.07 c	0.42±002 c	0.31±0.03 d	0.34±0.02 d	0.42±0.04 d	0.50±0.01 d
H2M	0.79±0.05 b	0.67±0.07 c	0.63±0.08 b	0.55±0.08 b	0.59±0.04 b	0.73±0.03 b	0.82±0.07 b
H2H	0.76±0.05 b	0.57±0.08 c	0.48±0.01 b	0.41±0.02 d	0.46±0.01 c	0.52±0.06 c	0.64±0.05 c
H3L	0.60±0.08 d	0.51±0.01 c	0.41±0.06 c	0.28±0.01e	0.31±0.03 d	0.36±0.05 d	0.41±0.04e
H3M	0.80±0.01 b	0.72±0.09 c	0.62±0.08 c	0.45±0.08 c	0.51±0.07 c	0.58±0.03 c	0.63±0.04 c
H3H	0.72±0.09 c	0.61±0.06 c	0.45±0.08 c	0.35±0.07 d	0.40±0.06 d	0.45±0.02 d	0.52±0.09 d

注:a、b、c、d 表示通过 $P<0.05$ 的 Duncan 检验。

时，IAA/GA$_3$ 比值较 CK 降低了 58.3%。T_{41} 和 T_{44} 处理下，均为 RH_{70} 降低最缓慢，RH_{90} 次之，RH_{50} 处理下最快。相同湿度处理下，RH_{90} 处理的幼苗顶芽 IAA/GA$_3$ 比值随温度下降最快，RH_{70} 处理下最缓慢，即 RH_{70} 处理可以减缓高温对番茄茎秆生长的抑制。在适宜环境中恢复时，各处理后的幼苗顶芽 IAA/GA$_3$ 比值均呈现上升的趋势，T_{38} 高温中 RH_{70} 与 RH_{90} 处理和 T_{41} 高温中 RH_{70} 处理下幼苗顶芽 IAA/GA$_3$ 水平上升速度较快；在恢复结束时，T_{44} 高温下，RH_{70}、RH_{90} 与 RH_{50} 处理的植株在恢复 12 d 时，顶芽的 IAA/GA$_3$ 比值分别较 CK 降低 27.4%、41.2% 和 54.7%（$P<0.05$）。温度越高，植株 IAA/GA$_3$ 恢复速度越缓慢，RH_{70} 处理下植株 IAA/GA$_3$ 比值恢复是最快的。

（2）高温高湿对番茄 GA$_3$/ZT 的影响

高温高湿下番茄幼苗顶芽的 GA$_3$/ZT 比值变化如表 2.14 所示。高温处理下 GA$_3$/ZT 比值均高于 CK 处理，随处理时间的增加而呈上升趋势。在处理期间，T_{38} 高温下，植株顶芽 GA$_3$/ZT 比值在 RH_{50} 处理下上升速度比 RH_{70} 与 RH_{90} 处理迅速；处理结束时，GA$_3$/ZT 比值分别为 2.34、1.58 和 1.52，显著高于 CK 处理（$P<0.05$）。T_{41} 高温环境中，各湿度处理下幼苗顶芽 GA$_3$/ZT 比值中，RH_{70} 处理上升最缓慢，RH_{90} 次之，RH_{50} 处理最快，处理第 12 d 分别较 CK 处理升高了 63.3%、117.6% 和 228.1%（$P<0.05$）。T_{44} 高温下处理 3 d 时，GA$_3$/ZT 比值已经迅速上升，各湿度处理下与 T_{41} 有相似规律。同一温度下，RH_{70} 处理下 GA$_3$/ZT 比值随温度升高先降低后升高，RH_{50} 与 RH_{90} 处理则随温度升高而明显升高（$P<0.05$）。

表 2.14　高温高湿对番茄顶芽 GA$_3$/ZT 比值的影响

处理	处理期				恢复期		
	3 d	6 d	9 d	12 d	4 d	8 d	12 d
CK	0.81±0.03 c	0.83±0.01 d	0.84±0.04 d	0.89±0.05e	0.86±0.05e	0.85±0.08e	0.86±0.01 d
H1L	1.09±0.04 b	1.44±0.08 ab	2.07±0.09 a	2.34±0.06 ab	1.81±0.09 b	1.45±0.08 c	1.18±0.04 c
H1M	0.92±0.04 bc	1.12±0.09 c	1.31±0.05 c	1.58±0.07 d	1.38±0.02 d	1.11±0.04 d	0.92±0.06 d
H1H	0.93±0.09 bc	1.18±0.02 b	1.33±0.07 c	1.52±0.05 d	1.37±0.08 d	1.19±0.07 c	0.97±0.01 d
H2L	1.09±0.01 b	1.51±0.02 ab	2.37±0.06 a	2.86±0.06 a	2.46±0.07 a	1.74±0.04 b	1.42±0.09 b
H2M	0.92±0.09 bc	1.16±0.05 d	1.31±0.06 c	1.45±0.05 d	1.27±0.05 d	1.04±0.06 d	0.89±0.07
H2H	0.94±0.04 bc	1.23±0.04 b	1.63±0.05 bc	1.93±0.07 bf	1.73±0.07 c	1.38±0.04 c	1.13±0.05 c
H3L	1.16±0.03 a	1.69±0.06 a	2.14±0.07 a	3.06±0.04 a	2.47±0.07 a	2.13±0.07 a	1.79±0.04 a
H3M	1.01±0.05 b	1.19±0.02 b	1.43±0.03 c	1.74±0.03 c	1.52±0.04 c	1.36±0.02 c	1.14±0.03 c
H3H	1.10±0.06 b	1.46±0.02 ab	1.92±0.04 b	2.46±0.07 a	2.22±0.04 a	1.93±0.05 b	1.66±0.08 a

注：a、b、c、d 表示通过 $P<0.05$ 的 Duncan 检验。

在恢复期间，植株顶芽 GA$_3$/ZT 比值呈下降趋势，恢复 12 d 时，T_{38} 高温中 RH_{70} 与 RH_{90} 处理以及 T_{41} 高温下 RH_{70} 处理的幼苗顶芽 GA$_3$/ZT 比值基本恢复至 CK 水平（$P>0.05$），而 T_{44} 高温中 RH_{50} 与 RH_{90} 处理过的植株顶芽 GA$_3$/ZT 比值分别比 CK 高了 106.8% 和 91.9%（$P<0.05$）。即处理温度越高，GA$_3$/ZT 水平恢复越缓慢。同一温度下，RH_{50} 处理后的幼苗顶芽 ZT 含量升高速度最缓慢，RH_{90} 处理次之，RH_{70} 处理最快。

（3）高温高湿对番茄幼苗顶芽（IAA＋GA$_3$）/ABA 的影响

（IAA＋GA$_3$）/ABA 比值在不同处理下的变化情况见表 2.15。由表可见，其比值在高温处理下均低于 CK 处理,随处理时间而下降。在处理期间,T_{38} 高温环境中,番茄幼苗顶芽 (IAA＋GA$_3$)/ABA 比值在 RH_{70} 处理下 3 d 后缓慢下降,RH_{50} 与 RH_{90} 处理 3 d,其水平就迅速降低,处理结束时,(IAA＋GA$_3$)/ABA 比值分别较 CK 降低 25.3％、33.8％和 43.9％($P<$ 0.05)。T_{41} 高温下 RH_{70} 处理最高,较 CK 降低 26.1％($P<0.05$),RH_{50} 处理次之,RH_{90} 处理最低。T_{44} 高温下番茄幼苗顶芽的(IAA＋GA$_3$)/ABA 比值在 RH_{70} 处理下明显高于 RH_{90} 与 RH_{50} 处理,分别较 CK 降低了 30.6％、50.5％和 53.2％($P<0.05$)。(IAA＋GA$_3$)/ABA 比值均随温度升高而降低,说明温度越高,幼苗生长受到抑制,其中 RH_{70} 处理可以缓解高温胁迫。恢复期间,各处理的幼苗顶芽(IAA＋GA$_3$)/ABA 比值均呈现上升趋势,在 T_{38} 高温环境中,植株在恢复 12 d 时,各湿度处理后幼苗顶芽(IAA＋GA$_3$)/ABA 比值高于 T_{44} 高温处理,即温度越高,(IAA＋GA$_3$)/ABA 比值上升速度越缓慢。不同湿度处理来看,RH_{70} 处理下(IAA＋GA$_3$)/ABA 比值升高速度较 RH_{50} 与 RH_{90} 快($P<0.05$),表明 RH_{70} 处理下植株受到的短期高温胁迫会较快地恢复。

表 2.15 高温高湿对番茄顶芽(IAA＋GA$_3$)/ABA 比值的影响

处理	处理期				恢复期		
	3 d	6 d	9 d	12 d	4 d	8 d	12 d
CK	18.45±0.11 a	18.61±0.12 a	18.22±0.16 a	18.56±0.13 a	18.61±0.15 a	19.24±0.13 a	18.78±0.16 a
H1L	15.13±0.18 c	13.11±0.16 c	11.72±0.10 d	10.50±0.12 c	12.01±0.18 c	13.60±0.11 c	15.47±0.19 c
H1M	18.87±0.13 a	16.85±0.14 b	14.47±0.19 b	13.85±0.18 b	14.19±0.12 b	15.10±0.17 b	16.72±0.12 b
H1H	17.11±0.13 b	14.91±0.17 c	12.86±0.19 c	12.29±0.17 b	13.78±0.13 b	16.02±0.15 b	17.18±0.13 a
H2L	15.00±0.11 c	13.87±0.19 c	12.37±0.12 c	11.32±0.15 c	13.16±0.13 b	14.36±0.13 c	14.66±0.19 c
H2M	18.19±0.18 a	16.00±0.18 b	15.39±0.16 b	13.72±0.16 b	14.68±0.19 b	15.22±0.1 b	16.48±0.19 b
H2H	14.20±0.15 c	13.40±0.15 c	11.67±0.15 d	10.77±0.12 c	12.05±0.13 c	13.02±0.13 c	14.11±0.16 c
H3L	13.93±0.13 c	12.18±0.16 c	10.12±0.11e	8.67±0.14 d	10.41±0.15 b	12.47±0.11 c	13.87±0.17 c
H3M	17.73±0.19 b	14.66±0.12 c	13.04±0.13 c	12.88±0.18 b	13.75±0.11 b	14.67±0.16 c	16.22±0.17 b
H3H	15.84±0.14 c	12.49±0.19 c	10.90±0.13 c	9.17±0.15 d	10.65±0.19 b	11.91±0.17 d	12.31±0.12 d

注:a、b、c、d 表示通过 $P<0.05$ 的 Duncan 检验。

第六节 高温高湿对设施番茄苗期热激响应基因表达特性的影响

热激蛋白是一类在有机体受到高温等逆境刺激后大量表达的蛋白,是生物对逆境胁迫短期适应的必需组成成分。热激蛋白的主要功能是提高植物的耐热性,对减轻逆境胁迫引起的伤害有很大的作用。为了研究设施番茄在高温高湿胁迫处理下热激蛋白及相关基因的表达,本文对番茄品种"寿和粉冠"进行了人工模拟试验,在基因水平上分析了高温高湿胁迫处理对热激蛋白基因及热激转录因子基因相对表达量的影响,为高温高湿胁迫下苗期番茄分子生物学特性的变化分析提供理论基础。

一、高温高湿对设施番茄叶片 HSP70 基因表达的影响

HSP70 是植物耐热性研究中最常见的蛋白。它们主要参与新生肽的成熟与分拣,以及分泌蛋白(折叠)向细胞器或胞外转运,如果编码组成型 HSP70 蛋白的基因突变,则会造成胞质蛋白折叠困难或内质网蛋白的错误分拣。在胁迫条件下,HSP70 还有一项重要功能,即协助

异常蛋白的降解。由图 2.36(a)可知,随着环境温度上升,HSP70 基因相对表达量越高,T_{32} 环境下的番茄植株相对表达量比 CK 高 19.5%($P<0.05$)。T_{35}、T_{38} 和 T_{41} 处理下的番茄植株 HSP70 相对表达量分别是 CK 的 2.04 倍、2.52 倍、3.03 倍,说明温度提升显著提高了番茄苗期 HSP70 相对表达量。由图 2.36(b)可看出,随着空气相对湿度的提升,HSP70 基因相对表达量呈现先升高后降低的趋势,RH_{50} 下 HSP70 相对表达量是 CK 的 2.27 倍;当空气相对湿度高于 50% 时,促进 HSP70 基因表达效果逐渐降低,但均高于 CK,RH_{70} 与 RH_{90} 处理下 HSP70 基因相对表达量分别为 CK 的 2.00 倍、1.74 倍,说明 HSP70 基因对空气相对湿度敏感,高湿能显著促进 HSP70 基因表达,RH_{50} 对 HSP70 基因表达促进效果高于 T_{35} 环境温度。由图 2.36(c)可知,HSP70 基因相对表达量随着高温高湿处理时间的延长而逐渐升高,2 d、4 d 处理下 HSP70 相对表达量分别比 CK 提高 33%($P<0.05$)、85%($P<0.05$),6 d、8 d 处理下的 HSP70 相对表达量分别为 CK 的 2.97 倍和 4.03 倍,说明处理时间越长,热激蛋白表达量越会显著提高,甚至呈现倍数式增长。

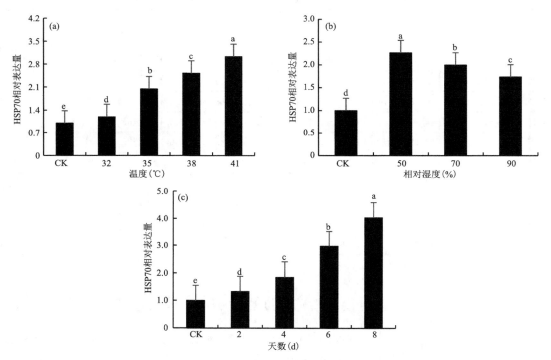

图 2.36　高温高湿对 HSP70 基因相对表达量的影响

(a)不同胁迫温度处理;(b)不同胁迫湿度处理;(c)不同胁迫天数处理;

柱形图上 a、b、c、d 表示通过 $P<0.05$ 的 Duncan 检验

二、高温高湿对设施番茄叶片 HSP90 基因表达的影响

高温高湿对番茄苗期 HSP90 热激基因相对表达量的影响如图 2.37 所示。随着温度升高,HSP90 相对表达量呈现升—降—升的趋势,但均显著高于 CK($P<0.05$)。T_{41} 处理下的番茄植株 HSP90 相对表达量最高,为 CK 的 2.06 倍;T_{32}、T_{35} 和 T_{38} 处理下番茄叶片 HSP90 相对表达量分别为 CK 的 1.77 倍、1.62 倍、1.84 倍,说明高温显著促进番茄苗期 HSP90 基因

表达,温度越高,相对表达量越大。由图 2.37(b)可知,在 RH_{50} 时,HSP90 相对表达量最大,而空气相对湿度高于 50% 时,HSP90 相对表达量逐渐降低,但均高于 CK,RH_{50}、RH_{70} 与 RH_{90} 处理下 HSP90 相对表达量分别是 CK 的 1.43 倍、1.57 倍、1.98 倍,说明在其最有利环境条件相同时,将空气相对湿度维持在 50% 最有利于番茄苗期 HSP90 基因表达。随着处理时间的延长,番茄中 HSP90 热激蛋白相对表达量逐渐增加,T_{32} 处理下的 HSP90 相对表达量比 CK 高 21%($P<0.05$),8 d 处理下的番茄植株 HSP90 相对表达量为 CK 的 1.98 倍,说明苗期番茄植株受高温高湿胁迫时间越长,HSP90 基因热激蛋白表达量越多。

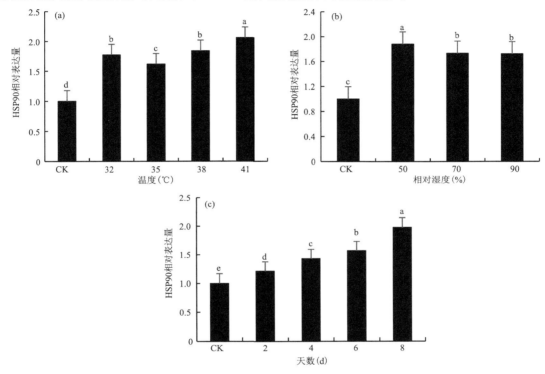

图 2.37　高温高湿对 HSP90 基因相对表达量的影响

(a)、(b)、(c)和柱形图上 a、b、c、d 说明同图 2.36

三、高温高湿对设施番茄叶片 HSP110 基因表达的影响

由图 2.38(a)可知,随着环境温度上升,HSP110 热激基因相对表达量逐渐上升,T_{32} 处理下的植株 HSP110 相对表达量比 CK 高 52%($P<0.05$),T_{41} 处理下的番茄幼苗是 CK 处理下幼苗 HSP110 相对表达量的 5.24 倍,说明 HSP110 基因对环境温度变化十分敏感,当环境温度高于 35 ℃ 时,HSP110 基因随着温度升高,表达量增加迅速。由图 2.38(b)可以看出,随着空气相对湿度上升,HSP110 相对表达量呈现升—降—升的趋势,各处理下的 HSP110 相对表达量均显著高于 CK($P<0.05$)。HSP110 相对表达量在空气相对湿度为 50% 时达到顶峰,为 CK 的 3.58 倍。在各高温处理下,RH_{70} 所促进 HSP110 热激蛋白表达效应最低,相对表达量为 CK 的 3.04 倍。随着高温高湿处理时间的延长,HSP 相对表达量逐渐升高,2 d 处理下的 HSP110 相对表达量比 CK 高 47%,4 d、6 d、8 d 处理下的番茄植株 HSP110 相对表达量分别为 2.94、3.43 及 5.02 倍,说明在番茄苗期遭受高温高湿时间越长,叶片 HSP110 相对表达量越高。

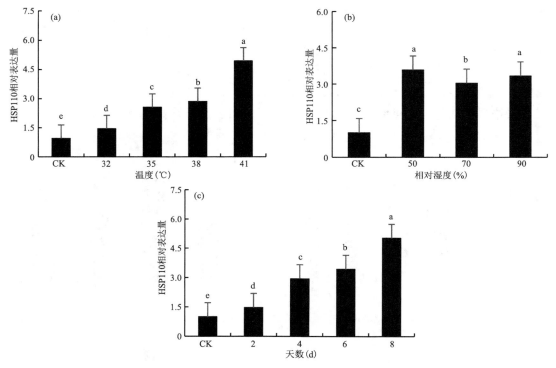

图 2.38　高温高湿对 HSP110 基因相对表达量的影响

(a)、(b)、(c)和柱形图上 a、b、c、d 说明同图 2.36

四、高温高湿对设施番茄血红素加氧酶-1(HO-1)基因表达的影响

由图 2.39 可知,HO-1 相对表达量对环境温度变化敏感,随着环境温度上升,其相对表达量逐渐增加,T_{32} 处理下,其相对表达量较 CK 上升 36.5％($P<0.05$),T_{35}、T_{38} 和 T_{41} 处理下 HO-1 相对表达量分别是 CK 的 3.49 倍、4.11 倍、4.53 倍,说明当气温上升到 T_{32} 时,HO-1 相对表达量会显著提高,当环境温度上升到 T_{35} 及以上时,苗期番茄叶片中 HO-1 基因表达量呈现倍数式增长。由图 2.39(b)看出,空气相对湿度过高也会促进苗期番茄叶片 HO-1 相对表达量的增加,随着环境温度升高,HO-1 相对表达量呈现先升后降的趋势,但相对表达量均显著高于 CK,RH_{50} 时最有利于 HO-1 表达,为 CK 的 4.27 倍。由图 2.39(c)可知,随着番茄苗期受高温高湿胁迫时间加长,HO-1 相对表达量逐渐升高,2 d、4 d 处理分别比 CK 高 27％($P<0.05$)、89％($P<0.05$)。6 d、8 d 处理分别是 CK 的 3.47 倍、4.22 倍。

五、高温高湿对设施番茄血红素加氧酶-2(HO-2)基因表达的影响

由图 2.40(a)可知,HO-2 基因相对表达量随着环境变化呈现与 HO-1 基因表达相反的趋势,HO-2 相对表达量先降低后升高,且均显著小于 CK($P<0.05$),T_{38} 处理下 HO-2 相对表达量最低,比 CK 低 76％($P<0.05$),T_{32}、T_{35} 及 T_{41} 处理下 HO-2 相对表达量分别比 CK 低 56％、20％($P<0.05$)。由图 2.38(b)可知,HO-2 相对表达量随着空气相对湿度的变化呈现逐渐降低的趋势,RH_{50}、RH_{70}、RH_{90} 处理下 HO-2 相对表达量分别比 CK 低 29％($P<0.05$)、30％($P<0.05$)、43％($P<0.05$)。HO-2 基因相对表达量随着处理时间的延长呈现先降后升

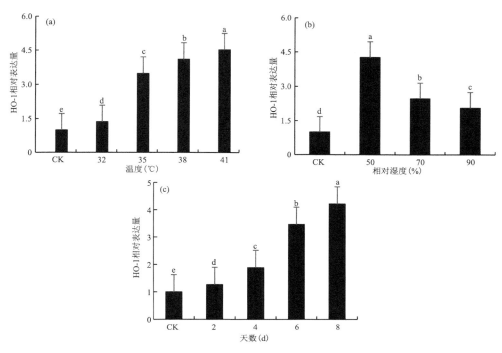

图 2.39　高温高湿对血红素加氧酶-1（HO-1）基因相对表达量的影响
（a）、（b）、（c）和柱形图上 a、b、c、d 说明同图 2.36

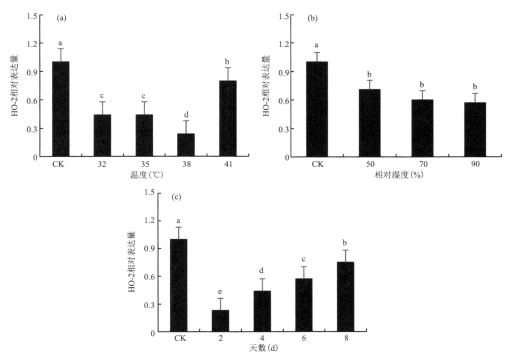

图 2.40　高温高湿对血红素加氧酶-2（HO-2）基因相对表达量的影响
（a）、（b）、（c）和柱形图上 a、b、c、d 说明同图 2.36

的趋势,但各时间处理下的 HO-2 相对表达量均低于 CK($P<0.05$)。2 d 处理比 CK 低 77%,处理 4 d 时,HO-2 相对表达量出现回升,但仍比 CK 低 56%($P<0.05$),6 d、8 d 处理分别比 CK 低 43%和 25%($P<0.05$)。

经过对"寿和粉冠"进行人工模拟实验,通过荧光定量 PCR 方法分别测定了不同高温高湿、不同处理天数下的热激蛋白表达量,分析了不同高温高湿胁迫条件对番茄植株叶片热激蛋白表达量的影响,研究结果如下:

HSP70、HSP110、HO-1 相对表达量随着处理温度的升高而逐渐增大,HSP90 虽随着温度上升,表达量出现波动,但整体呈升高趋势,各温度处理下的热激蛋白表达量均显著高于 CK,说明高温会对番茄幼苗叶片热激蛋白表达量产生显著影响,热激蛋白大量合成,影响植株正常生长发育所需蛋白质的合成,影响植株花芽分化的进行。HO-2 随着温度升高呈现先降后升的趋势、在高温处理下,HO-2 相对表达量均显著低于 CK,说明高温是番茄幼苗合成表达 HO-2 蛋白的不利条件。

HSP70、HSP90、HSP110、HO-1 均在高湿处理下呈现随着湿度升高先升后降的趋势,各湿度处理下的热激蛋白表达量均显著高于 CK,说明高湿环境会显著促进番茄植株叶片热激基因的表达,合成显著高于正常环境下生长的番茄植株叶片热激蛋白合成量。HO-2 表达量随着湿度升高而逐渐降低,且均显著低于 CK,说明高湿环境不利于 HO-2 基因的表达与蛋白质合成。

HSP70、HSP90、HSP110、HO-1 表达量在不同时长处理下均随着处理时间的延长而逐渐增加,且均显著高于 CK,HO-2 表达量随着处理时间延长呈现先降低后升高的趋势,且各处理值均显著低于 CK,说明处理时间越长,越有利于 HSP70、HSP90、HSP110、HO-1 表达的量增加,而 HO-2 在高温高湿环境下处理时间越长,相对表达量越低。

第三章　高温高湿对设施番茄碳氮代谢的影响

第一节　高温高湿对设施番茄果实糖代谢的影响

一、高温高湿对设施番茄果实糖的影响

1. 高温高湿对设施番茄果实总糖含量的影响

花期高温胁迫后,果实中总糖含量随胁迫温度升高呈降低趋势(图 3.1)。膨大期各高温(32 ℃、35 ℃、38 ℃、41 ℃,下同)处理分别较 CK 显著降低了 19.36％、26.06％、41.58％和 57.58％($P<0.05$);转色期各高温处理分别较 CK 显著降低了 11.28％、23.01％、41.05％和

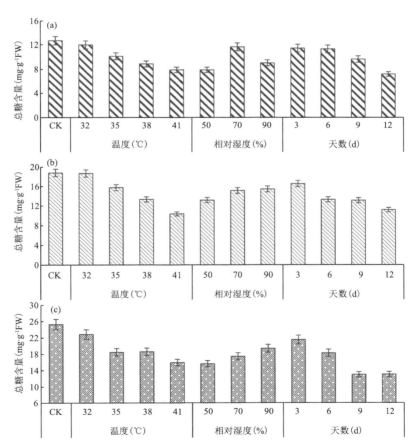

图 3.1　高温高湿对设施番茄果实总糖含量的影响

(a)膨大期;(b)转色期;(c)成熟期

53.71%($P<0.05$);成熟期除 T_{32} 处理,各温度处理分别较 CK 显著降低了 16.46%、31.88%、38.08%和 51.55%($P<0.05$)。各湿度处理果实总糖含量均显著低于 CK,且 RH_{70} 处理果实总糖含量显著高于其他处理。高温胁迫下,随着持续时间延长,果实总糖含量均值降低;各处理果实总糖含量均显著低于 CK。果期高温胁迫后,果实中总糖含量随温度升高而不断降低,膨大期除 T_{32},各温度处理均显著低于 CK,分别较 CK 降低了 20.14%、29.91%和 37.54%($P<0.05$);转色期 T_{32} 处理总糖含量与 CK 无显著性差异;成熟期各温度处理分别较 CK 显著降低了 9.54%、26.94%、26.41%和 36.84%($P<0.05$)。高温处理后,各湿度处理果实总糖含量均显著低于 CK,且 RH_{70} 处理总糖含量高于其他两个湿度处理。高温胁迫下随着持续时间延长,果实总糖含量均值降低。

2. 高温高湿对设施番茄果实蔗糖含量的影响

花期高温胁迫后,果实中蔗糖含量随胁迫温度升高呈降低趋势,膨大期 T_{32} 处理蔗糖含量显著高于 CK,日最高 35~41 ℃处理显著降低;转色期各高温处理果实蔗糖含量分别较 CK 显著降低 14.95%、24.21%、36.55%和 41.17%($P<0.05$);成熟期除日最高 T_{32} 处理,各温度处理蔗糖含量分别较 CK 显著降低 21.69%、31.41%和 49.26%($P<0.05$)。各湿度处理果实蔗糖含量均显著低于 CK(图 3.2);且 RH_{70} 处理果实蔗糖含量高于 RH_{50}、RH_{90} 处理,但处理间差异不显著。高温胁迫下随着持续时间延迟,果实蔗糖含量均值降低;各处理果实蔗糖含量均显著低于

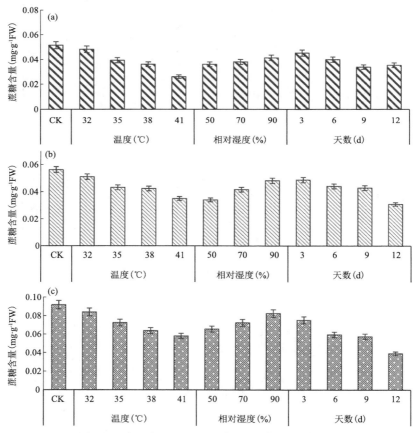

图 3.2　高温高湿对设施番茄果实蔗糖含量的影响
(a)膨大期;(b)转色期;(c)成熟期

CK。果期高温胁迫后,果实中蔗糖含量随温度升高而不断降低,膨大期 T_{32} 处理,各温度处理蔗糖含量均显著低于CK,分别较CK降低了23.64％、30.03％和49.83％($P<0.05$);转色期各温度处理蔗糖含量显著低于CK,分别降低了 9.35％、23.25％、24.72％和37.57％($P<0.05$);成熟期各温度处理蔗糖含量分别较CK显著降低了 8.55％、20.92％、30.42％和36.78％($P<0.05$)。高温处理后,各湿度处理果实蔗糖含量均显著低于CK,果实蔗糖含量随湿度升高而升高。随着持续时间延迟,果实蔗糖含量均值逐渐降低;各处理果实蔗糖含量均显著低于CK。

二、高温高湿对设施番茄果实糖代谢的影响

1. 高温高湿对设施番茄果实酸性转化酶活性的影响

花期高温胁迫后,果实中酸性转化酶(Acid invertase,简称 AI)活性随胁迫温度升高而逐渐升高,膨大期和转色期 32～35 ℃处理,AI 活性显著低于CK,35～41 ℃处理,AI 活性增加;成熟期各温度处理 AI 活性分别较 CK 增加 2.35％、8.78％、13.99％和23.63％。各湿度处理果实 AI 活性均显高于 CK;膨大期 RH_{50} 处理,果实 AI 活性显著高于 RH_{70} 和 RH_{90} 处理,但转色期和成熟期各湿度处理间,AI 活性差异不显著。高温胁迫下,随着持续时间延迟,果实 AI 活性均值逐渐升高;成熟期 3～6 d 处理,果实 AI 活性低于 CK(图 3.3)。果期高温胁迫后,果

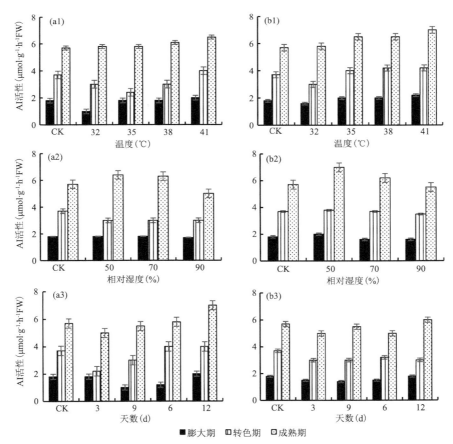

图 3.3　高温高湿对设施番茄果实酸性转化酶(AI)活性的影响
(a)花期处理;(b)果期处理;1—不同胁迫温度处理;2—不同胁迫湿度处理;3—不同胁迫天数处理

实中 AI 活性随温度升高而逐渐升高,膨大期 T_{32} 处理 AI 活性显著低于 CK,日最高 35～41 ℃ 显著高于 CK;转色期除 T_{32},各处理分别较 CK 显著增加了 16.71%、26.81% 和 27.45%($P<$ 0.05);成熟期除 T_{32},各温度处理 AI 活性分别较 CK 显著增加了 16.52%、26.95% 和 30.55% ($P<0.05$)。高温处理后,果实 AI 活性随湿度升高而下降,各湿度处理 AI 活性均高于 CK。随着持续时间延迟,果实 AI 活性均值逐渐增加,持续 6～12 d 处理 AI 活性均高于 CK。

2. 高温高湿对设施番茄果实中性转化酶活性的影响

花期高温胁迫后,果实中中性转化酶(Neutral invertase,简称 NI)活性随胁迫温度升高而逐渐升高,膨大期除 T_{32},各温度处理 NI 活性显著高于 CK,分别增加了 17.53%、65.97% 和 81.46%($P<0.05$);转色期 32～35 ℃ 处理 NI 活性显著低于 CK,日最高 38～41 ℃ 处理高于 CK;成熟期各温度处理,NI 活性分别较 CK 增加 2.06%、8.63%、10.16% 和 26.41%($P<$ 0.05)。膨大期和转色期各湿度处理,果实 NI 活性变化不显著;成熟期 RH_{50} 处理,果实 NI 活性显著高于 CK 和 RH_{70}、RH_{90} 处理。高温胁迫下,随着持续时间延迟,果实 NI 活性均值逐渐升高;膨大期各处理显著高于 CK,转色期仅 12 d 处理 NI 活性显著高于 CK;成熟期仅 3 d 处理果实 NI 活性低于 CK(图 3.4)。

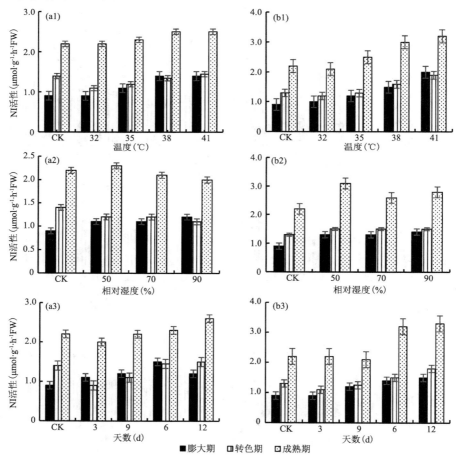

图 3.4 高温高湿对设施番茄果实中性转化酶(NI)活性的影响

(a)、(b)、1、2、3 说明同图 3.3

果期高温胁迫后,果实中 NI 活性随温度升高而逐渐升高。膨大期 35～41 ℃处理,NI 活性显著高于 CK,分别升高了 26.71%、79.38% 和 114.82%($P<0.05$);转色期除 T_{32},各处理 NI 活性分别较 CK 显著增加了 11.21%、30.51% 和 35.64%;成熟期日最高 35～41 ℃温度处理,NI 活性分别较 CK 显著增加了 18.42%、35.07% 和 44.13%($P<0.05$)。高温处理后,各湿度果实 NI 活性均显著高于 CK,RH_{70} 处理 NI 活性显著高于 RH_{50}、RH_{90} 处理。随着持续时间延迟,果实 NI 活性均值逐渐增加,持续 6～12 d 处理 NI 活性均高于 CK。

3. 高温高湿对设施番茄果实蔗糖合成酶(合成方向)活性的影响

花期高温胁迫后,果实中蔗糖合成酶(Sucrose synthase,简称 SSc)活性随胁迫温度升高而逐渐降低,膨大期各温度处理 SSc 活性显著低于 CK,分别降低了 7.69%、15.78%、21.84% 和 34.64%($P<0.05$);转色期日最高 35～41 ℃处理,SSc 活性显著低于 CK,分别降低了 4.81%、7.07% 和 43.53%($P<0.05$);成熟期日最高 38～41 ℃处理,SSc 活性分别较 CK 降低了 2.54%、11.26% 和 17.09%($P<0.05$)(图 3.5)。膨大期各湿度处理,果实 SSc 活性显著低于 CK;转色期和成熟期 RH_{70} 处理,果实 SSc 活性显著高于 CK 和 RH_{50}、RH_{90} 处理。高温胁迫下,随着持续时间延迟,果实 SSc 活性均值逐渐降低;膨大期各处理显著低于 CK,转色期和成熟期 9～12 d 处理,果实 SSc 活性低于 CK。果期高温胁迫后,果实中 SSc 活性随温度升

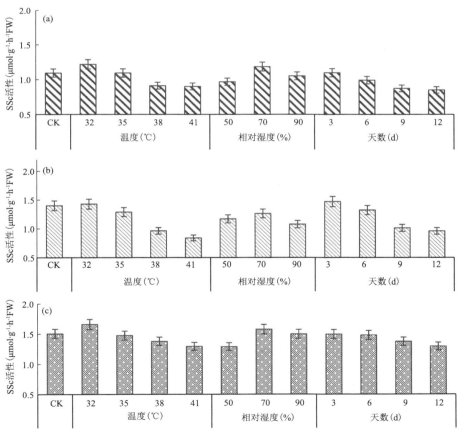

图 3.5 温高湿对设施番茄果实蔗糖合成酶(合成方向)(SSc)活性的影响
(a)膨大期;(b)转色期;(c)成熟期

高而逐渐降低，膨大期和成熟期日最高 32～35 ℃处理 SSc 活性高于 CK，日最高 38～41 ℃处理 SSc 活性低于 CK；转色期除 T_{32}，各处理 SSc 活性分别较 CK 显著降低了 7.91%、31.31% 和 40.11%（$P<0.05$）。高温处理后，各湿度果实 SSc 活性随湿度升高而先升高后降低，RH_{70} 处理 SSc 活性显著高于 CK 和 RH_{50}、RH_{90} 处理。随着持续时间延长，果实 SSc 活性均值逐渐降低，持续 9～12 d 处理 SSc 活性均低于 CK。

　　4. 高温高湿对设施番茄果实蔗糖合成酶（分解方向）活性的影响

　　花期高温胁迫后，果实中 SSs（分解方向）活性随胁迫温度升高而逐渐升高，T_{32} 处理与 CK 无显著差异；膨大期日最高 35～41 ℃处理 SSs 活性高于 CK，分别升高了 3.52%、35.07% 和 57.42%（$P<0.05$）；转色期日最高 35～41 ℃处理 SSs 活性显著高于 CK，分别升高了 23.87%、45.19% 和 45.33%（$P<0.05$）；成熟期日最高 35～41 ℃处理 SSs 活性分别较 CK 增加了 10.43%、11.84% 和 29.19%（$P<0.05$）。高温胁迫下，果实 SSs 活性随湿度升高不断降低，RH_{50} 和 RH_{70} 处理 SSs 活性显著高于 CK。高温胁迫下随着持续时间延长，果实 SSs 活性均值逐渐升高；转色期和成熟期持续 6～12 d 处理果实 SSs 活性低于 CK（图 3.6）。

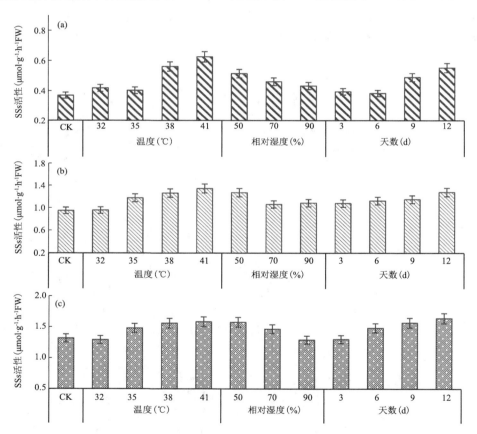

图 3.6　高温高湿对设施番茄果实蔗糖合成酶（分解方向）（SSs）活性的影响
(a)膨大期；(b)转色期；(c)成熟期

　　果期高温胁迫后，果实中 SSs 活性随温度升高而逐渐增加，T_{32} 处理与 CK 无显著差异，日最高 35～41 ℃处理显著高于 CK。高温处理后，各湿度果实 SSs 活性随湿度升高而持续降低,但各湿度处理显著高于 CK。随着持续时间延长,果实 SSs 活性均值升高;转色期和成熟期 SSs 活性均显著高于 CK。

5. 高温高湿对设施番茄果实蔗糖磷酸合成酶活性的影响

花期高温胁迫后,果实中蔗糖磷酸合成酶(Sucrose phosphate synthase,简称 SPS)活性随胁迫温度升高而逐渐降低,日最高 32～35 ℃处理 SPS 活性显著高于 CK,日最高 38～41 ℃处理显著低于 CK。膨大期 RH_{70} 处理,果实 SPS 活性显著高于 CK 和 RH_{50}、RH_{90} 处理;转色期和成熟期 RH_{90} 处理果实 SPS 活性显著高于 CK 和 RH_{50}、RH_{70} 处理。高温胁迫下随着持续时间延长,果实 SPS 活性均值逐渐降低;转色期和成熟期持续 3～6 d 处理果实 SPS 活性高于 CK。果期高温胁迫后,果实中 SPS 活性随温度升高而逐渐降低,膨大期 T_{32} 处理 SPS 活性高于 CK,日最高 35～41 ℃处理 SPS 活性低于 CK,分别降低了 4.85%、42.94% 和 54.71%($P<$ 0.05);转色期除 T_{32},各处理 SPS 活性分别较 CK 显著降低了 15.38%、17.97% 和 32.63%(P <0.05)。高温处理后,各湿度果实 SPS 活性随湿度升高而逐渐升高,RH_{50} 和 RH_{70} 处理 SPS 活性显著低于 CK。随着持续时间延长,果实 SPS 活性均值逐渐降低,持续 9～12 d 处理 SPS 活性均低于 CK(图 3.7)。

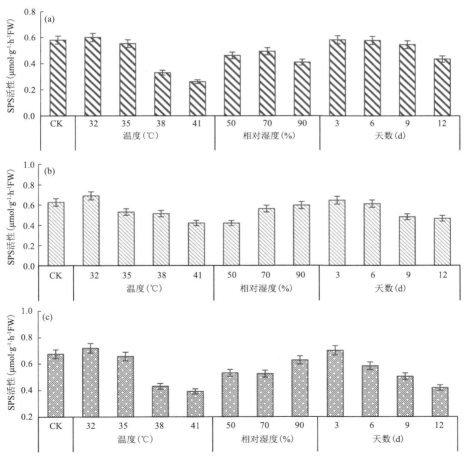

图 3.7　高温高湿对设施番茄果实蔗糖磷酸合成酶(SPS)活性的影响

(a)膨大期;(b)转色期;(c)成熟期

第二节　高温高湿对设施番茄果实有机酸代谢的影响

一、高温高湿对设施番茄果实有机酸含量的影响

1. 高温高湿对设施番茄果实中苹果酸含量的影响

花期高温胁迫后,果实中苹果酸(Malic acid,简称 Mal)含量均值随胁迫温度升高而升高,而果期高温胁迫后,Mal 含量均值随胁迫温度的上升先升高后下降。花期高温处理后,果实膨大期各处理升高了 5.31%～54.88%,35～41 ℃下,Mal 含量均显著高于 CK 水平;在果实转色期,各处理 Mal 含量均值都显著高于 CK;在成熟期,T_{32} 与 CK 无显著差异。果期高温处理后,Mal 均值在 T_{35} 下达到最高,并且在果实膨大期和转色期均显著高于 CK 值 24.70%～44.04% 和 34.36%～91.25%,在成熟期 32 ℃～38 ℃处理 Mal 含量均值也显著高于 CK 值;由图 3.8(a2)和(b2)可知,花期和果期高温处理后,各湿度处理组 Mal 浓度差异不显著,RH_{70} 处理稍低于 RH_{50}、RH_{90}。由图 3.8(a3)和(b3)可知,花期和果期高温胁迫下,Mal 含量均值随着胁迫时间的延长而上升。花期处理后,3 d 处理下,Mal 含量均值在膨大期显著高于 CK,但

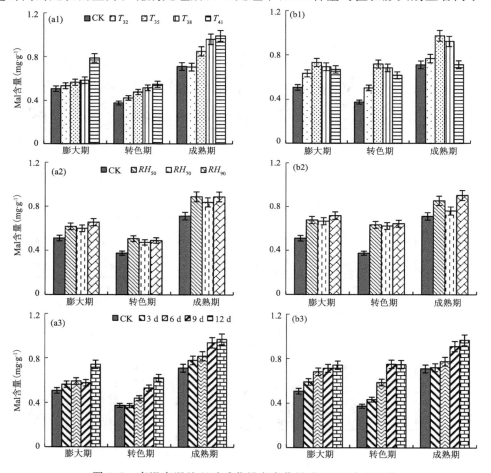

图 3.8　高温高湿处理后番茄果实内苹果酸(Mal)含量比较

(a)花期处理;(b)果期处理;1—不同胁迫温度处理;2—不同胁迫湿度处理;3—不同胁迫天数处理

在转色期和成熟期与 CK 无显著差异；6～12 d 处理下，Mal 均值在各发育期中均显著高于 CK，在成熟期高于 CK 值 14.08%～36.51%。果期处理后，9～12 d 处理下 Mal 含量均值始终显著高于 CK 值，在成熟期高于 CK 值 28.08%～31.17%。

在番茄果实发育过程中，Mal 含量先下降后上升，在成熟期附近达到最高，为 0.71 mg/g，显著高于膨大期和转色期。经过花期高温处理后，Mal 含量在发育过程中保持原来的变化规律，在果实成熟期时，花期高温处理组 Mal 含量均值高于 CK 值 23.39%，差异显著（$P <$0.05）；果期高温处理后，Mal 含量均值在膨大—转色期快速上升，显著高于花期处理，但在成熟期含量均值与花期处理均值无显著差异。

2. 高温高湿对设施番茄果实中柠檬酸含量的影响

花期和果期高温胁迫后果实中柠檬酸（Citric acid，简称 CA）含量均值随胁迫温度的升高表现为先降低后升高的趋势。花期高温处理后，在果实转色期内，T_{35} 显著低于 CK，T_{41} 下 CA 含量始终显著高于 CK。果期高温处理后，在果实发育期内，32～35 ℃处理均保持略低于 CK，38～41 ℃处理显著高于其他处理和 CK 水平，在成熟期分别较 CK 升高 18.59% 和 28.39%。由图 3.9（a2）和（b2）可知，花期和果期高温下不同空气湿度处理 CA 含量均值与 CK 值无显著

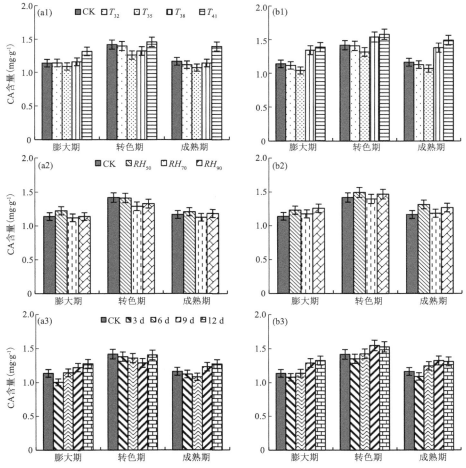

图 3.9　高温高湿处理后番茄果实内柠檬酸（CA）含量比较

（a）、（b）、1、2、3 说明同图 3.8

差异,受湿度影响不明显,RH_{70}处理略低于RH_{50}、RH_{90}处理。由图 3.9(a3)和(b3)可知,花期和果期高温胁迫下,随着胁迫时间的延长,CA 含量均值先减小后增大。花期高温处理后,3 d 处理下,在膨大期 CA 含量均值显著低于 CK。果期高温处理后,9～12 d 处理显著高于 CK。

3. 高温高温对设施番茄果实中酮戊二酸含量的影响

花期和果期高温胁迫后,果实中酮戊二酸(Ketoglutaric acid,简称 AKG)含量均值随胁迫温度的升高表现为先升高后降低的趋势,分别在T_{35}和T_{38}达到最高。花期高温处理后,在果实膨大期,高温处理组 AKG 含量均值较 CK 显著升高 24.74%～40.69%($P<0.05$);在果实转色期,T_{32}和T_{41}处理 AKG 含量均值恢复至 CK 水平,T_{35}和T_{38}显著高于 CK 且互相差异显著;成熟期内,仅有T_{38}处理 AKG 含量均值较 CK 显著提高了 17.87%～47.16%($P<0.05$)。果期高温胁迫后,果实中 AKG 含量均值变化同花期相似,在T_{35}时达到最高值,之后快速下降。在膨大期,32～38 ℃高温处理组 AKG 含量均值较 CK 显著升高 40.72%～66.28%($P<0.05$);在果实转色期和成熟期,AKG 含量在T_{32}和T_{35}处理下保持高水平,T_{41}处理下较 CK 低 22.24%和 14.45%,差异显著($P<0.05$)。由图 3.10(a2)和(b2)可知,高温下不同空气湿度

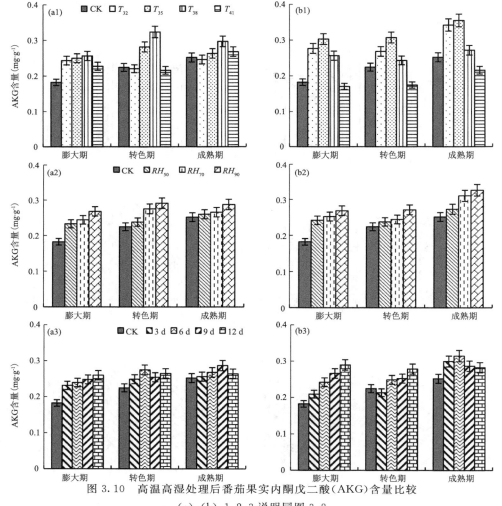

图 3.10 高温高湿处理后番茄果实内酮戊二酸(AKG)含量比较

(a)、(b)、1、2、3 说明同图 3.8

处理 AKG 含量均值随空气湿度的升高而升高。花期处理后,在膨大期各湿度处理 AKG 含量均值较 CK 显著提高了 $27.59\%\sim47.16\%(P<0.05)$,$RH_{90}$ 处理显著最高;转色期和成熟期内,RH_{90} 处理显著高于 CK 和 RH_{50} 处理。果期高温处理后,RH_{90} 处理下 AKG 含量均值显著高于 RH_{50} 处理和 CK。由图 3.10(a3)和(b3)可知,花期高温胁迫下,AKG 含量均值在膨大期随着胁迫时间的延长而上升,显著高于 CK 值 $26.73\%\sim42.41\%$,随时间延长而升高。果期高温胁迫下,AKG 含量均值在膨大期和转色期随处理时间的延长而升高,并且在膨大期各处理间差异显著,但在成熟期 3 d 和 6 d 处理 AKG 均值快速上升,显著高于其他处理。

在番茄果实发育过程中,AKG 含量明显上升,在成熟期达到最高,约为 $0.25 \text{ mg} \cdot \text{g}^{-1}$。经过花期高温和果期高温处理后,AKG 含量在发育过程中保持原来的变化规律,在果实膨大期和转色期,花期灾害 AKG 含量均值分别较 CK 上升了 34.06% 和 $16.17\%(P<0.05)$,果期处理 AKG 含量均值上升了 38.13% 和 $10.69\%(P<0.05)$,均有显著差异,果期处理 AKG 含量均值显著高于 CK 处理(表 3.1)。

表 3.1　高温高湿处理后各生育期中番茄果实内 AKG 含量比较($\text{mg} \cdot \text{g}^{-1}$)

果实发育阶段	花期灾害	果期灾害	对照组
膨大期	0.24±0.03 a	0.25±0.06 a	0.18±0.03 b
转色期	0.26±0.06 a	0.25±0.16 a	0.22±0.07 b
成熟期	0.27±0.05 b	0.30±0.07 a	0.25±0.11 b

注:a,b 表示通过 $P<0.05$ 的 Duncan 检验。

4. 高温高湿对设施番茄果实中酒石酸含量的影响

花期高温胁迫后,果实中酒石酸(Tartaric acid,简称 TA)含量均值随胁迫温度升高而显著上升。在果实膨大期,高温处理组 TA 含量均值较 CK 显著升高 $24.87\%\sim99.62\%(P<0.05)$,$T_{38}$ 和 T_{41} 处理下 TA 含量显著高于其他高温处理(图 3.11);在果实转色期和成熟期内,T_{32} 处理下 TA 含量显著低于 CK 值,各温度处理均值之间差异显著。果期高温胁迫后,果实中 TA 均值随胁迫温度升高而显著上升,在 T_{38} 时最高,之后下降。在果实膨大期,高温处理组 TA 含量均值较 CK 显著升高 $54.11\%\sim161.69\%(P<0.05)$,$T_{38}$ 和 T_{41} 处理下 TA 显著高于其他高温处理;在果实转色期,T_{41} 处理显著低于 T_{38} 处理,但依旧显著高于 CK 和其他高温处理;在成熟期,有且仅有 T_{38} 处理下 TA 含量均值显著高于 CK 值 52.14%。TA 含量在 RH_{70} 下最高,但与 RH_{50} 处理相差不大。在膨大期,高温下各湿度处理 TA 含量均值都显著高于 CK 值 $42.08\%\sim81.50\%(P<0.05)$,$RH_{90}$ 处理显著低于 RH_{50}、RH_{70} 处理;RH_{70} 处理在成熟期内 TA 含量显著高于 RH_{50}、RH_{90} 处理和 CK。果期高温后,在膨大期和转色期,各湿度处理 TA 含量均值显著高于 CK,且 RH_{70} 处理显著较高;成熟期内 RH_{70} 处理 TA 含量均值与 RH_{50} 差异不显著,但显著高于 CK 和 RH_{90} 处理。高温胁迫下,随着胁迫时间的延长 TA 含量均值逐渐升高。在花期高温后,各处理 TA 含量均值在膨大期时显著高于 CK 值 $36.40\%\sim92.82\%(P<0.05)$,$9\sim12$ d 处理显著高于 $3\sim6$ d 处理;在转色期,12 d 处理显著高于 $3\sim9$ d 处理;成熟期内,3 d 处理显著低于 CK 和其他。在果期高温处理后,在转色期和成熟期 12 d 处理 TA 含量均值都显著高于 $3\sim9$ d 处理。

在番茄果实发育过程中,TA 含量明显上升,在成熟期达到最高,约为 $0.60 \text{ mg} \cdot \text{g}^{-1}$。经过花期高温处理后,TA 含量在发育过程中保持原来的变化规律,在转色期附近明显上升,在

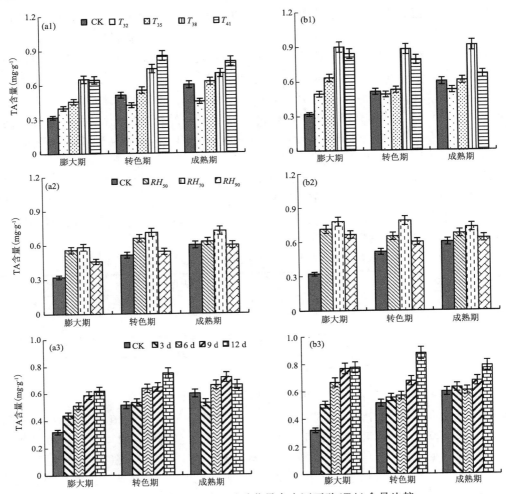

图 3.11　高温高湿处理后番茄果实内酒石酸(TA)含量比较

(a)、(b)、1、2、3 说明同图 3.8

成熟期有所上升但幅度不大,花期高温处理后,各生育期中 TA 含量均值较 CK 上升了 67.65%、25.39% 和 7.34%,在膨大期和转色期与 CK 差异显著(表 3.2)。果期高温后,TA 含量均值在膨大期最高,达到 0.72 mg·g^{-1},之后略微下降,在各生育期内较 CK 提高了 123.22%、30.64% 和 12.97%($P<0.05$),均显著高于 CK 处理。

表 3.2　高温高湿处理后各生育期中番茄果实内 TA 含量比较(mg·g^{-1})

果实发育阶段	花期灾害	果期灾害	对照组
膨大期	0.54±0.14 b	0.72±0.18 a	0.32±0.02 c
转色期	0.64±0.22 a	0.67±0.26 a	0.51±0.10 b
成熟期	0.65±0.16 a	0.68±0.20 a	0.60±0.08 b

注:a、b、c 表示通过 $P<0.05$ 的 Duncan 检验。

5. 高温高湿对设施番茄果实中琥珀酸含量的影响

高温胁迫后果实中琥珀酸(Succinic acid,简称 SA)含量均值随胁迫温度的升高表现为先升高后降低的趋势,在 T_{38} 处理时达到最高值(图 3.12)。花期高温处理后,在果实膨大期,高温处理组 SA 含量均值较 CK 显著升高 5.71%～39.73%($P<0.05$),T_{35} 和 T_{38} 处理下 SA 含量显著高于 CK 水平且互相间差异显著,T_{32} 和 T_{41} 处理下 SA 含量均值与 CK 无显著差异;T_{35} 和 T_{38} 处理 SA 含量在成熟期差异显著。果期高温胁迫后,在果实膨大期,高温处理组 SA 含量均值较 CK 显著升高 16.27%～97.29%($P<0.05$),各处理 SA 含量均值间差异显著且显著高于 CK;在转色期内,各处理组 SA 含量较 CK 上升了 6.50%～58.79%,T_{38} 处理 SA 含量显著高于其他;在成熟期内,各处理组 SA 含量均值较 CK 上升了 14.30%～36.96%($P<$0.05)。在果实发育过程中,高温下各湿度处理 SA 含量均值都显著高于 CK 水平,RH_{70} 处理高于 RH_{50}、RH_{90} 处理,在膨大期差异显著,之后湿度处理间差异缩小,在成熟期,各湿度处理间无显著差异。高温胁迫下,随着胁迫时间的延长,SA 含量均值先增大后减小。花期高温处理后,SA 含量均值在 6 d 处理下最高,在膨大期时 3～6 d 处理 SA 均值显著高于 CK 值 16.8% 和 36.1%(表 3.3);在转色期和成熟期,9 d 和 12 d 处理时 SA 含量均值升高。果期高温处理后,SA 含量在转色期至成熟期之间 9～12 d 处理下均值快速上升,反超 3～6 d 处理,在成熟期时显著较高。

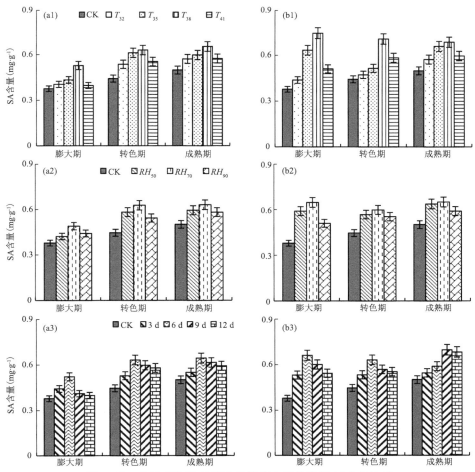

图 3.12　高温高湿处理后番茄果实内琥珀酸(SA)含量比较

(a)、(b)、1、2、3 说明同图 3.8

表 3.3 高温高湿处理后各生育期中番茄果实内 SA 含量比较（mg·g⁻¹）

果实发育阶段	花期灾害	果期灾害	对照组
膨大期	0.44±0.10 b	0.58±0.05 a	0.38±0.03 c
转色期	0.58±0.08 a	0.57±0.08 a	0.45±0.04 b
成熟期	0.60±0.09 a	0.63±0.09 a	0.50±0.07 b

注：a、b、c 表示通过 $P<0.05$ 的 Duncan 检验。

6. 高温高湿对设施番茄果实中乙酸含量的影响

高温胁迫后，果实中乙酸（Acetic acid，简称 HAc）含量均值随胁迫温度升高而升高。花期高温处理后，HAc 含量均值在果实膨大期，38～41 ℃处理显著高于 CK；在转色期各高温处理组较 CK 升高了 28.02%～115.68%，均显著高于 CK 且互相间差异显著（图 3.13）；在成熟期 T_{32} 和 T_{35} 处理下差异不显著。果期高温胁迫后，在果实膨大期和成熟期，高温处理组 HAc 含

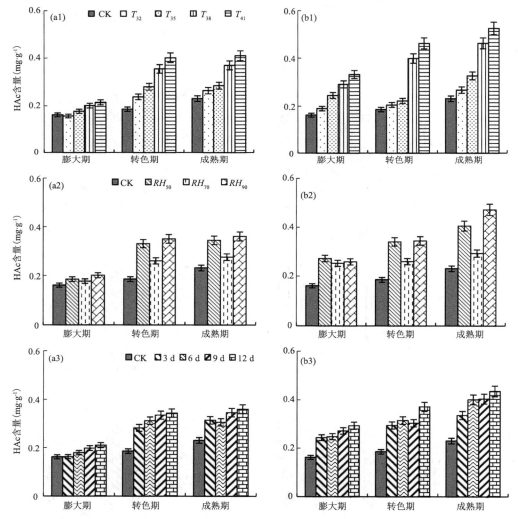

图 3.13 高温高湿处理后番茄果实内乙酸（HAc）含量比较

（a）、（b）、1、2、3 说明同图 3.8

量均值较 CK 显著升高 17.16%～104.15% 和 15.64%～127.21%（$P<0.05$），各温度处理间差异显著；在转色各高温处理组 HAc 含量均值较 CK 升高了 10.46%～148.40%，除 T_{32} 处理下 HAc 含量均值与 CK 无显著差异外，其他高温处理均显著高于 CK。在果实发育过程中，高温下 RH_{50} 和 RH_{90} 处理 HAc 均值都显著高于 CK 水平，RH_{70} 处理在转色期和成熟期显著低于 RH_{50}、RH_{90} 处理。高温胁迫下，随着胁迫时间的延长，HAc 含量均值逐渐升高。

在番茄果实发育过程中，HAc 含量明显上升，在成熟期达到最高，约为 0.23 mg·g^{-1}。经过花期和果期高温处理后，HAc 含量在发育过程中保持原来的变化规律，但花期处理在转色到成熟之间，HAc 含量均值上升幅度较小（表 3.4）。花期高温处理后，各生育期中 HAc 含量均值较 CK 上升了 15.75%、71.31% 和 43.74%，均显著高于 CK 值。果期高温处理后，HAc 含量在各生育期内较 CK 提高了 63.14%、73.13% 和 71.00%，均显著高于 CK 处理，并且在膨大期和成熟期显著高于花期处理均值。

表 3.4　高温高湿处理后各生育期中番茄果实内 HAc 含量比较（mg·g^{-1}）

果实发育阶段	花期灾害	果期灾害	对照组
膨大期	0.19±0.03 b	0.26±0.08 a	0.16±0.07 c
转色期	0.32±0.09 a	0.33±0.06 a	0.19±0.05 b
成熟期	0.33±0.09 b	0.39±0.10 a	0.23±0.08 c

注：a、b、c 表示通过 $P<0.05$ 的 Duncan 检验。

二、高温高湿对设施番茄果实有机酸代谢酶活性的影响

1. 高温高湿对设施番茄果实苹果酸代谢相关酶活性的影响

（1）苹果酸酶

高温胁迫后，果实中苹果酸酶（Malic enzyme，简称 ME）活性均值随胁迫温度升高表现为先升高后降低的趋势。花期高温后，果实膨大期和成熟期升高了 0.05～0.95 Ug^{-1}·$min^{-1}FW$，T_{35} 和 T_{38} 处理下 ME 活性均显著高于 CK 水平（图 3.14）。果期高温胁迫后，果实中 ME 活性在膨大期和成熟期 T_{38} 处理下最高，分别高于 CK 值 0.89 和 0.68 Ug^{-1}·$min^{-1}FW$。高温下 50%～90% 相对湿度处理 ME 活性均值之间无显著差异，相对湿度 70% 处理下较低。在番茄果实发育过程中，ME 活性保持稳定，在转色期较低，并且不随温度、湿度变化而变化（表 3.5）。

表 3.5　高温高湿处理后各生育期中番茄果实内 ME 活性比较（Ug^{-1}·$min^{-1}FW$）

果实发育阶段	花期灾害	果期灾害	对照组
膨大期	2.63±0.95	2.61±1.42	2.14±1.01
转色期	2.62±0.93	2.13±0.91	2.20±0.57
成熟期	2.65±1.20	2.63±0.83	2.10±0.01

（2）苹果酸脱氢酶

高温高湿处理后，番茄果实内苹果酸脱氢酶（Malate dehydrogenase，简称 MDH）活性变化见图 3.15。由图可见，花期高温胁迫后，果实中 MDH 活性均值随胁迫温度的升高而升高，果实膨大期和转色期较 CK 值升高了 8.43%～60.25% 和 13.70%～83.20%，除 T_{32} 处理外，其他高温处理均显著高于 CK；在成熟期 T_{32} 和 T_{35} 处理与 CK 无显著差异，其他高温处理显著

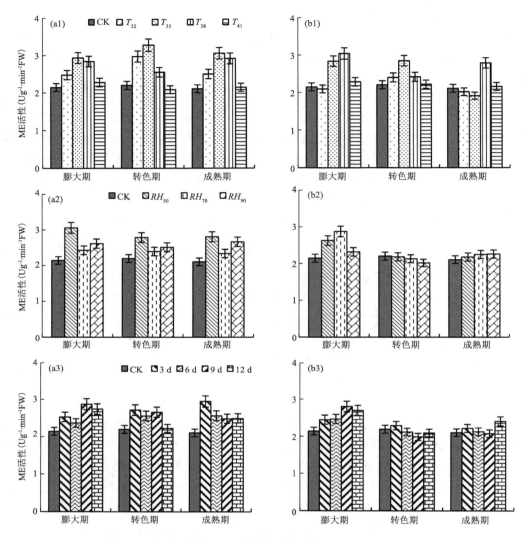

图 3.14　高温高湿处理后番茄果实内苹果酸酶(ME)活性比较

(a)花期处理;(b)果期处理;1—不同胁迫温度处理;2—不同胁迫湿度处理;3—不同胁迫天数处理

高于 CK 值 47.40%~61.50%。由图 3.15 可知,果期高温胁迫后,果实中 MDH 活性均值在随胁迫温度升高先升高后降低,在 T_{35} 处理时达到最高,显著高于其他高温处理。高温处理下 MDH 活性在果实各发育期较 CK 显著升高了 66.32%~133.42%、110.80%~180.75% 和 14.24%~81.34%($P<0.05$)。高温处理后,各湿度处理下 MDH 活性都高于 CK 值,且 RH_{70} 下 MDH 活性低于其他湿度处理,但互相间差异不显著。高温胁迫下,随着胁迫时间的延长,MDH 活性均值上升,在果实成熟期中,3 d 处理 MDH 活性已经显著高于 CK 水平。在番茄果实发育过程中,MDH 活性逐渐上升,在转色期到成熟期之间显著上升,在成熟期附近达到最高。经过花期高温,MDH 活性在番茄发育过程中保持原来的变化规律,分别显著高于 CK 值 36.74%、47.22% 和 33.51%($P<0.05$);果期高温处理后,MDH 活性均值在膨大—转色期

内显著上升,在成熟期仅上升1.76 Ug^{-1}·min^{-1}FW,远低于花期和CK的上升幅度;MDH活性在各发育期高于CK值92.16%、140.81%和40.4%,显著高于CK和花期处理均值。

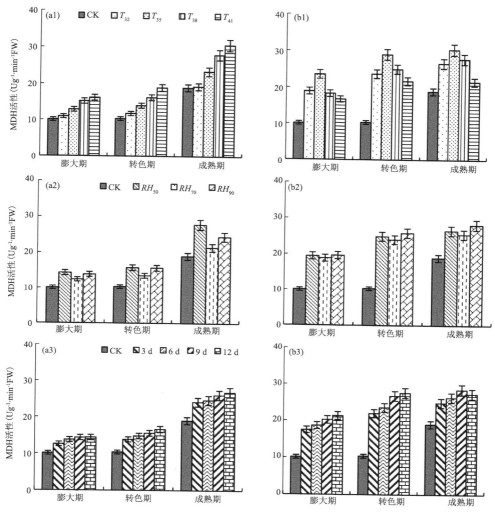

图3.15　高温高湿处理后番茄果实内苹果酸脱氢酶(MDH)活性比较

(a)、(b)、1、2、3说明同图3.14

（3）磷酸烯醇式丙酮酸羧化酶

高温胁迫后,果实中的磷酸烯醇式丙酮酸羧化酶(Phosphoenolpyruvate carboxylase,简称PEPC)活性均值随胁迫温度的升高而升高。花期处理后,PEPC活性在各发育期分别高于CK值2.77%～48.61%、9.56%～28.07%和4.91%～61.70%,T_{41}处理始终显著高于CK。果期高温胁迫后,果实中PEPC活性均值在各发育期分别高于CK值10.40%～46.98%、12.66%～53.40%和27.73%～68.22%。T_{38}和T_{41}处理下,PEPC活性均值都显著高于CK。由图3.16可知,高温胁迫下随着胁迫时间的延长,PEPC活性均值逐渐上升,花期高温处理后在各发育期分别高于CK值8.82%～44.01%、9.74%～26.36%和20.02%～48.75%($P<0.05$)。果期高温处理后,在各发育期分别高于CK值15.40%～37.71%、21.24%～47.10%和

20.94%～72.04%。

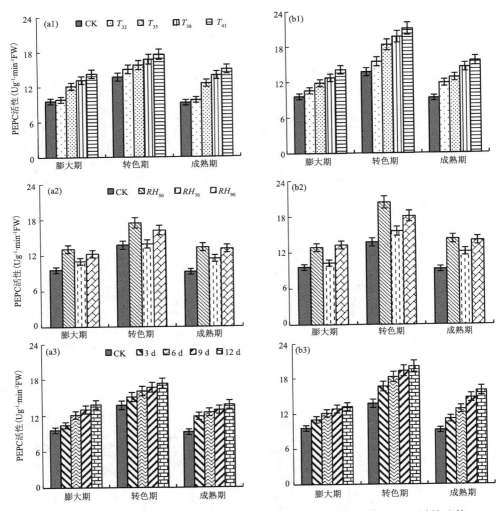

图 3.16　高温高湿处理后番茄果实内磷酸烯醇式丙酮酸羧化酶(PEPC)活性比较

(a)、(b)、1、2、3 说明同图 3.14

2. 高温下提高空气湿度对设施番茄果实柠檬酸代谢相关活性的影响

(1)柠檬酸合成酶

高温胁迫后,果实中柠檬酸合成酶(Citrate synthase,简称 CS)活性均值随胁迫温度的升高而升高。花期高温处理后,T_{38} 和 T_{41} 处理始终显著高于 CK,各处理均值在果实膨大期和转色期分别升高了 6.92%～53.15% 和 7.90%～29.88%。果期高温胁迫后,CS 活性在各发育期分别升高了 27.60%～81.74%、17.25%～40.33% 和 19.10%～68.10%,在膨大期和转色期 35～41 ℃处理显著高于 CK,但在成熟期 T_{35} 处理恢复至 CK 水平。由图 3.17 可知,在果实发育期内,RH_{50} 处理 CS 活性显著高于 CK 值,RH_{70} 处理下 CS 活性均值介于 CK 与 RH_{90} 之间,与两者均无显著差异。高温胁迫下,随着胁迫时间的延长,CS 活性均值上升。在番茄果实发育过程中,CS 活性先上升后下降,表现为转色期＞膨大期＞成熟期,各时期内 CS 活性均值差异显著。经过花期高温,CS 活性在发育过程中保持原来的变化规律,分别显著高于 CK 值 26.42%、22.18% 和 24.84%(P<0.05);果期高温处理后,CS 活性均值在发育期内规律不变, 显著高于 CK 值 57.15%、32.88% 和 40.28%(P<0.05),在膨大期和成熟期显著高于 CK 和 花期处理均值。

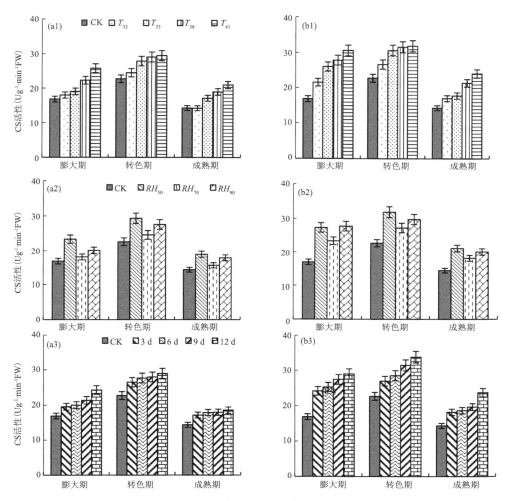

图 3.17　高温高湿处理后番茄果实内柠檬酸合成酶(CS)活性比较

(a)、(b)、1、2、3 说明同图 3.14

（2）异柠檬酸脱氢酶

高温胁迫后,果实中异柠檬酸脱氢酶(Isocitrate dehydrogenase,简称 IDH)活性均值随胁迫温度升高先升高后降低(图 3.18)。花期高温处理后,IDH 活性均值在 T_{38} 处理下最高,在果实膨大期升高了 20.08%～43.52%;在果实转色期 T_{35} 和 T_{38} 处理显著高于 CK 值 33.40%～ 34.33%,T_{32} 和 T_{41} 处理在成熟期高于 CK 值 18.20%～61.17%。果期高温胁迫后,IDH 活性均值在果实膨大期显著升高了 14.94%～57.84%(P<0.05),35～41 ℃处理显著高于 T_{32} 处理;在果实转色期,各高温处理 IDH 活性均值高于 CK 值 11.57%～42.96%;在成熟期各温度处理 IDH 活性均值显著高于 CK 值 23.06%～38.76%。由图 3.18 可知,在果实发育期内,

IDH 活性均值随处理湿度的升高而逐渐升高;在果实发育期内,RH_{70} 和 RH_{90} 处理 IDH 活性均值均显著高于 CK(表 3.6)。高温胁迫下,随着胁迫时间的延长,IDH 活性均值上升,花期处理后果实成熟期中 9~12 d 处理显著高于 CK,而果期处理中仅 3 d 处理与 CK 差异不显著。

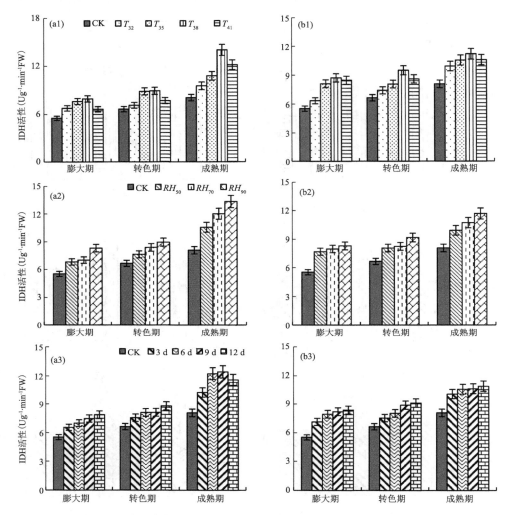

图 3.18　高温高湿处理后番茄果实内异柠檬酸脱氢酶(IDH)活性比较

(a)、(b)、1、2、3 说明同图 3.14

表 3.6　高温高湿处理后各生育期中番茄果实内 IDH 活性比较($Ug^{-1} \cdot min^{-1}FW$)

果实发育阶段	花期灾害	果期灾害	对照组
膨大期	7.22±1.42 a	7.91±1.30 a	5.52±1.39 b
转色期	8.14±0.91 b	8.38±1.39 a	6.64±0.79 c
成熟期	11.61±1.31 a	10.56±1.33 b	8.06±0.83 c

注:a、b、c 表示通过 $P<0.05$ 的 Duncan 检验。

(3)细胞质-顺乌头酸酶

高温胁迫后,果实中细胞质-顺乌头酸酶(Cytoplasm-cisconitase,简称 cyt-ACO)活性均值随胁迫温度的升高表现为先升高后降低的趋势。花期处理后,cyt-ACO 活性均值在果实膨大期升高了 14.74%～37.24%,T_{35} 和 T_{38} 处理显著高于 CK;在果实转色期,各温度处理 cyt-ACO 活性均值高于 CK 值 12.26%～55.45%,除 T_{35} 处理外,与 CK 无显著差异;在成熟期,各温度处理 cyt-ACO 活性均值高于 CK 值 30.65%～43.41% 且处理间差异不显著。果期高温胁迫后,果实中 cyt-ACO 活性均值在果实各发育期内升高了 21.14%～49.80%、36.83%～79.51% 和 34.10%～55.06%。由图 3.19(a2)和(b2)可知,高温环境下,cyt-ACO 活性均值随处理湿度的升高表现为先降低后升高,RH_{70} 处理最低。图 3.19(a3)和(b3)可知,高温胁迫下,随着胁迫时间的延长,cyt-ACO 活性均值先上升后下降,花期高温处理后,在果实成熟时 3～9 d 处理显著高于 CK;果期高温处理后均显著高于 CK(表 3.7)。在番茄果实发育过程中,cyt-ACO 活性先下降后上升,在转色期显著最低。经过花期高温和果期高温处理后,cyt-ACO 的活性变化规律未发生改变,在数值上显著高于 CK,并且在膨大期和成熟期内果期处理 cyt-ACO 活性均值显著高于花期处理。

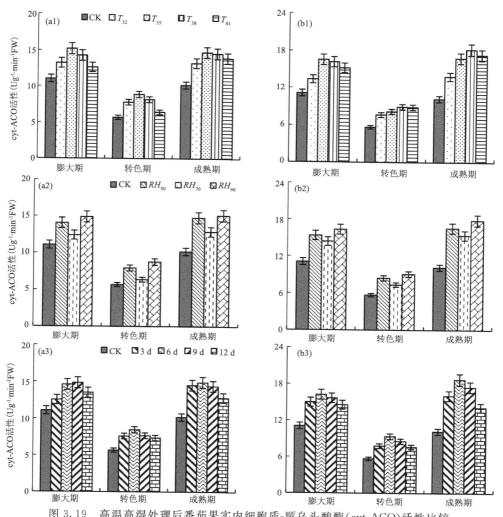

图 3.19　高温高湿处理后番茄果实内细胞质-顺乌头酸酶(cyt-ACO)活性比较

(a)、(b)、1、2、3 说明同图 3.14

表 3.7　高温高湿处理后各生育期中番茄果实内 cyt-ACO 活性比较（$Ug^{-1} \cdot min^{-1}FW$）

果实发育阶段	花期灾害	果期灾害	对照组
膨大期	13.86±1.94 b	15.37±1.29 a	11.07±1.34 c
转色期	7.77±1.89 a	8.34±0.79 a	5.68±0.23 b
成熟期	14.15±2.47 b	16.60±2.03 a	10.17±1.89 c

注：a、b、c 表示通过 $P<0.05$ 的 Duncan 检验。

（4）线粒体－顺乌头酸酶

高温胁迫后，果实中线粒体－顺乌头酸酶（Mitochondrial-cisconitase，简称 mit-ACO）活性均值升高（图 3.20）。花期处理后，mit-ACO 活性均值在果实膨大期高于 CK 值 19.45%～65.64%，在膨大期和转色期 35～41 ℃处理显著高于 CK；在成熟期仅有 T_{38} 处理下指标均值

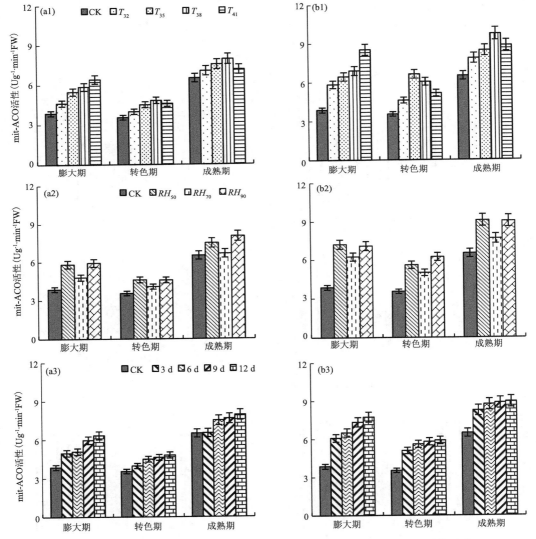

图 3.20　高温高湿处理后番茄果实内线粒体-顺乌头酸酶（mit-ACO）活性比较

（a）、（b）1、2、3 说明同图 3.14

显著高于 CK;果期高温胁迫后,果实中 mit-ACO 活性均值在膨大期高于 CK 值 51.02%~120.48%,T_{41} 处理显著高于其他温度处理;在转色期 T_{35} 处理高于其他温度处理;而在成熟期时 T_{38} 处理最高。高温环境下,mit-ACO 活性均值随处理湿度的变化规律与 cyt-ACO 的变化相似,在此不再重复。高温胁迫下,随着胁迫时间的延长,mit-ACO 活性均值逐渐上升。花期高温处理后,mit-ACO 活性均值在各发育期分别高于 CK 值 28.46%~63.94%、12.08%~35.61% 和 0.40%~22.21%,12 d 处理显著高于 CK;果期高温处理后,3~12 d 处理均值都显著高于 CK。

在番茄果实发育过程中,mit-ACO 活性先下降后上升,在成熟期最高(表 3.8)。经过花期高温和果期高温处理后,在果实发育期内各处理 mit-ACO 的活性变化规律未发生改变,在同一个发育期中 mit-ACO 活性均值大小为:果期高温处理>花期高温处理>CK,且差异显著。

表 3.8　高温灾害后各生育期中番茄果实内 mit-ACO 活性比较($Ug^{-1} \cdot min^{-1}FW$)

果实发育阶段	花期灾害	果期灾害	对照组
膨大期	5.58±1.01 b	6.92±1.44 a	3.87±0.93 c
转色期	4.46±0.56 b	5.59±1.08 a	3.54±1.03 c
成熟期	7.39±1.31 b	8.70±1.68 a	6.49±0.88 c

注:a、b、c 表示通过 $P<0.05$ 的 Duncan 检验。

第三节　高温高湿对设施番茄果实氮代谢的影响

一、高温高湿对设施番茄果实可溶性蛋白和游离氨基酸含量的影响

1. 高温对设施番茄果实可溶性蛋白的影响

花期高温胁迫后,各生育期果实中可溶性蛋白含量随温度的升高表现为先升高后降低的趋势,各温度处理果实可溶性蛋白含量均值显著低于 CK。同一温度下,膨大期 RH_{70} 处理果实可溶性蛋白含量显著高于 RH_{50}、RH_{90} 处理;转色期和成熟期果实可溶性蛋白含量随湿度增加略有上升。随着持续时间延长,果实可溶性蛋白含量波动下降,各生育期果实可溶性蛋白含量显著低于 CK(图 3.21)。

果期高温胁迫后,各生育期果实中可溶性蛋白含量随温度升高而不断降低,日最高气温 T_{32} 处理转色期果实可溶性蛋白含量显著高于 CK。同一温度下,RH_{50} 和 RH_{90} 处理果实可溶性蛋白显著低于 CK,转色期 RH_{70} 处理显著高于 CK,随着持续时间延长,果实可溶性蛋白含量不断下降,成熟期 3~6 d 处理显著低于 CK;6~12 d 处理可溶性蛋白含量均值在各发育期均显著低于 CK。

2. 高温高湿对设施番茄果实游离氨基酸的影响

花期高温胁迫后,各生育期果实游离氨基酸含量随温度升高而升高,日最高气温 32~35 ℃ 处理各生育期果实游离氨基酸含量显著低于 CK,日最高气温 38~41 ℃ 处理下显著高于 CK。同一温度下,随着湿度增加,果实游离氨基酸含量不断下降,但 RH_{50}、RH_{70} 处理均值显著高于 CK(图 3.22)。随着持续时间延长,果实游离氨基酸含量波动下降,各生育期果实游离氨基酸含量显著高于 CK。

　　果期高温胁迫后,各生育期果实中游离氨基酸含量随温度升高而不断增加。同一温度下,不同湿度处理果实游离氨基酸含量变化不大,RH_{90}处理最低。随胁迫时间延长,果实游离氨基酸含量不同程度增加,且各处理均显著高于 CK。

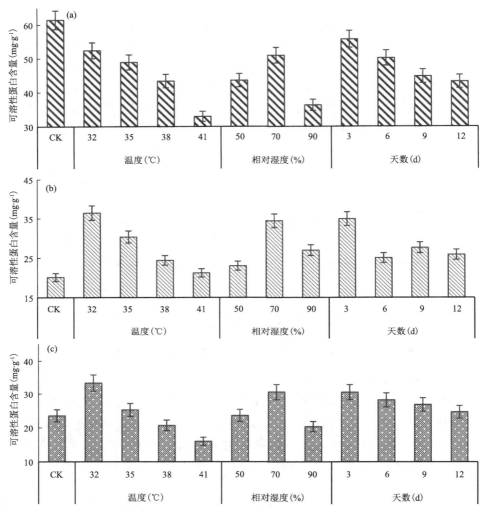

图 3.21　高温高湿对设施番茄果实可溶性蛋白含量的影响
(a)膨大期;(b)转色期;(c)成熟期

二、高温高湿对设施番茄果实氮代谢酶的影响

1. 高温高湿对设施番茄果实硝酸还原酶的影响

　　花期高温胁迫后,各生育期果实中硝酸还原酶(Nitrate Reductase,简称 NR)活性随温度升高而表现出先升高后降低的趋势,日最高气温 T_{35} 处理下达到最高,其他高温处理下,膨大期和转色期果实 NR 活性显著低于 CK(图 3.23)。同一温度下,各湿度处理果实 NR 活性均显著低于 CK,随着湿度增加,RH_{70} 处理果实 NR 活性较高。随着持续时间延长,果实 NR 活性降低,3 d 处理转色期和成熟期 NR 活性与 CK 无显著性差异,其他时长处理果实 *NR* 活性显著低于 CK。

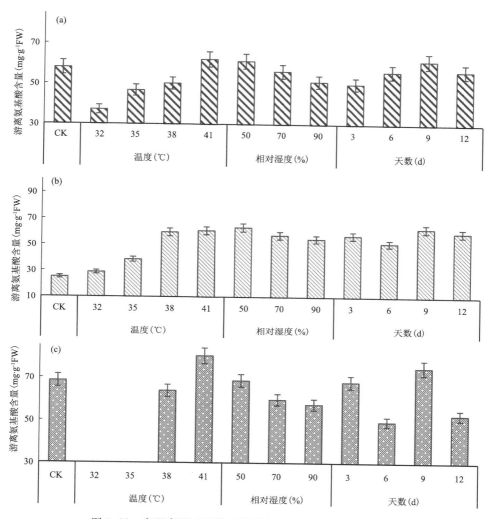

图 3.22 高温高湿对设施番茄果实游离氨基酸含量的影响
（a）膨大期；（b）转色期；（c）成熟期

果期高温胁迫后，各生育期果实中 NR 活性随温度升高而不断降低，日最高气温 T_{32} 处理膨大期和成熟期 NR 活性与 CK 无显著性差异，其他处理显著低于 CK。同一温度下，不同湿度处理果实 NR 活性变化较大，RH_{70} 处理转色期和成熟期 NR 活性较高，成熟期显著高于 CK。随胁迫时间延长，果实 NR 活性均值降低，3 d 处理膨大期和转色期 NR 活性与 CK 无显著性差异，其余各时长处理均显著低于 CK。

2. 高温高湿对设施番茄果实谷氨酰胺合成酶的影响

花期高温胁迫后，各生育期果实中谷氨酰胺合成酶（Glutamine synthetase，简称 GS）活性随温度升高表现为先升高后降低的趋势，日最高 T_{35} 处理达到最高，转色期果实 GS 活性显著高于 CK，较 CK 增加了 3.78%（$P < 0.05$）（图 3.24）。同一温度下，随着湿度增加，果实 GS 活性先升高后降低，RH_{70} 处理果实 GS 活性较高。随着持续时间延长，果实 GS 活性降低，处理 3 d 各生育期 GS 活性与 CK 无显著性差异，其他时长处理果实 GS 活性显著低于 CK。

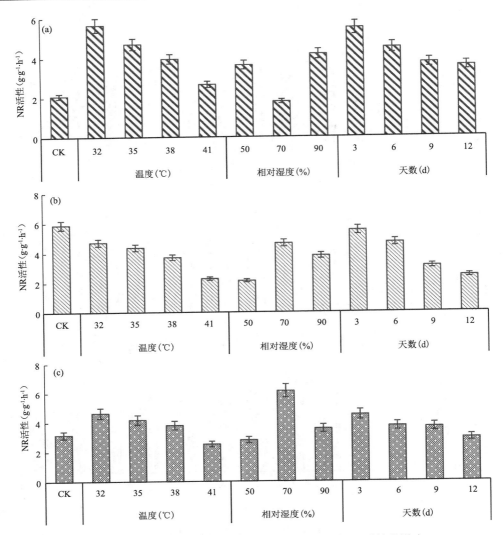

图 3.23　高温高湿对设施番茄果实硝酸还原酶(NR)活性的影响
(a)膨大期;(b)转色期;(c)成熟期

果期高温胁迫后,各生育期果实中 GS 活性随温度升高而不断降低,日最高气温 T_{35} 处理各生育期 GS 活性显著高于 CK。同一温度下,RH_{70} 处理 GS 活性较高,转色期显著高于 CK。随着胁迫时间的延长,果实 GS 活性均值降低,3 d 膨大期 GS 活性显著高于 CK;转色期 3~9 d 处理下 GS 活性显著高于 CK。

3. 高温高湿对设施番茄果实谷氨酸合成酶的影响

花期高温胁迫后,各生育期果实中谷氨酸合成酶(Glutamate synthase,简称 GOGAT)活性随温度升高呈降低趋势,膨大期日最高 T_{32} 处理 GOGAT 活性显著高于 CK,较 CK 增加了 6.49%($P<0.05$)(图 3.25);转色期各温度处理均低于 CK。同一温度下,随着湿度增加,膨大期和成熟期果实 GOGAT 活性不断升高;转色期 RH_{70} 处理果实 GOGAT 活性较高。随着持续时间延长,果实 GS 活性降低。果期高温胁迫后,各生育期果实中 GOGAT 活性随温度升

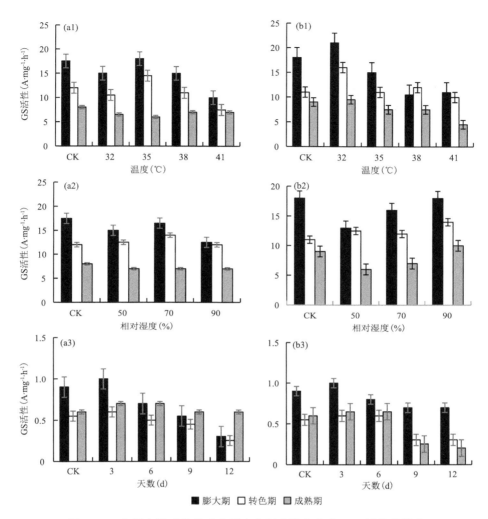

图 3.24　高温高湿对设施番茄果实谷氨酰胺合成酶(GS)活性的影响

(a)花期处理；(b)果期处理；1—不同胁迫温度处理；2—不同胁迫湿度处理；3—不同胁迫天数处理

高而不断降低，膨大期日最高 T_{32} 处理 GOGAT 活性显著高于 CK；转色期和成熟期除日最高 T_{32} 处理，其余温度处理均显著低于 CK。同一温度下，RH_{50} 处理 GOGAT 活性较低。随着胁迫时间延长，果实 GOGAT 活性均值降低，3 d 处理膨大期和转色期 GOGAT 活性与 CK 相比仍无显著性差异，3 d 后的其他时长处理均显著低于 CK。

三、高温高湿后设施番茄果实氮代谢相关性分析

由表 3.9 可以看出，在花期高温处理后，可溶性蛋白含量与 GS 和 GOGAT 有极显著相关关系，和 NR 显著相关；游离氨基酸含量与 NR、GS 和 GOGAT 有负相关关系，但未达到显著水平。果期高温处理后，可溶性蛋白含量与 GS 和 GOGAT 有极显著相关关系，和 NR 显著相关；游离氨基酸含量与 NR 有显著负相关关系，与 GS 和 GOGAT 有负相关关系，但未达到显著水平。

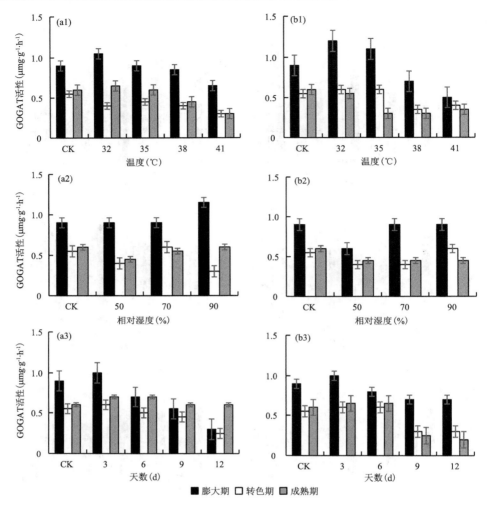

图 3.25　高温高湿对设施番茄果实谷氨酸合成酶（GOGAT）活性的影响

（a）、（b）、1、2、3 说明同图 3.24

表 3.9　高温高湿处理后可溶性蛋白和游离氨基酸含量与其相关代谢酶活性间的相关分析

相关代谢酶	可溶性蛋白		相关代谢酶	游离氨基酸	
	花期	果期		花期	果期
NR	0.674*	0.724*	NR	−0.306	−0.731*
GS	0.828**	0.842**	GS	−0.121	−0.389
GOGAT	0.919**	0.936**	GOGAT	−0.209	−0.305

注：*、** 分别表示 $P<0.05$、$P<0.01$ 下显著。

　　高温高湿处理后，番茄果实各发育期可溶性蛋白、游离氨基酸含量、氮代谢酶与温度、湿度以及温湿交互效应的方差分析结果如表 3.10 所示。由表中可以看出，花期处理下，高温对膨大期番茄果实可溶性蛋白、游离氨基酸、NR、GS 和 GOGAT 均有极显著影响（$P<0.001$）；湿度对可溶性蛋白、游离氨基酸和 GS 有极显著影响，对 NR 和 GOGAT 有显著影响（$P<0.05$）；温湿交互效应对可溶性蛋白、游离氨基酸、NR、GS 和 GOGAT 有显著影响。高温对转

色期番茄果实可溶性蛋白、游离氨基酸、NR 和 GS 均有极显著影响,对 GOGAT 有显著影响;湿度对游离氨基酸有极显著影响,对可溶性蛋白、NR、GS 和 GOGAT 有显著影响;温湿交互效应对游离氨基酸均有极显著影响,对可溶性蛋白、NR、GS 和 GOGAT 有显著影响。高温对成熟期番茄果实可溶性蛋白、游离氨基酸、NR、GS 和 GOGAT 均有极显著影响;湿度对 NR 有极显著影响,对可溶性蛋白、游离氨基酸、GS 和 GOGAT 有显著影响;温湿交互效应对 NR 和 GS 均有极显著影响,对可溶性蛋白、游离氨基酸和 GOGAT 有显著影响。

　　果期处理下高温对膨大期番茄果实可溶性蛋白、游离氨基酸、NR、GS 和 GOGAT 均有极显著影响;空气湿度对 GOGAT 有极显著影响,对可溶性蛋白、游离氨基酸、NR 和 GS 有显著影响;温湿交互效应对游离氨基酸和 GOGAT 均有极显著影响,对可溶性蛋白、NR 和 GS 有显著影响。高温对转色期果实可溶性蛋白、游离氨基酸、NR 和 GS 均有极显著影响,对 GOGAT 有显著影响;湿度对可溶性蛋白、游离氨基酸、NR、GS 和 GOGAT 有显著影响;温湿交互效应对 NR 有极显著影响,对可溶性蛋白、游离氨基酸、NR 和 GOGAT 有显著影响。高温对成熟期番茄果实可溶性蛋白、游离氨基酸、NR、GS 和 GOGAT 均有极显著影响;湿度对 NR 有极显著影响,对可溶性蛋白、游离氨基酸、GS 和 GOGAT 有显著影响;温湿交互效应对 NR 有极显著影响,对可溶性蛋白、游离氨基酸、GS 和 GOGAT 有显著影响。

表 3.10　温度、湿度与番茄果实氮代谢相关指标的方差分析

指标	变异来源	显著性					
		膨大期		转色期		成熟期	
		花期处理	果期处理	花期处理	果期处理	花期处理	果期处理
可溶性蛋白	T	***	***	***	***	***	***
	RH	***	**	**	**	**	**
	$T \times RH$	**	**	**	**	**	**
游离氨基酸	T	***	***	***	***	***	***
	RH	***	**	**	**	**	**
	$T \times RH$	**	***	***	**	**	**
NR	T	***	***	***	***	***	***
	RH	**	**	**	**	**	***
	$T \times RH$	**	**	***	***	**	**
GS	T	***	***	***	***	***	***
	RH	***	**	**	**	**	**
	$T \times RH$	**	**	*	*	NS	**
GOGAT	T	***	***	**	**	**	***
	RH	**	***	**	**	**	**
	$T \times RH$	**	**	NS	**	NS	**

注:T 表示温度,RH 表示相对湿度;*、** 和 *** 分别表示 $P < 0.05$、$P < 0.01$ 和 $P < 0.001$ 下显著;NS 表示没有显著差异。

　　本研究证实,花期高温和果期高温都对番茄果实氮代谢相关指标有显著影响,随温度胁迫增加,花期高湿胁迫后,各生育期果实可溶性蛋白含量、NR 和 GS 均表现为先升后降的趋势;果期高温胁迫后,各生育期果实可溶性蛋白、NR 和 GS 含量逐渐降低。花期和果期高温处理

后，游离氨基酸均明显升高，GOGAT 表现为明显下降。高温环境下，不同湿度处理中，各生育期果实可溶性蛋白和 NR 在 RH_{70} 最高，GS 和 GOGAT 随湿度上升而上升，游离氨基酸对湿度变化不敏感。随着胁迫持续时间的延长，花期处理各生育期果实可溶性蛋白含量先升后降，果期处理可溶性蛋白含量逐渐降低；随着持续时间的延长，游离氨基酸先升后降，NR、GS 和 GOGAT 均降低；高温处理后，可溶性蛋白含量与 NR、GS 和 GOGAT 表现为显著正相关关系，游离氨基酸与 NR、GS 和 GOGAT 表现为负相关关系，但并不显著。果期高温处理各生育期果实可溶性蛋白、NR、GS 和 GOGAT 高于花期处理。

第四章　低温寡照复合灾害的致灾机理

第一节　低温寡照对设施番茄叶片光合特性的影响

一、低温寡照胁迫及恢复对设施番茄叶片净光合速率的影响

本节以番茄品种"金粉 5 号"为试验材料，设置的低温寡照方案（表 4.1），处理时间分别为连续的 2 d、4 d、6 d、8 d、10 d。

表 4.1　低温寡照试验设计表

处理	光合有效辐射($\mu mol \cdot m^{-2} \cdot s^{-1}$)	温度(℃)	
		最高温度(℃)	最低温度(℃)
L1T1	400	18	8
L2T1	200	18	8
L1T2	400	16	6
L2T2	200	16	6
L2T2	400	14	4
L2T3	200	14	4
L1T4	400	12	2
L2T4	200	12	2
CK	800	25	18

注：L1、L2 分别表示 400 $\mu mol \cdot m^{-2} \cdot s^{-1}$、200 $\mu mol \cdot m^{-2} \cdot s^{-1}$ 处理，T1、T2、T3、T4 分别表示最低气温 8 ℃、6 ℃、4 ℃、2 ℃ 处理。下同。

不同低温寡照处理及恢复期间番茄叶片的净光合速率（P_n）见图 4.1。处理期间，所有处理的 P_n 均小于 CK，且随着处理天数的增加呈现出下降的趋势，在 12 ℃ 温度下，番茄叶片的净光合速率完全被抑制，L2T4 始终处于较低水平，在处理第 10 天时，较 CK 下降了 96.12%；在同一光照水平上，随着温度的降低，呈现出降低的趋势；在同一温度水平上，随着光照强度的降低，总体上呈现出降低的趋势。恢复期间，从低温寡照胁迫程度来看，番茄植株恢复速度与处理期间寡照胁迫程度呈负相关关系，处理期间低温寡照胁迫越严重，番茄植株的恢复速度越慢，其中，L1T1 的恢复速度最快，处理 10 d 的番茄植株在恢复到第 12 天时，已经恢复到与 CK 相当的水平，L1T4 和 L2T4 的恢复速度最慢，低温寡照处理 8 d，番茄植株已经不能恢复到与 CK 相当的水平，分别只能恢复到 CK 的 84.66% 和 83.94%；从处理天数来看，番茄植株的恢复速度与处理天数呈负相关关系，处理时间越长，番茄植株的恢复速度越慢，其中处理 2 d 的番茄植株恢复速度最快，在恢复到第 6 天就已经能恢复到与 CK 相当的水平，处理 10 d 的番茄植株恢复速度最慢，其中，L1T4 与 L2T4 未能恢复到与 CK 相当的水平，只能恢复到 CK 的

64.09％和 68.12％。番茄植株的恢复速度除了与低温寡照胁迫程度和处理天数有关,还与番茄植株的个体差异有关。

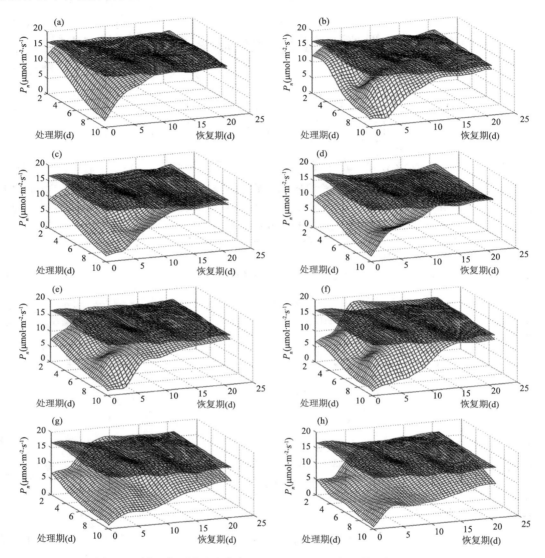

图 4.1　低温寡照胁迫及恢复对设施番茄叶片净光合速率(P_n)的影响

(a)、(c)、(e)、(g)分别表示在 PAR 为 400 $\mu mol \cdot m^{-2} \cdot s^{-1}$,最低气温为 8 ℃、6 ℃、4 ℃、2℃处理;

(b)、(d)、(f)、(h)分别表示 PAR 为 200 $\mu mol \cdot m^{-2} \cdot s^{-1}$,最后气温 8 ℃、6 ℃、4 ℃、2 ℃处理

二、低温寡照胁迫及恢复对设施番茄叶片气孔导度的影响

不同低温寡照处理及恢复期间番茄叶片的气孔导度(G_s)见图 4.2。可以看出,处理期间,所有处理的 G_s 均小于CK,且随着处理天数的增加呈现出下降的趋势,在 12 ℃温度条件下,番茄叶片的气孔张开的程度受到了严重的抑制,L2T4 始终处于较低水平,在处理第 10 天时,较CK下降了 95.45％,L1T1 始终处于较高的水平,在处理结束时较 CK 下降了 96.92％。在同一光照水平上,随着温度的降低,总体上呈现出降低的趋势;在同一温度水平上,随着光照强度

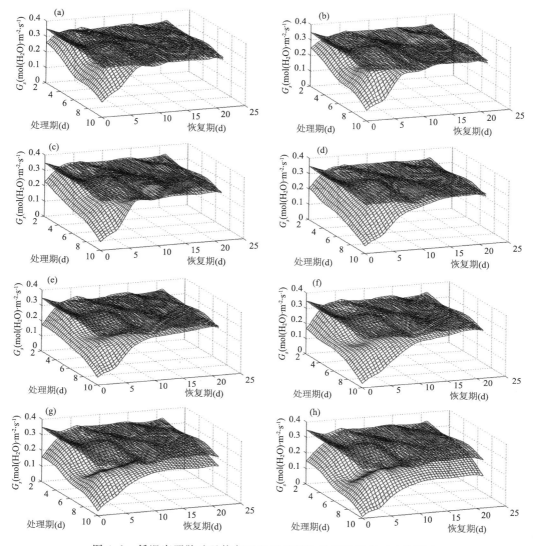

图 4.2 低温寡照胁迫及恢复对设施番茄叶片气孔导度(G_s)的影响

(a)—(h)说明同图 4.1

的降低,总体上呈现出降低的趋势。恢复期间,从低温寡照胁迫程度来看,低温寡照处理下的番茄植株的恢复速度与低温寡照胁迫程度呈负相关关系,低温寡照胁迫程度越严重,番茄植株的恢复速度越慢,其中 L1T1 最快,处理 2 d 的番茄植株在恢复第 3 天时已经恢复到与 CK 相当的水平,处理 10 d 的番茄植株在恢复第 9 天时也恢复到了与 CK 相当的水平,L1T4、L2T4 恢复速度最慢,处理 8 d 的番茄植株已经不能恢复到与 CK 相当的水平,在处理到第 21 天时,分别只能恢复到 CK 的 83.42% 和 82.63%,其他低温寡照胁迫程度下的番茄植株均能恢复到与 CK 相当的水平;从处理天数来看,低温寡照处理下的番茄植株的恢复速度与处理天数呈负相关关系,处理天数越长,恢复速度越慢,低温寡照处理 2 d 的番茄植株恢复速度最快,L1T1 在处理到第 3 天时已经恢复到了与 CK 相当的水平,恢复速度最慢的 L2T4 在恢复到第 9 天时也恢复到了与 CK 相当的水平,其中低温寡照处理 10 d 的番茄植株恢复速度最慢,其中

L1T4 和 L2T4 均未能恢复到与 CK 相当的水平,在处理第 21 天时,L1T4 的 G_s 恢复到 CK 的 81.61%,L2T4 的 G_s 恢复到 CK 的 66.22%,其他处理天数下的番茄植株均能恢复到与 CK 相当的水平。低温寡照处理下的番茄植株气孔导度的恢复速度除了与低温寡照胁迫程度和处理时间有关,也与番茄植株的个体差异有关。

三、低温寡照胁迫及恢复对设施番茄叶片气孔限制值的影响

不同低温寡照处理及恢复期间番茄叶片的气孔限制值(简称 L_s)见图 4.3。可以看出,处理期间,所有处理的 L_s 均小于 CK,且随着处理天数的增加呈现出下降的趋势,L2T4 始终处于较低水平,在处理第 10 天时,较 CK 下降了 95.03%。在同一光照水平上,随着温度的降低,L_s 总体上呈现出降低的趋势;在同一温度水平上,随着光照强度的降低,L_s 总体上呈现出降低

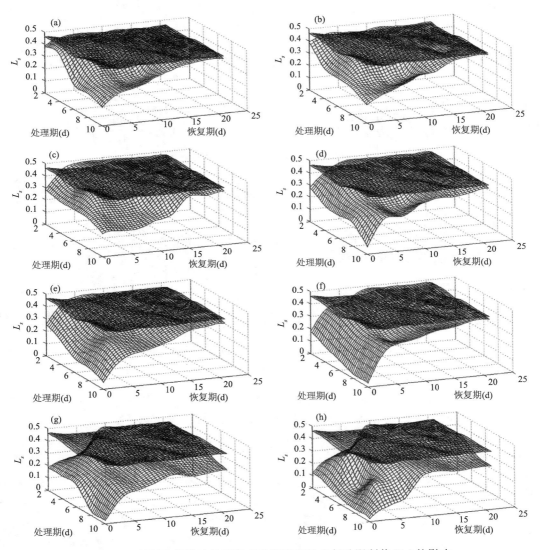

图 4.3 低温寡照胁迫及恢复对设施番茄叶片气孔限制值(L_s)的影响

(a)—(h)说明同图 4.1

的趋势。恢复期间，从低温寡照胁迫程度来看，低温寡照处理下的番茄植株 L_s 的恢复速度与低温寡照胁迫程度呈负相关，低温寡照胁迫程度越严重，番茄植株 L_s 的恢复速度越慢，其中 L1T1 最快，处理2 d的番茄植株 L_s 在恢复第 3 天时已经恢复到与 CK 相当的水平，处理 10 d 的番茄植株 L_s 在恢复期结束时也恢复到了与 CK 相当的水平，L1T4、L2T4 恢复速度最慢，处理 8 d 的番茄植株 L_s 已经不能恢复到与 CK 相当的水平，在恢复到第 21 天时，分别只能恢复到 CK 的 69.36％和68.11％，其他低温寡照胁迫程度下的番茄植株 L_s 均能恢复到与 CK 相当的水平；从处理天数来看，低温寡照处理下的番茄植株 L_s 的恢复速度与处理天数呈负相关，处理天数越长，L_s 恢复速度越慢，低温寡照处理 2 d 的番茄植株 L_s 恢复速度最快，L1T1 在恢复到第 3 天时已经恢复到了与 CK 相当的水平，恢复速度最慢的 L2T4 在恢复到第 9 天时也恢复到了与 CK 相当的水平，其中低温寡照处理 10 d 的番茄植株 L_s 恢复速度最慢，其中 L1T4 和 L2T4 均未能恢复到与 CK 相当的水平，在恢复第 21 天时，L1T4 恢复到 CK 的 61.98％，L2T4 恢复到 CK 的 64.65％，其他处理天数下的番茄植株 L_s 均能恢复到与 CK 相当的水平。低温寡照处理下的番茄植株 L_s 的恢复速度除了与低温寡照胁迫程度和处理时间有关，也与番茄植株的个体差异有关。

四、低温寡照胁迫对设施番茄叶片光合参数的影响

下面采用低温寡照胁迫 10 d 以及 CK 的光响应曲线来模拟，用直角双曲线模型、非直角双曲线模型、指数模型计算出的低温寡照胁迫下番茄叶片的 α、P_{max} 以及 R_d 的实测值如表 4.2 所示，三种模型的相对误差如表 4.2 所示。直角双曲线模型模拟出的 α 较其他两个模型比较高。就 P_{max} 而言，非直角双曲线模型的模拟效果最佳，相对误差平均值（Relative error average，简称 ARE）＝0.186，直角双曲线模型最差，ARE＝0.324。各模型对设施番茄叶片暗呼吸

表 4.2　设施番茄叶片的光响应参数的模拟值与实测值的比较

光响应模型	光合参数	T1		T2		T3		T4		CK
		L1	L2	L1	L2	L1	L2	L1	L2	
实测值	α	—	—	—	—	—	—	—	—	—
	P_{max}	3.0	2.8	2.6	2.5	2.2	2.0	1.80	1.50	16.00
	R_d	1.14	1.16	1.44	1.38	1.16	1.28	1.13	1.34	1.21
直角双曲线模型	α	0.038	0.026	0.026	0.032	0.032	0.023	0.023	0.019	0.059
	P_{max}	3.485	3.293	3.064	3.423	3.014	3.101	2.683	2.264	18.39
	R_d	0.666	0.852	1.002	1.21	1.249	1.419	1.443	1.506	0.565
决定系数 R^2		0.992	0.964	0.981	0.965	0.985	0.918	0.96	0.966	0.996
非直角双曲线模型	α	0.031	0.025	0.026	0.019	0.019	0.021	0.021	0.016	0.054
	P_{max}	3.316	2.894	2.686	3.116	2.696	2.616	2.264	2.146	16.900
	R_d	0.642	0.862	0.982	1.184	1.164	1.384	1.333	1.406	0.553
决定系数 R^2		0.996	0.962	0.998	0.965	0.986	0.988	0.918	0.988	0.996
指数模型	α	0.023	0.016	0.016	0.019	0.021	0.016	0.015	0.012	0.066
	P_{max}	3.169	3.184	2.993	3.006	2.695	2.63	2.366	2.000	15.514
	R_d	0.659	0.66	0.929	1.109	1.209	1.266	1.212	1.263	0.586
决定系数 R^2		0.994	0.988	0.999	0.983	0.999	0.961	0.994	0.915	0.988

速率 R_d 的模拟值均低于实测值,三种模型对于 R_d 的模拟相对误差平均值较为接近,其中非直角双曲线模型模拟值最为接近(ARE＝0.213),而直角双曲线模型模拟值偏离程度最高(ARE＝0.236)。由此可见,各模型间最大净光合速率(P_{max})的模拟值差异较大,其中直角双曲线模型的模拟值远高于实测值,R_d 的模拟情况三种模型的差异较小。综合以上情况,非直角双曲线模型以及指数模型模拟效果较好,相比来说,非直角双曲线修正模型最佳。

由表 4.3 可以看出番茄叶片光饱和点随处理天数的增加呈现出下降的趋势,且所有处理的光饱和点均低于 CK,且差异显著,说明低温寡照胁迫对番茄叶片的光合能力造成了影响,其中 L2T4(昼温 12 ℃、夜温 2 ℃、PAR 200 μmol·m⁻²·s⁻¹)处理下的番茄叶片的光饱和点始终处于较低水平,且与 L1T1 以及 CK 差异显著;在处理结束时,较 CK 下降了 66.69%,说明在 L2T4 处理下,设施番茄叶片的光合能力受到了严重影响,L1T1(昼温 18 ℃、夜温 8 ℃、PAR400 μmol·m⁻²·s⁻¹)处理的光饱和点明显大于其他处理,但明显低于 CK,在处理结束时较 CK 下降了 61.43%;从处理间的差异来看,在相同的温度处理下,番茄叶片的光饱和点随光合有效辐射 PAR 的降低而降低;在相同的 PAR 条件下,番茄叶片的光饱和点随温度的降低而降低。

表 4.3　低温寡照胁迫对设施番茄叶片光合参数的影响

光合参数	处理时间	T1		T2		T3		T4		CK
		L1	L2	L1	L2	L1	L2	L1	L2	
LSP	2	1162.8	695.6	666.8	686.6	620.0	511.2	662.4	506.6	1395.6
	4	900.0	659.6	602.0	684.0	648.0	630.0	558.0	514.8	1392.1
	6	666.6	562.4	615.6	446.4	568.8	453.6	468.8	461.6	1411.5
	8	640.8	532.8	511.2	468.8	489.6	450.0	388.8	403.2	1392.8
	10	410.4	381.6	381.6	392.4	338.4	331.2	313.2	334.8	1436.4
LCP	2	10.8	14.4	18.0	25.2	18.0	36.0	32.4	36.0	8.4
	4	14.4	14.4	21.6	28.8	32.4	36.0	50.4	62.0	6.8
	6	14.4	25.2	36.0	36.0	39.6	54.0	65.6	65.6	6.4
	8	25.2	28.8	50.4	56.6	61.2	96.2	93.6	129.6	6.2
	10	43.2	39.6	61.2	69.2	68.4	118.8	104.4	133.2	8.2
P_{max}	2	15.5	14.0	11.2	10.5	9.6	8.0	6.5	6.1	18
	4	12.9	13.3	9.6	9.2	6.8	6.8	6.0	4.8	16.5
	6	8.5	6.8	6.8	6.9	5.6	5.2	4.4	3.6	16.8 1
	8	5.4	4.6	4.6	4.1	4.2	3.2	3.5	2.48	18.3
	10	3.3	2.9	2.6	3.1	2.6	2.6	2.3	1.43	16.9

植物在低光强下保持净光合作用的能力越弱。低温寡照处理下番茄叶片的光补偿点的变化与光饱和点的变化呈现出相反的趋势,随着低温寡照水平降低和处理天数的增加呈现出升高的趋势,且所有处理的光补偿点均高于 CK,说明在低温寡照条件下,设施番茄在低光强下保持净光合作用的能力有所下降,L2T4 处理的光补偿点始终处于较高水平,且与 L1T1 以及 CK 有显著差异,在处理结束时,较 CK 升高了 15.24 倍,说明 L2T4 处理下的番茄植株叶片受到了严重的低温寡照胁迫,造成了番茄叶片利用弱光能力的下降。L1T1 处理的光补偿点始

终处于较低水平,在处理结束时,较 CK 升高了 4.26 倍;处理间的变化与光饱和点的变化呈现出相反的趋势,在同一光合有效辐射水平上,番茄叶片的光饱和点随温度的降低而升高,在同一温度水平上,随 PAR 的降低而升高。

最大光合速率(P_{max})是光达到饱和时的光合速率,它表征了作物的光合潜能,最大光合速率越大,植物的光合潜能越大。最大光合速率的变化趋势与光饱和点类似,呈现出下降的趋势,且所有处理的最大光合速率均低于 CK,且除了在 L1T1 条件下处理 2 d 的番茄植株外,其他番茄叶片的最大光合速率均与 CK 呈现显著性的差异,说明低温寡照胁迫对设施番茄的光合潜能造成了伤害。L2T4 处理始终处于较低水平,且 L2T4 处理与 L1T1 处理以及 CK 差异显著,在处理结束时较 CK 下降了 91.62%,说明在 L2T4 处理下,设施番茄叶片的光合潜能严重下降;L1T1 处理相比其他处理始终处于较高水平,但远远小于 CK,在处理结束时较 CK 下降了 80.46%;从处理间的差异来看,从 L1T1 处理到 L2T4 处理总体上呈现出降低的趋势,处理结束时,L1T1 处理是 L2T4 处理的 2.36 倍。从相同的温度水平来看,P_{max} 随着光合有效辐射的降低呈现出下降的趋势;从相同的光合有效辐射水平来看,P_{max} 随着温度的降低也呈现出下降的趋势。

研究表明光合参数作为植物最重要的生理活动,也是最为常用、最为直接判断作物是否受害、生长是否受到抑制的指标。本研究表明 P_n、G_s、L_s、LSP、P_{max} 随着处理天数的增加以及低温寡照程度的加深而降低,LCP 升高(表 4.3)。在 12 ℃温度条件下,番茄叶片受低温寡照符合灾害的影响最严重,其中,L2T4 条件下处理的番茄叶片受灾尤其严重;由恢复期间 P_n、G_s、L_s 的变化情况可以看出,除 12 ℃温度下处理 8 d 和 10 d 的番茄植株外,其余所有处理均能恢复到与 CK 相当的水平,说明在 12 ℃温度下处理 8 d 和 10 d 的番茄植株受害严重,未能恢复到与 CK 相当的水平。各个处理、不同处理天数的番茄植株恢复速度、恢复幅度不同,除了与处理天数、低温寡照的严重程度有关,也与番茄植株的个体差异有关。

第二节　低温寡照对设施番茄叶片荧光特性的影响

叶绿体对逆境胁迫的敏感性较强,低温寡照复合灾害对番茄叶片光合作用直接影响一般表现为对叶绿体类囊体膜、PSI、PSII 活性等的抑制。研究表明,较短时间的低温胁迫对 PSII 有抑制作用但对 PSII 反应中心没有伤害。叶绿素荧光参数是一组用于描述植物光合作用机理和生理状况的值。叶绿素荧光动力学参数是以植物体内的叶绿素为内在探针,包含了大量的光合作用信息,是一种灵敏、快速、无破坏地探测和研究逆境胁迫对番茄叶片光合作用影响的好方法。叶绿素荧光动力学参数可以表征植物叶片在进行光合作用时光系统对光能的吸收、传递、耗散、分配等方面的能力,通过叶绿素荧光动力学参数的变化可以判断植物叶片的光系统是否受到破坏。

一、低温寡照胁迫及恢复对设施番茄叶片最大光量子产量(F_v/F_m)的影响

最大光量子产量(F_v/F_m)可以反映光系统原初光能的转换效率,不同低温寡照处理及恢复期间番茄叶片的 F_v/F_m 见图 4.4。处理期间,所有处理的 F_v/F_m 均小于 CK,F_v/F_m 在处理前中期变化不明显,在处理结束时,F_v/F_m 大幅下降,其中,L2T4 下降的幅度最大,在处理结束时较 CK 下降了 16.14%。在同一光照水平上,随着温度的降低,F_v/F_m 总体上呈现出下降的趋势;在同一温度水平上,随着光照的降低,F_v/F_m 总体上呈现出下降的趋势。恢复期间,从低温寡照胁迫程度来看,低温寡照处理下的番茄植株的恢复速度与低温寡照胁迫程度呈负

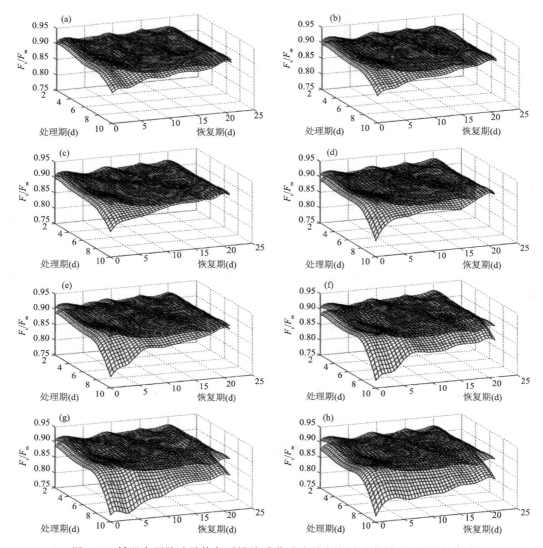

图 4.4　低温寡照胁迫及恢复对设施番茄叶片最大光量子产量（F_v/F_m）的影响

（a）—（h）说明同图 4.1

相关，低温寡照胁迫越严重，番茄植株的恢复速度越慢。其中，L1T1、L2T1 和 L1T2 处理恢复最快，处理 2 d 的番茄植株在恢复到第 3 天时已经恢复到与 CK 相当的水平，处理 10 d 的番茄植株在恢复期结束时也恢复到了与 CK 相当的水平，L1T4、L2T4 处理恢复速度最慢，处理 8 d 的番茄植株已经不能恢复到与 CK 相当的水平，在恢复到第 21 天时，分别恢复到 CK 的 96.83% 和 96.94%，其他低温寡照胁迫程度下的番茄植株均能恢复到与 CK 相当的水平；从处理天数来看，低温寡照处理下的番茄植株的恢复速度与处理天数呈负相关，处理天数越长，恢复速度越慢，低温寡照处理 2 d 的番茄植株恢复速度最快，L1T1、L2T1 和 L1T2 处理在恢复到第 3 天时已经恢复到了与 CK 相当的水平，恢复速度最慢的 L2T4 在恢复到第 6 天时也恢复到了与 CK 相当的水平，其中低温寡照处理 10 d 的番茄植株恢复速度最慢，其中 L2T3、L1T4 和 L2T4 处理均未能恢复到与 CK 相当的水平，在恢复第 21 天时，L2T3 恢复到 CK 的 94.98%，L1T4 恢复到 CK 的 94.32%，L2T4 恢复到 CK 的 93.23%，其他处理下的番茄植株均能恢复到与 CK 相当的水平。低温寡照处理下的番茄叶片的 F_v/F_m 的恢复速度除了与低温寡照胁迫程度和处理时间有关，也与番茄植株的个体差异有关。

二、低温寡照胁迫及恢复对设施番茄叶片非光化学淬灭系数（qN）的影响

非光化学淬灭系数（Non-photochemical quenching coefficient，简称 qN）可以反映光系统的非辐射能量耗散的变化，不同低温寡照处理及恢复期间番茄叶片的 qN 见图 4.5。可以看出，处理期间，所有处理的 qN 均大于 CK，且随着处理天数的增加，所有处理的 qN 均呈现出上升的趋势，L2T4 始终处于较高水平，L1T1 始终处于较低水平，平均比 L2T4 低 22.33%，L2T4 在处理结束时较 CK 上升了 3.93 倍。在同一光照水平上，随着温度的降低，呈现出下降的趋势；在同一温度水平上，随着光照的降低，呈现出上升的趋势。恢复期间，从低温寡照胁迫

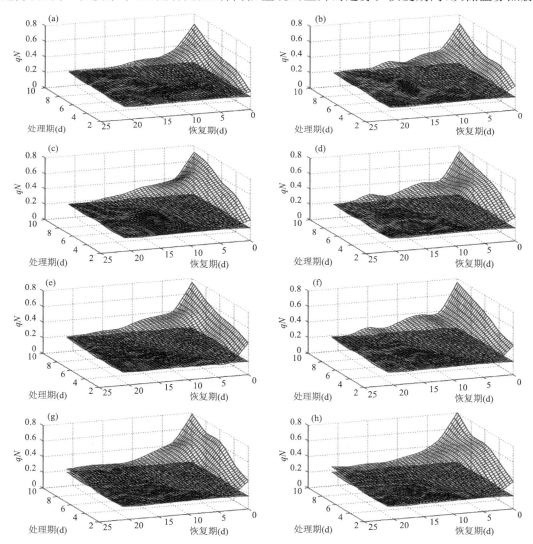

图 4.5　低温寡照胁迫及恢复对设施番茄叶片非光化学淬灭系数（qN）的影响

（a）—（h）说明同图 4.1

程度来看,低温寡照处理下的番茄植株的恢复速度与低温寡照胁迫程度呈负相关,低温寡照胁迫程度越严重,番茄植株的恢复速度越慢,其中 L1T1 最快,处理 2 d 的番茄植株在恢复第 3 天时已经恢复到与 CK 相当的水平,处理 10 d 的番茄植株在恢复第 15 天时也恢复到了与 CK 相当的水平,L1T4、L2T4 恢复速度最慢,处理 8 d 的番茄植株已经不能恢复到与 CK 相当的水平,在恢复到第 21 天时,分别只能恢复到 CK 的 59.38% 和 64.38%,其他低温寡照胁迫程度下的番茄植株均能恢复到与 CK 相当的水平;从处理天数来看,低温寡照处理下的番茄植株的恢复速度与处理天数呈负相关,处理天数越长,恢复速度越慢。低温寡照处理 2 d 的番茄植株恢复速度最快,L1T1、L2T1 和 L1T2 在恢复到第 3 天时已经恢复到了与 CK 相当的水平,恢复速度最慢的 L2T4 在恢复到第 6 天时也恢复到了与 CK 相当的水平。低温寡照处理 10 d 的番茄植株恢复速度最慢,其中 L1T4 和 L2T4 均未能恢复到与 CK 相当的水平,在恢复第 21 天时,L1T4 恢复到 CK 的 65.00%,L2T4 恢复到 CK 的 46.50%,其他处理天数下的番茄植株均能恢复到与 CK 相当的水平。低温寡照处理下的番茄植株 qN 的恢复速度除了与低温寡照胁迫程度和处理时间有关外,与番茄植株的个体差异也有关系。

三、低温寡照胁迫及恢复对设施番茄叶片相对光合电子传递速率(ETR)的影响

相对光合电子传递速率(ETR)可以反映光照条件下的表观电子传递效率,不同低温寡照处理及恢复期间番茄叶片的 ETR 见图 4.6。可以看出,处理期间,所有处理的 ETR 均小于 CK,且随着处理天数的延长,ETR 呈现出下降的趋势,且在第 8 天时,下降显著,L2T4 的 ETR 始终处于较低水平,L1T1 始终处于较高水平,平均为 L2T4 的 1.88 倍,L2T4 在处理第 10 天时,较 CK 下降了 69.38%。在同一光照水平上,随着温度的降低,ETR 总体上呈现出下降的趋势;在同一温度水平上,随着光照的降低,ETR 总体上呈现出下降的趋势。恢复期间,从低温寡照胁迫程度来看,低温寡照处理下的番茄植株的恢复速度与低温寡照胁迫程度呈负相关,低温寡照胁迫程度越严重,番茄植株的恢复速度越慢。其中,L1T1 最快,处理 2 d 的番茄植株在恢复第 6 天时已经恢复到与 CK 相当的水平,处理 10 d 的番茄植株在恢复期结束时也恢复到了与 CK 相当的水平;L1T4、L2T4 恢复速度最慢,处理 8 d 的番茄植株已经不能恢复到与 CK 相当的水平,在恢复到第 21 天时,分别只能恢复到 CK 的 66.64% 和 66.52%,其他低温寡照胁迫程度下的番茄植株均能恢复到与 CK 相当的水平。从处理天数来看,低温寡照处理下的番茄植株的恢复速度与处理天数呈负相关,处理天数越长,恢复速度越慢。低温寡照处理 2 d 的番茄植株恢复速度最快,L1T1、L2T1 和 L1T2 在恢复到第 3 天时已经恢复到了与 CK 相当的水平,恢复速度最慢的 L2T4 在恢复到第 6 天时也恢复到了与 CK 相当的水平;其中,低温寡照处理 10 d 的番茄植株恢复速度最慢,L2T3、L1T4 和 L2T4 均未能恢复到与 CK 相当的水平,在恢复第 21 天时,L2T3 恢复到 CK 的 84.63%,L1T4 恢复到 CK 的 66.38%,L2T4 恢复到 CK 的 69.53%,其他处理天数下的番茄植株均能恢复到与 CK 相当的水平。低温寡照处理下的番茄植株 ETR 的恢复速度除了与低温寡照胁迫程度和处理时间有关外,与番茄植株的个体差异也有关系。

四、低温寡照胁迫对设施番茄叶片吸收光能分配的影响

通过计算叶片吸收光能的分配情况,可以用来了解叶片在低温寡照环境下对光能的利用情况。如表 4.4 所示,低温寡照胁迫使番茄叶片吸收光能用于光化学反应(Photochemical reaction,简称 P)的能量逐渐减少,且 L2T4 与 L1T1 以及 CK 差异显著,番茄植株在低温寡照

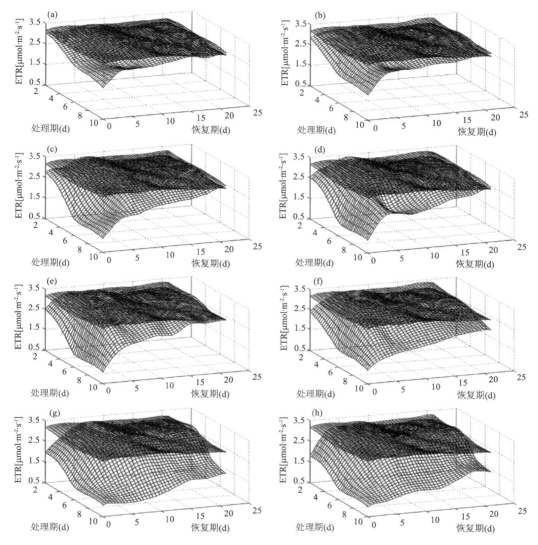

图 4.6　低温寡照胁迫及恢复对设施番茄叶片相对光合电子传递速率(ETR)的影响
(a)—(h)说明同图 4.1

胁迫第 10 天时,L2T4 较 CK 减少了 60.16%;而用于天线色素耗散(Antenna Pigment Dissipation,简称 D)以及 PSII 反应中心耗散(PSII reaction center dissipation,简称 E)的能量逐渐增加,热耗散的能量以天线色素为主,PSII 反应中心相对于天线色素较少,L2T4 与 L1T1 以及 CK 的差异显著,番茄植株在低温寡照胁迫第 10 天时,L2T4 的 D 和 E 分别较 CK 增加了 1.45 倍、2.65 倍,说明番茄叶片通过增加热耗散来抵御低温寡照对光合机构的伤害。由 CK 条件下以及恢复好的植株叶片的各数值可以看出,在番茄植株正常生长情况下,吸收的光能用于光化学反应的能量约为 65.4%~69.9%,用于天线色素耗散的能量约为 24.0%~26.5%,用于 PSII 反应中心耗散的能量约为 5.5%~6.4%。

表 4.4　低温寡照胁迫对设施番茄叶片吸收光能分配的影响

吸收光能分配	处理时间(d)	T1		T2		T3		T4		CK
		L1	L2	L1	L2	L1	L2	L1	L2	
光化学反应 $P(\%)$	2	66.0	61.4	64.4	62.3	60.1	56.3	52.6	45.6	66.0
	4	62.9	56.4	56.0	52.4	51.6	49.5	48.5	43.6	65.4
	6	54.6	51.2	50.2	43.5	43.2	41.4	38.6	36.5	66.1
	8	36.5	36.6	32.1	24.6	23.8	24.8	25.4	20.5	68.6
	10	33.0	32.5	22.3	22.3	16.6	16.6	14.5	14.6	68.6
天线色素耗散 $D(\%)$	2	26.3	28.6	26.2	29.6	31.1	33.5	32.8	39.3	26.4
	4	28.2	32.4	31.1	36.1	35.9	35.6	35.4	40.6	26.4
	6	36.6	38.4	36.5	42.9	44.6	45.5	48.8	48.9	25.6
	8	45.5	44.5	45.8	49.9	55.9	54.9	52.4	53.3	24.3
	10	51.0	46.3	50.5	49.1	58.1	56.4	63.6	60.2	24.6
反应中心耗散 $E(\%)$	2	6.6	10.0	8.4	8.1	8.8	10.2	14.5	15.1	6.6
	4	8.9	10.2	11.9	11.5	12.5	14.9	16.1	15.8	6.2
	6	8.6	10.4	13.3	13.6	12.1	13.1	13.4	14.6	6.3
	8	16.0	16.6	22.1	25.5	20.3	20.3	22.2	26.2	6.9
	10	15.8	20.3	26.2	28.6	24.2	25.3	21.9	25.1	6.6

叶绿素荧光动力学参数是植物体内光系统的内在探针,本研究表明随着处理天数的增加以及低温寡照程度的加深,F_v/F_m、ETR 下降,qN 升高,其中,F_v/F_m 在处理期间前中期变化不明显,在处理后期迅速下降。在温度为 12 ℃下的两个处理受害最为严重,其中 L2T4 处理下的番茄植株受害最严重。通过恢复期间的叶绿素荧光动力学参数的变化可以看出,L1T4、L2T4 处理 8 d 和 10 d 的番茄叶片没能完全恢复,说明 L1T4、L2T4 处理 8 d 和 10 d 对设施番茄叶片造成了较为严重的伤害。各个处理,不同处理天数的番茄植株恢复速度、恢复幅度不同,除了与处理天数、低温寡照程度有关,也与番茄植株的个体差异有关。在低温寡照处理下,植物吸收的光能用于光化学反应的部分显著减少,用于天线色素耗散和 PSII 反应中心的耗散显著增加。用于光化学反应的部分减少,导致植株一系列的生理功能衰退,说明在低温寡照处理下,番茄叶片的光合机构受到了严重破坏。

第三节　低温寡照对设施番茄叶片保护酶活性的影响

保护酶能够延缓低温寡照对番茄叶片的伤害,酶是植物体内活细胞产生的一种生物催化剂,而保护酶则是延缓植物受害的酶,它的变化也可以表征植物叶片是否受害以及受害的程度。

一、低温寡照胁迫对设施番茄叶片超氧化物歧化酶(SOD)活性的影响

低温寡照各处理下番茄叶片 SOD 活性的变化情况见图 4.7,所有处理的 SOD 活性随着处理天数的延长,呈现出上升的趋势,且所有处理的 SOD 活性均高于对照。由图 4.7(a)可以知道,在 PAR 为 400 $\mu mol \cdot m^{-2} \cdot s^{-1}$ 的处理下,SOD 活性以昼夜温度为 12/2 ℃的处理最高,18/8 ℃的处理最低,在处理结束时分别为 CK 的 3.03 倍、2.21 倍。由图 4.7(b)可以知

道,在 PAR 为 200 μmol·m^{-2}·s^{-1} 的处理下,SOD 活性以昼夜温度为 12/2 ℃ 的处理最高,18/8 ℃ 的处理最低,在处理结束时分别为 CK 的 3.09 倍、2.61 倍,在相同温度下,PAR 为 400 μmol·m^{-2}·s^{-1} 的处理比 PAR 为 200 μmol·m^{-2}·s^{-1} 的处理 SOD 活性平均高 5.8%。低温寡照各处理下番茄叶片 POD 活性与 SOD 变化趋势一致。

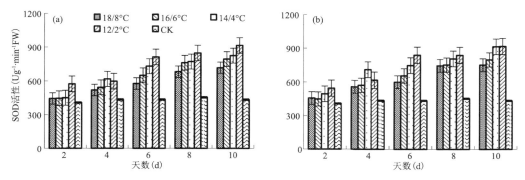

图 4.7　低温寡照处理下番茄叶片 SOD 活性的动态变化
(a)PAR 为 400 μmol·m^{-2}·s^{-1};(b)PAR 为 200 μmol·m^{-2}·s^{-1}

二、低温寡照胁迫对番茄叶片过氧化氢酶(CAT)活性的影响

过氧化氢酶存在于细胞的过氧化物体内,它可以催化 H_2O_2 分解成 O_2 和 H_2O,使得 H_2O_2 不至于与 O_2 在铁螯合物作用下生成非常有害的-OH。低温寡照各处理下番茄叶片 CAT 活性的变化情况见图 4.8,所有处理的 CAT 活性随着处理天数的延长,基本上呈现出上升的趋势,且所有处理的 CAT 活性均高于 CK。由图 4.8(a)可以知道,在 PAR 为 400 μmol·m^{-2}·s^{-1} 的处理下,CAT 活性以昼夜温度为 12/2 ℃ 的处理最高,18/8 ℃ 的处理最低,在处理结束时分别为 CK 的 4.16 倍、3.35 倍。由图 4.8(b)可以知道,在 PAR 为 200 μmol·m^{-2}·s^{-1} 的处理下,CAT 活性以昼夜温度为 12/2 ℃ 的处理最高,18/8 ℃ 的处理最低,在处理结束时分别为 CK 的 4.60 倍、3.66 倍,在相同温度下,PAR 为 400 μmol·m^{-2}·s^{-1} 的处理比 PAR 为 200 μmol·m^{-2}·s^{-1} 的处理 CAT 活性平均高 6.2%。CAT 酶是植物体内活细胞产生的一种生物催化剂,它的变化也可以表征植物叶片是否受害以及受害的程度。番茄叶片的 SOD、POD 和 CAT 活性随着处理天数的增加以及低温寡照程度的加深而升高,说明低温寡照复合灾害使番茄叶片产生了有害物质,需要酶来清除,因此酶活性增加。

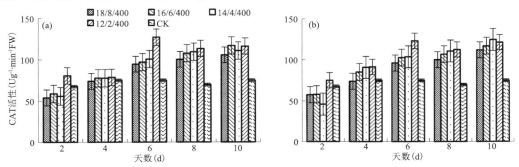

图 4.8　低温寡照处理下番茄叶片 CAT 活性的动态变化
(a)、(b)说明同图 4.7

三、低温寡照对设施番茄叶片细胞膜质透性变化的影响

细胞膜既是分隔细胞质与胞外成分的屏障,也是细胞与外界环境发生物质交换的通道,是细胞感受外界环境胁迫最直接最快速的部位。胁迫发生时,细胞膜的物理化学状态会发生变化,膜质组成和透性会发生变化,会导致细胞膜膜质的选择透过性改变甚至丧失,因此,测定膜质透性的变化可以作为研究植物抗逆性的一个重要指标。通过细胞膜质的透性变化可以判断细胞膜结构和功能受损程度,是反映细胞膜受伤害程度的重要指标,而电导率以及丙二醛(MDA)含量均可以最直接地反映细胞膜质透性的变化。

MDA 是膜脂过氧化最重要的产物之一,可以通过 MDA 含量了解膜脂过氧化的程度,以间接测定膜系统受损程度以及植物的抗逆性。低温寡照各处理下番茄叶片 MDA 含量的变化情况见图 4.9。随着处理天数的增加,所有处理的 MDA 含量均呈上升趋势,且均大于对照,由图 4.9(a)可以知道,在 PAR 为 400 $\mu mol \cdot m^{-2} \cdot s^{-1}$ 的处理下,MDA 含量以昼夜温度为 12/2 ℃的处理最高,18/8 ℃的处理最低,在处理结束时分别为 CK 的 3.28 倍、2.42 倍。由图 4.9(b)可以知道,在 PAR 为 200 $\mu mol \cdot m^{-2} \cdot s^{-1}$ 的处理下,MDA 含量以昼夜温度为 12/2 ℃的处理最高,18/8 ℃的处理最低,在处理结束时分别为 CK 的 3.49 倍、2.48 倍,在相同温度下,PAR 为 400 $\mu mol \cdot m^{-2} \cdot s^{-1}$ 的处理比 PAR 为 200 $\mu mol \cdot m^{-2} \cdot s^{-1}$ 的处理 MDA 含量平均高 9.6%。

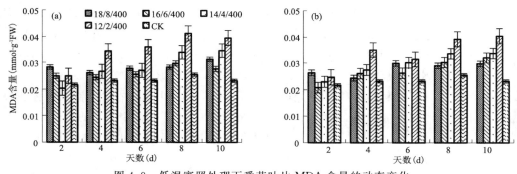

图 4.9　低温寡照处理下番茄叶片 MDA 含量的动态变化
(a)、(b)说明同图 4.7

第四节　低温寡照对设施番茄开花结实特性的影响

温度和光照的是影响植株正常生长发育的主要环境因子,番茄开花的最适温度为 25～30 ℃,其中,花器官是番茄花期对外界环境敏感度最高、最容易受损伤的器官,因此研究花期低温寡照对番茄植株开花特性的影响具有重要意义。本研究通过人工控制试验,设置不同低温寡照组合水平下的交互试验,系统地研究低温寡照对番茄植株开花增长数、开花率、落花率以及花粉活力的影响。

一、低温寡照对设施番茄开花特性的影响

1. 番茄开花特性的比较

低温寡照对番茄植株第一花序开花数影响见图 4.10,图 4.10(a)、(c)、(e)分别为寡照水平 L1 下不同温度处理 2 d、6 d、10 d 后第一花序开花数随时间的变化;图 4.10(b)、(d)、(f)分

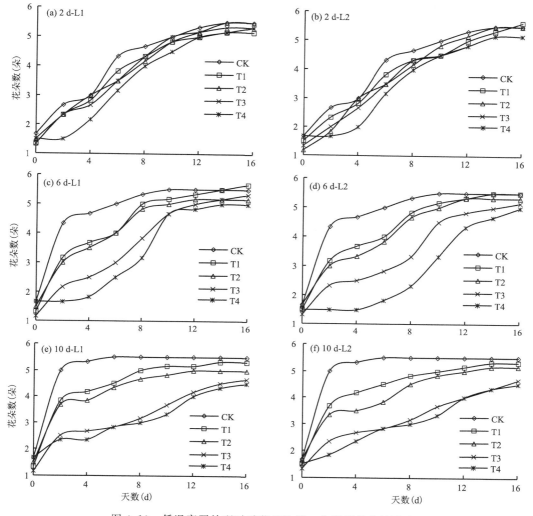

图 4.10　低温寡照处理对番茄植株第一花序开花数的影响

别为寡照水平 L2 下不同温度处理 2 d、6 d、10 d 后第一花序开花数随时间的变化。其中以坐标原点为处理结束当日，横轴代表处理天数，纵轴代表花朵数。由图可知，番茄开花数随时间的变化整体呈 S 型曲线增加，处理结束后，虽然番茄第一花序的开花数，受不同程度的低温寡照胁迫出现了不同程度的减小，但并非绝对意义上的减小，当将处理过的植株移至适宜的环境下恢复生长一定的天数后，各处理的开花数均出现一个快速增长的阶段。由图 4.10(a)可看出，虽然处理期 T4 的开花速率明显小于 CK 及其他处理，但各处理在胁迫解除后的 2 d 恢复生长中的开花速率与 CK 无差异，其各处理第一花序总的开花数完成第一花序所有花朵开放的时间均无明显差异，说明在 L1 下不同温度处理 2 d 对植株造成的影响，可通过后期的恢复生长恢复到 CK 水平。图 4.10(b)中除 T4 处理在刚开始恢复的 2 d 内，其开花速率低于 CK 及其他处理，高于处理 2 d 的开花速率，此后，T4 的开花速率明显增加，其他处理间开花速率与 CK 无明显差异；由图 4.10(c)、(d)可以看出，T1、T2 处理在恢复期内的开花数随时间的变化曲线与 CK 相似，均呈 S 曲线的上半段的变化趋势，而 L1、L2 光照处理下的 T3、T4 在恢复期开花数随时间的变化呈完整的 S 曲线,但各处理的总开花数和完成最后一朵花开放的时间无显著差异,说明在遭受低温寡照胁迫时,番茄植株的开花速率会显著减少,但胁迫解除后,植株在适宜环境下恢复生长一段时间后,开花速率会迅速增加,最终开花数恢复到 CK 水平;由图 4.10(c)、(d)可知,植株在不同低温寡照下处理 6 d,开花数显著低于 CK,但在恢复一段时间后,开花数均能恢复到 CK 水平,但第一花序最后一朵花开放的时间逐渐延长;处理 8 d 的植株在处理结束后的开花数显著小于 CK,而恢复期生长时,之前受低温寡照抑制开花的植株开始大量开花,但 T2、T3、T4 处理下的植株第一花序总的开花数要低于 CK,且不同处理下的植株最后一朵花完成开放的时间均比 CK 长。从图 4.10(e)、(f)可以看出,处理 10 d 不同处理下的植株最后一朵花完成开放的时间均比 CK 长,且总的开花数要低于 CK。

图 4.11 为恢复期番茄植株第二花序开花数随时间的变化,图 4.11(a)、(c)、(e)分别为寡照水平 L1 下不同温度处理 2 d、6 d、10 d 后第二花序开花数随时间的变化;图 4.11(b)、(d)、(f)分别为寡照水平 L2 下不同温度处理 2 d、6 d、10 d 后第二花序开花数随时间的变化。如图 4.11(a)、(b)所示,不同低温寡照处理 2 d 的番茄第二花序开花情况无明显差异,说明植株本

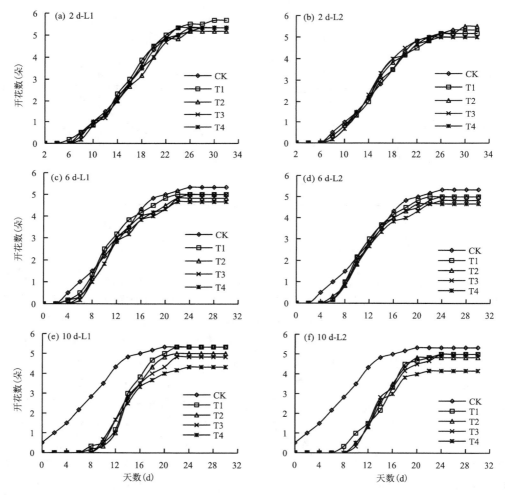

图 4.11　低温寡照处理对番茄植株第二花序开花数的影响

身的恢复能力可以抵御持续 2 d 的低温寡照伤害;由图 4.11(c)、(d)可以看出处理 4 d 后,T1处理的恢复期内第二花序的开花情况与 CK 相似,而 T2、T3、T4 处理后的番茄植株在恢复第6 天后的开花速率明显大于 CK,但各处理间总的开花数差异不大;而不同低温寡照处理 6 d的植株第二花序的花期明显晚于 CK,总开花数也小于 CK,但开花速率要大于 CK;处理 8 d的各处理植株第二花序的花期较 CK 延迟了 6 d 以上,处理 10 d 的植株第二花序的花期更晚,总开花数也更小,其中处理 10 d 的 T4L1 和 T4L2 的开花数的降幅最为显著,分别较 CK 减少了 18.76% 和 21.76%。

2. 低温寡照对番茄开花率的影响

表 4.5 为不同低温寡照处理对番茄开花率的影响。从表中可以看出,不同低温寡照处理对番茄植株的开花率影响并不明显。除了 T1L1 处理 2 d 的番茄植株开花率略高于 CK 外,其他低温寡照处理的番茄植株开花率均低于 CK,但处理 2 d 和处理 4 d 的不同低温寡照处理之间以及各处理与 CK 之间的开花率均无显著差异,各处理胁迫 2 d 后植株的开花率较 CK 水平的变化范围在 -0.43% ~ 2.50% 之间,而处理 4 d 后的开花率较 CK 的降幅为 0.64% ~6.12%;此外,胁迫 6 d 后各处理的开花率较 CK 降低了 5.02% ~ 6.57%,差异较小;胁迫 8 d及 10 d 后各处理的开花率均显著低于 CK,降幅分别为 6.95% ~ 10.40% 和 8.90% ~13.54%。结果表明:同一低温寡照处理下,植株的开花率随处理天数的增加而减小;而相同处理天数下,不同低温寡照处理间开花率的变化并无明显规律,彼此间的差异也很小。

表 4.5　不同低温寡照处理下番茄开花率的比较(%)

处理	CK	T1L1	T1L2	T2L1	T2L2	T3L1	T3L2	T4L1	T4L2
2 d	92.2	92.6	91.6	91.7	91.1	90.3	90.6	90.3	89.9
4 d	92.2	90.1	89.1	91.6	88.6	88.6	88.6	86.6	87.1
6 d	92.2	87.4	87.4	87.6	87.1	86.9	86.3	86.4	86.2
8 d	92.2	85.38	82.6	85.8	84.9	83.8	83.6	82.9	83.0
10 d	92.2	82.78	82.8	81.6	82.5	81.9	84.0	80.3	79.7

3. 低温寡照对番茄落花率的影响

由表 4.6 可知,T1L1、T1L2 处理 8 d,T2L1 处理 6 d,以及不同寡照条件下的 T3、T4 处理2 d 后,番茄植株才开始有落花。其中,T3L2 处理 10 d 后的落花率最高,为 15.34%;其次为T4L1 处理,落花率为 15.01%;再次为 T4L2,落花率为 14.97%,三个处理间落花率的差异很小。同一低温寡照处理下,植株的落花率随处理时间的增加而增大;而相同处理天数下,相同光照不同低温水平的番茄植株落花率大小的变化趋势大体呈 T1<T2<T3<T4 的规律;而当温度和处理时间相同时,除 T4 温度下处理 8 d 和 10 d 后的 L1 均略微大于 L2 外,不同寡照胁迫下植株落花率的大小基本为 L2>L1,但差异并不显著。相同处理天数下,相同光照不同温度间番茄落花率的差异要大于相同温度不同光照间的差异。

表 4.6　不同低温寡照处理下番茄落花率的比较(%)

处理	CK	T1L1	T1L2	T2L1	T2L2	T3L1	T3L2	T4L1	T4L2
2 d	0.00	0.00	0.00	0.00	0.00	0.00	0.00	0.00	0.00
4 d	0.00	0.00	0.00	0.00	2.24	2.9	5.06	6.04	7.52

处理	CK	T1L1	T1L2	T2L1	T2L2	T3L1	T3L2	T4L1	T4L2
6 d	0.00	0.00	0.00	2.45	4.28	6.48	7.14	9.86	10.17
8 d	0.00	4.67	3.47	6.16	6.94	13.13	13.82	13.84	13.66
10 d	0.00	10.81	11.86	12.90	13.71	14.33	15.34	15.01	14.97

二、低温寡照对设施番茄花粉活力的影响

正常条件下,花粉在雌蕊上萌发的能力就是花粉生活力,花粉生活力的高低直接影响植物授粉、受精乃至坐果。表 4.7 为不同低温寡照处理后番茄植株花粉活力的比较。从表中可以看出,CK 的花粉活力为 90.32%,不同低温寡照处理后番茄花朵的花粉活力均显著低于 CK。所有处理中的最大值为处理 2 d 的 T4L1,花粉活力为 82.56%,较 CK 减小了 8.59%;最小值为处理 10 d 的 T1L2,花粉活力为 29.88%,较 CK 减小了 65.43%。除处理 2 d 的 T4、处理 10 d 的 T3 温度下 L2 的花粉活力略大于 L1 外,相同温度相同胁迫天数下,L1 光照下的花粉活力均大于 L2 光照的花粉活力,但差异均不显著;相同光照相同处理天数下番茄的花粉活力随温度降低而减小,其中最大值均为 T4L1。而相同低温寡照处理下,番茄的花粉活力随胁迫天数的增加整体呈下降的趋势。处理 2 d、4 d、6 d、8 d、10 d 后,各低温寡照处理较 CK 的降幅分别为 8.59%～40.80%、20.14%～55.10%、31.76%～61.05%、42.01%～63.36%、47.24%～66.92%,可见,随处理天数的延长,低温寡照胁迫程度及胁迫天数对番茄花粉活力的影响减小,这是因为处理 4 d 后,各低温寡照胁迫下的植株花粉活力均受到了显著的抑制。

表 4.7　不同低温寡照处理下番茄花粉活力的比较(%)

处理	CK	T1L1	T1L2	T2L1	T2L2	T3L1	T3L2	T4L1	T4L2
2 d	90.32	82.56	77.8	71.41	65.47	59.12	57.34	51.36	53.47
4 d	90.32	72.13	69.53	58.56	55.12	46.32	43.56	41.57	40.55
6 d	90.32	61.63	58.17	50.25	47.35	42.18	38.33	36.41	35.18
8 d	90.32	52.38	50.02	45.46	42.18	38.77	37.26	34.26	33.09
10 d	90.32	47.65	45.33	41.62	38.43	34.67	36.77	31.22	29.88

方差分析结果如表 4.8 所示,从表中可以看出,不同低温对番茄花粉活力的大小有极其显著的影响($P < 0.001$),处理 4 d 及以上后低温对落花率有极其显著的影响($P < 0.001$),处理 8 d 及以上后低温对开花率有极其显著的影响($P < 0.001$)。处理 4 d 后的光照对落花率有极显著影响($P < 0.05$),处理 8 d 的光照对开花率有极显著影响($P < 0.05$),说明番茄植株开花特性各指标受温度的影响很大;受光照的影响较小,受光温交互的影响不显著。本研究结果表明低温寡照胁迫会抑制番茄的开花,但若胁迫时间不超过 4 d,植株仍然能恢复至 CK 水平,还能在一定程度上促进开花,当胁迫时间达到 6 d 及以上,会延迟植株开花,减小开花数。低温寡照对番茄的开花率影响较小,同一低温寡照处理下,植株开花率随处理天数的增加而减小;而相同处理天数下,各处理间的开花率差异较小。番茄植株的落花率随胁迫程度的增加而增大,番茄花粉活力的变化规律则与落花率恰好相反,且不同低温寡照处理均使番茄的花粉活力较 CK 显著降低。方差分析表明温度与落花率和花粉活力显著相关,而光照对植株的开花特性影响较小。

表 4.8 低温寡照与番茄开花特性的方差分析

处理天数	环境因子	开花率	落花率	花粉活力
	T	NS	NS	***
2 d	L	NS	NS	NS
	$T×L$	NS	NS	NS
	T	NS	***	***
4 d	L	NS	**	NS
	$T×L$	NS	NS	NS
	T	NS	***	***
6 d	L	NS	NS	NS
	$T×L$	NS	NS	NS
	T	***	***	***
8 d	L	**	NS	NS
	$T×L$	NS	NS	NS
	T	***	***	***
10 d	L	NS	NS	NS
	$T×L$	NS	NS	NS

注：T 表示温度，L 表示光照；**、*** 分别表示 $P<0.01$、$P<0.001$ 下显著；NS 表示没有显著差异。

三、低温寡照对设施番茄坐果及产量的影响

1. 低温寡照对设施番茄坐果特性的影响

（1）低温寡照对设施番茄坐果数的影响

图 4.12 为不同低温寡照处理番茄坐果数随时间的变化，其中，图 4.12(a)、(c)、(e)分别为寡照水平 L1 下不同温度处理 2 d、6 d、10 d 后番茄坐果数随时间的变化；图 4.12(b)、(d)、(f)分别为寡照水平 L2 下不同温度处理 2 d、6 d、10 d 后坐果数随时间的变化。由图可知，各处理番茄植株坐果数均随时间呈 S 形曲线变化。不同低温寡照处理 2 d 对番茄植株的坐果数影响随时间的变化曲线基本一致，仅 T4L2 处理的最大坐果数较 CK 减小了 5.25%，但差异不大；L1 下处理 6 d，T1、T2、T3 的坐果速率无明显差异，但明显高于 T4，低于 CK，其中 T1、T2、T3、T4 的最大坐果数分别较 CK 减少了 9.41%、13.50%、18.90%、29.68%；L1 下处理8 d，不同温度下植株的最大坐果数、坐果数增长率下降更明显，T1、T2、T3、T4 的最大坐果数较 CK 分别减小了 20.25%、28.36%、37.82%、43.23%，T3 与 T4 之间坐果情况的差异减小；处理 10 d 后，各处理的坐果速率和最大坐果数较 CK 显著降低，其中，T1、T2、T3、T4 的最大坐果数较 CK 分别减小了 31.06%、37.82%、45.93%、48.64%，T3、T4 处理下植株坐果数随时间的变化无明显差异，但其坐果数增长率均低于 T1、T2；由图 4.12 可知，L2 下各处理坐果数的变化趋势与 L1 相似，但各处理间的差异较 L1 小。随胁迫时间的延长，相同光照下，植株的坐果数增长率、最大坐果数随温度的降低而较低，而相同温度不同光照下植株的坐果情况差异较小；同一低温寡照处理下，番茄的最大坐果数与处理天数呈负相关关系。

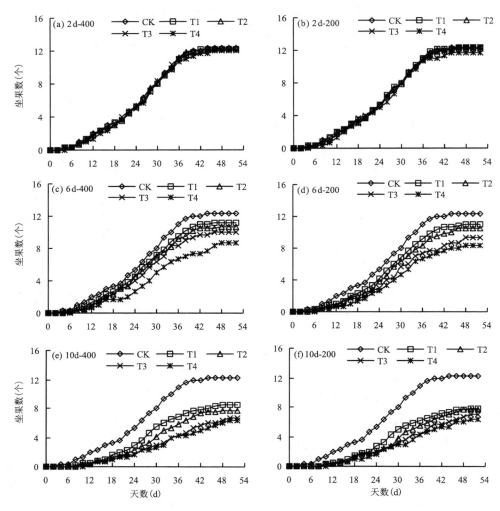

图 4.12　不同低温寡照处理下番茄坐果数随时间变化过程的比较

（2）低温寡照对设施番茄坐果率的影响

低温寡照处理对番茄坐果率的影响见表 4.9。从表中可以看出，相同处理天数下，坐果率的最小值均出现在 T4L2，相同温度不同光照处理的坐果率并无明显差异。处理 2 d 后，不同低温寡照组合处理较 CK 的变化幅度为−1.75％～5.99％，差异不大，其中坐果率高于 CK 的处理为 T1L1 和 T1L2；处理 4 d 后，T1、T2、T3 处理下的坐果率较 CK 的变化范围为−3.38％～10.06％，差异也不明显，其中坐果率高于 CK 的处理为 T2L1；而 T4 处理下的坐果率显著低于 CK，降幅为 17.16％～20.93％；处理 6 d 后，但 T1L1、T1L2、T2L1 与 CK 无显著差异，同一光照下番茄植株的坐果率随温度的降低而降低，即 CK＞T1＞T2＞T3＞T4；处理 8 d 和处理 10 d 后，各处理间的坐果率均显著低于 CK，且随胁迫程度的加深而减小。此外，T1、T2 处理前 6 d 的坐果率较 CK 的变化较小，处理8 d后坐果率的下降幅度明显增大，而第 8～10 d 的降幅又减小；T3 处理前 4 d 坐果率的变化很小，处理第 6 d 坐果率开始显著减小，T4 处理 4 d 的坐果率较处理 2 d 的坐果率下降幅度增大。

表 4.9　不同低温寡照处理下番茄坐果率的比较(%)

处理	CK	T1L1	T1L2	T2L1	T2L2	T3L1	T3L2	T4L1	T4L2
2 d	44.05	44.82	44.35	43.56	43.45	40.88	43.64	43.07	41.41
4 d	44.05	43.65	40.33	45.54	39.62	40.55	42.53	36.49	34.83
6 d	44.05	40.16	41.73	39.57	38.67	35.54	33.33	32.04	29.94
8 d	44.05	34.53	32.97	32.72	28.90	27.52	26.42	25.44	24.97
10 d	44.05	32.42	30.87	27.07	27.48	23.94	25.79	22.01	21.95

(3)低温寡照对设施番茄畸形果数的影响

表 4.10 为不同低温寡照处理对番茄畸形果数的影响,从表中可以看出,T1L1、T1L2 处理 6 d 以及其他低温寡照组合处理 4 d 后,番茄植株开始出现畸形果,说明低温寡照处理 2 d 以及 T1 温度下处理 4 d 不会使番茄植株形成畸形果。处理 4 d、6 d、8 d、10 d,不同低温寡照下植株畸形果率的最大值均出现在 T4L2,分别为 13.10%、19.91%、20.24%、26.19%;最小值均出现在胁迫最轻的处理中,即 T1L1 处理,其处理 6 d、8 d、10 d 后的畸形果率分别为 2.96%、6.85% 和 9.65%。结果表明,在同一温度相同处理天数下,番茄植株的畸形果率随光照的减弱而增加;在同一光照相同处理天数下,植株的畸形果率随温度的降低而增加;而在相同低温寡照处理下,植株的畸形果率随胁迫天数的增加而增加。

表 4.10　不同低温寡照处理下番茄畸形果率的比较(%)

处理	CK	T1L1	T1L2	T2L1	T2L2	T3L1	T3L2	T4L1	T4L2
2 d	0.00	0.00	0.00	0.00	0.00	0.00	0.00	0.00	0.00
4 d	0.00	0.00	0.00	1.33	2.78	2.78	9.09	11.67	13.10
6 d	0.00	2.96	4.59	6.28	7.94	11.67	14.44	15.00	19.91
8 d	0.00	6.85	8.69	15.14	15.74	19.35	19.05	19.64	20.24
10 d	0.00	9.65	10.47	13.06	16.93	19.84	21.43	21.03	26.19

2. 低温寡照对设施番茄产量形成因子的影响

(1)低温寡照对设施番茄单株正常果数的影响

不同低温寡照处理对番茄单株正常果数的影响见表 4.11,CK 的单株正常果坐果数为 12.3,所有处理的番茄单株正常果数在 T4L2 处理不同低温寡照处理 2 d 后,番茄的单株坐果数较 CK 并无显著差异。同一低温寡照处理的单株正常果数随胁迫时间的延长而减少。同一温度相同天数处理下,L1 与 L2 之间的差异不大,各处理间的差值大部分在 0.5 以下。处理 4 d 及以上,番茄的单株正常果数均小于 CK,且同光照下番茄单株正常果数随温度降低而减少,其中最大值均为 T4L1,最小值均为 T1L2。处理 4 d 后,各处理的单株正常果数较 CK 的降幅为 4.05%~29.73%,但只有 T3L1、T4L1 和 T4L2 显著低于 CK;处理 6 d 后的单株正常果数较 CK 显著减小了 12.16%~45.95%;处理 8 d 后的降幅为 25.68%~56.78%;处理10 d 后的为 37.84%~62.16%。其中,处理 8 d 及以上时,T3、T4 温度下的植株单株正常果数均较 CK 减少了 50% 以上。

表 4.11　不同低温寡照处理下番茄单株正常果数的比较(个)

处理	CK	T1L1	T1L2	T2L1	T2L2	T3L1	T3L2	T4L1	T4L2
2 d	12.3	12.2	12.3	12.3	12.2	12.0	12.3	12.0	11.7
4 d	12.3	11.8	11.7	11.7	11.3	11.0	10.0	8.8	8.7
6 d	12.3	10.8	10.5	10.0	9.7	8.8	8.0	7.3	6.7
8 d	12.3	9.2	8.7	7.5	7.0	6.2	5.7	5.7	5.3
10 d	12.3	7.7	7.0	6.7	6.3	5.3	5.5	5.0	4.7

(2)低温寡照对设施番茄单果重的影响

不同低温寡照处理对番茄单果重的影响见表 4.12,CK 单果重为 91.0 g,而不同低温寡照处理下,T1L1 处理 2 d 的单果重最大,为 91.8 g;T4L2 处理 10 d 的单果重最小,为 51.9 g。其中,处理 2 d 后,不同低温寡照组合处理较 CK 的变化幅度 0.88%～5.49%,差异不大;处理 4 d 后,T1、T2 处理下的单果重较 CK 减轻了 0.99%～3.85%,也无明显差异,而 T3、T4 处理下的单果重显著低于 CK,降幅为 8.57%～15.05%;处理 6 d 后,不同低温寡照处理下的单果重较 CK 减轻了 4.95%～11.32%,但 T1L1、T1L2、T2L1 与 CK 无显著差异;处理 8 d 和 10 d 后,各处理的单果重均显著低于 CK,降幅分别为 11.87%～34.29%和 20.33%～42.97%。另外,相同处理天数下 T3、T4 处理间单果重的差异很小,说明最低温度持续 8 d 在 T3 水平时,植株对于光温的敏感程度减小。总的来说,番茄的单果重随低温寡照胁迫天数的增加而减小;相同胁迫天数下,T1L1 处理下的单果重最大,T4L2 最小,即单果重随胁迫程度的加深而减小。

表 4.12　不同低温寡照处理下番茄单果重的比较(g)

处理	CK	T1L1	T1L2	T2L1	T2L2	T3L1	T3L2	T4L1	T4L2
2 d	91.0	91.8	91.1	90.6	90.5	90.3	87.0	88.4	86.0
4 d	91.0	89.6	90.1	88.8	87.5	83.2	80.3	80.6	77.3
6 d	91.0	86.5	85.9	83.2	80.7	76.7	72.6	72.8	68.6
8 d	91.0	80.2	76.2	75.8	71.6	66.0	62.2	63.8	59.8
10 d	91.0	72.5	70.7	67.5	64.1	55.5	58.2	52.4	51.9

(3)低温寡照对设施番茄产量的影响

不同低温寡照处理对番茄单株产量的影响见表 4.13,从表中可以看出,CK 的单株产量为 1121.1 g,除 T1L2 的单株产量与 CK 相当,为 1121.07 g,其他处理均出现不同程度的减产。处理 2 d 后,不同寡照下 T1、T2、T3 处理的单株产量较 CK 无明显差异,而 T4L1 和 T4L2 的单株产量均显著低于 CK,减产率分别为 5.60%和 10.61%,说明低温寡照在 T4L2 水平持续 2 d 就能对番茄的产量产生明显影响;处理 4 d 后,T1L1、T1L2、T2L1 的减产率分别为 5.41%、6.33%和 7.54%,减产并不严重,而其他处理则随胁迫程度的增加产量显著减少,其中,T4L2 的产量最低,减产率达到了 40.33%;当胁迫天数达到 4 d 及以上后,同一处理天数下,相同温度处理的番茄单株产量 L1>L2,而相同光照处理下番茄单株产量整体呈 T1>T2>T3>T4 的规律;处理天数达到 6 d 及以上后,不同低温寡照处理的番茄单株产量均显著低于 CK；处理 6 d 后，T1、T2、T3、T4 温度下番茄的减产率分别为 16.42%～19.73%、25.85%～30.48%、39.64%～48.36%、52.55%～59.23%，可见，相同光照下不同温度间的差值要大于相同温度下不同光照的差值，即温度对番茄产量的影响比光照大。处理 8 d 个低温寡照处理间产量的变化趋势与处理 6 d 的一致；处理 10 d 后，不同低温寡照下番茄的减产率均大于 50.00%，而 T3、T4 温度下的处理减产率更是高达 70.00% 以上，T4L2 的减产率是所有处理中的最大值，为 78.44%，说明当胁迫持续 10 d 时，不同程度的低温寡照均能使番茄的产量受到严重损失。不同低温寡照处理番茄单株产量的变化规律与单株正常果数及单果重的规律相似。

表 4.13 不同低温寡照处理下番茄单株产量的比较（g）

指标	处理	CK	T1L1	T2L1	T2L2	T3L1	T3L2	T4L1	T4L2
单株产量(g)	2 d	1121.1	1116.1	1116.8	1100.1	1081.7	1072.7	1058.3	1002.2
	4 d	1121.1	1060.5	1035.4	991.4	910.6	801.7	710.5	669.0
	6 d	1121.1	937	831.3	779.4	676.7	578.9	532.6	457.6
	8 d	1121.1	734.4	568.2	501.5	405.0	351.8	360.1	318.9
	10 d	1121.1	555.2	449.7	405.0	294.6	318.7	262.2	241.7
减产率(%)	2 d	0.00	0.45	0.38	1.87	3.52	4.32	5.60	10.61
	4 d	0.00	5.41	7.64	11.57	18.78	28.49	36.62	40.33
	6 d	0.00	16.42	25.85	30.48	39.64	48.36	52.55	59.23
	8 d	0.00	34.49	49.32	55.27	63.88	68.62	67.88	71.56
	10 d	0.00	50.48	59.89	63.87	73.72	71.57	76.61	78.44

番茄植株坐果特性指标值与温度、光照和温光交互作用的方差分析，结果如表 4.14 所示，从表中可以看出，处理 2 d，温度对单株产量有极显著的影响，而光照和温光交互作用对番茄植株的坐果特性无显著影响；处理 4 d 及以上，温度对坐果特性的各指标具有极显著作用，光照对单株产量影响极显著；处理 6 d，光照对畸形果率、单果重影响显著，对坐果率和单株产量影响极显著；处理 8 d，光照对坐果率、单果重和单株产量影响极其显著；处理 10 d，光照对畸形果率、单株产量影响显著，温光交互也显著影响单株产量。可见，温度和光照共同影响着番茄的产量大小。

本研究通过人工控制试验，研究了不同低温寡照处理下番茄坐果特性及产量形成因子的变化，结果表明：番茄植株的坐果数随时间呈明显的 S 形曲线增长。低温寡照会延迟番茄植株的坐果期，减少坐果数，同时导致畸形果的产生。其中，畸形果率随低温寡照胁迫程度的加深而增加，坐果率反之。产量形成因子由单株正常果数与单果重组成。不同低温寡照处理下番茄单株产量的变化规律与单株正常果数及单果重的规律相似，同一温度相同胁迫天数下，番茄的单株产量随光照的减弱而降低；同一光照相同胁迫天数下，产量随处理温度的降低而减小；同一低温寡照胁迫下，产量随胁迫天数的增加呈下降趋势。低温寡照处理 4 d 后能显著减小番茄的产量，且在昼温/夜温为 12/2 ℃的低温胁迫下减产情况最为严重；方差分析显示光照能在一定程度上影响番茄植株的坐果特性及产量，而温度的影响却十分显著。

表 4.14　低温寡照与番茄坐果特性的方差分析

处理天数	环境因子	畸形果率	坐果率	单株正常果	单果重	单株产量
	T	NS	NS	NS	NS	**
2 d	L	NS	NS	NS	NS	NS
	$T \times L$	NS	NS	NS	NS	NS
	T	***	**	***	***	***
4 d	L	NS	NS	NS	NS	***
	$T \times L$	NS	NS	NS	NS	NS
	T	***	***	***	***	***
6 d	L	*	**	NS	*	**
	$T \times L$	NS	**	NS	NS	NS
	T	**	***	***	***	***
8 d	L	NS	***	NS	NS	NS
	$T \times L$	NS	NS	NS	NS	NS
	T	***	***	***	***	***
10 d	L	*	NS	NS	NS	*
	$T \times L$	NS	NS	NS	NS	*

注：T 表示温度，L 表示光照；*、**、*** 分别表示 $P<0.05$、$P<0.01$、$P<0.001$ 下显著；NS 表示没有显著差异。

第五节　低温寡照对设施番茄果实品质的影响

　　随着生活水平的日益提高，人们对番茄果实品质的要求也越来越高，因此，品质的优劣是决定番茄的商品价值及市场优势的关键因素。番茄的果实品质主要包括营养含量和风味品质，如维生素 C、番茄红素、可溶性糖、可溶性固形物、有机酸、糖酸比等（杨尚龙，2015）。番茄果实中含有丰富的维生素 C 和有机酸，能够促进人体对钙、铁的吸收利用效率，软化血管，同时有机酸还能对维生素 C 起到保护作用，番茄红素是成熟番茄的主要色素，也是果实中最有营养的物质，具有独特的抗氧化能力，对增强人体免疫力及延缓衰老等都具有重要意义。番茄的甜度主要取决于果实内的可溶性糖含量，一般栽培番茄的果实干物质含量占 5%～6%，其中糖分占干重的 55% 左右。可溶性固形物包括糖、酸、维生素和矿物质等，是番茄品质的重要组成部分，普通栽培种番茄的可溶性固形物含量为 9%～15%，可溶性固形物每增加 1%，相当于番茄增产 20% 左右。含糖量、含酸量以及糖酸比对番茄果实风味起主要作用。糖酸比即甜酸比，是果实中总糖量（可溶性固形物）与总酸含量的比值，反映了果实总糖和有机酸之间的相对含量，常用其作为衡量番茄果实风味品质的一个主要检测指标，还会影响果实采摘后的保鲜期，糖酸比越低，果实的保鲜期也越短（李共国，2004）。

一、低温寡照对番茄果实维生素 C 含量的影响

　　不同低温寡照处理对番茄果实维生素 C 含量影响见图 4.13。由图可知，处理 2 d 后，不同低温寡照组合的番茄果实维生素 C 含量较 CK 并无显著差异，说明低温寡照胁迫 2 d 对番茄维生素 C 含量并无影响，植株在胁迫解除后的适宜环境下继续生长依然能恢复到 CK 水平；而除 T1L1、T1L2 处理 4 d 后的维生素 C 含量较 CK 略低了 2.60% 和 3.32% 外，不同低温寡

照组合在处理时间达到 4 d 及以上时,维生素 C 含量均显著低于 CK,且在相同处理时间下,相同光照不同低温水平的番茄果实维生素 C 含量的大小基本呈 CK>T1>T2>T3>T4 的规律,即随低温胁迫程度的加深而减小;而当温度和处理时间相同时,L2 处理的维生素 C 含量要低于 L1,但并不显著;相同低温寡照处理下,胁迫时间越长,维生素 C 含量越低,其中处理 4 d 的 T1、T2、T3 和 6 d 的 T1 维生素含量较 CK 的减少量小于 10%,说明 T1 胁迫时间小于 6 d 和 T2、T3 小于 4 d 对维生素 C 含量的影响不大。此外,不同低温寡照组合处理 4 d、6 d、8 d、10 d 后,维生素 C 含量较 CK 分别降低了 2.60%~14.99%、7.38%~31.09%、23.29%~37.54%、25.85%~36.05%,说明胁迫时间小于 8 d 时,番茄植株对低温寡照的反应比较敏感,维生素 C 含量的变化较大,而胁迫 8 d 和 10 d 的差异并不明显。

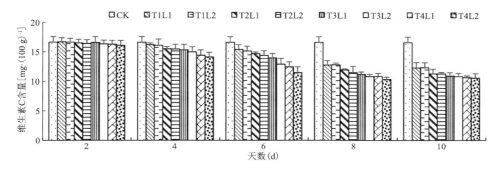

图 4.13　低温寡照处理下番茄果实维生素 C 含量的比较

二、低温寡照对番茄红素含量的影响

不同低温寡照处理后番茄红素含量影响见图 4.14。如图所示,不同低温寡照组合处理 2 d 后,T1、T2 温度下的番茄红素含量与 CK 的差值为 −0.24~0.62 mg·(100 g)$^{-1}$,而当温度在 4 ℃ 及以下时,番茄红素含量随温度的降低而降低,但降幅很小,为 4.84%~9.66%,说明低温寡照胁迫 2 d 对番茄果实内番茄红素含量影响甚微;当处理延长至 4 d 时,T1、T2 温度下的番茄红素分别较 CK 减少了 0.69%~3.32%、5.52%~9.49%,无显著差异,T3、T4 的番茄红素含量则显著低于 CK,降幅为 13.03%~18.44%,说明寡照条件下最低温度持续 4 d 降至 4 ℃ 及以下时,番茄植株的生长开始受到低温寡照伤害;处理 6 d 后,同一寡照条件下果实的番茄红素含量随温度的降低而显著减少,其中,T1、T2、T3、T4 温度下番茄红素含量的降幅分别为 6.12%~9.03%、13.68%~16.48%、21.75%~23.69%、26.48%~28.35%;处理 8 d 后,不同低温寡照处理间番茄红素含量的变化规律与处理 6 d 的基本一致,T1、T2、T3、T4 温度下番茄红素含量较 CK 分别降低了 11.14%~14.28%、18.83%~22.84%、30.55%~31.99%、37.23%~39.17%;处理持续 10 d 后,T1、T2 温度下的番茄红素含量分别较 CK 减小了 16.25%~19.56%、23.42%~26.94%,而 T3、T4 温度下番茄红素含量的下降趋势明显减缓,其中,T3L1、T3L2、T4L1、T4L2 处理 10 d 的番茄红素含量与处理 8 d 之间的差值为 0.63~1.16 mg·(100 g)$^{-1}$,说明寡照条件下最低温度持续 8 d 低于 4 ℃,会对番茄红素的含量造成很大的影响。结果表明,同一低温寡照处理下,番茄红素的含量随胁迫时间的延长而减少;同一处理天数下,相同寡照条件下的番茄红素含量与温度呈正相关,而相同低温条件下的番茄红素含量随光照的减弱而降低,其中,相同光照不同温度处理的番茄红素含量的降低程度要大于相同温度不同寡照处理的番茄红素含量,说明低温对番茄红素的影响要大于寡照的影响。

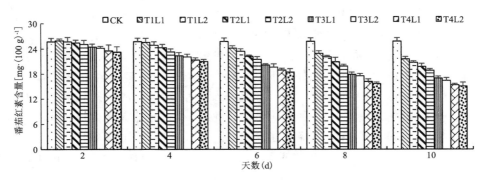

图 4.14　低温寡照处理下番茄红素含量的比较

三、低温寡照对番茄果实可溶性糖含量的影响

不同低温寡照处理后番茄果实可溶性糖含量的比较见图 4.15。由图可见,不同低温寡照组合处理 2 d 后,T1L1 处理下的番茄果实可溶性糖含量较 CK 增加了 1.27%,T1L2、T2L1、T2L2 处理的可溶性糖含量较 CK 的降幅为 0.13%～2.09%,四个处理较 CK 均无显著差异,当温度降至 4 ℃及以下时,可溶性糖的含量开始明显低于 CK,降幅为 3.58%～6.27%,但不同寡照下 T3、T4 之间的差异并不大;处理持续 4 d 及以上后,除处理 4 d 的 T1L1 略微低于CK 外,其他处理均显著低于 CK,且相同处理天数下,可溶性糖含量的最高值均为 T1L1,最低值均为 T4L2,其中处理 4 d、6 d、8 d、10 d 的 T1L1 的可溶性糖含量较 CK 分别减少了1.96%、6.27%、11.16% 和 16.96%,而 T4L2 的可溶性糖较 CK 分别减少了 19.64%、34.76%、45.85%、47.66%,可见不同低温寡照处理下的可溶性糖含量随胁迫天数的增加而减少,而 T4L2 处理 10 d 的可溶性糖含量与处理 8 d 的含量并无明显差异;T3L1、T3L2、T4L1处理随胁迫天数增长的变化规律与 T4L2 相似,说明寡照条件下当最低温度持续 8 d 以上低于 4 ℃时,植株响应低温寡照的敏感度减小。此外,同一处理时间内,不同低温寡照处理下番茄果实内可溶性糖含量的变化规律与番茄红素含量的变化基本一致。

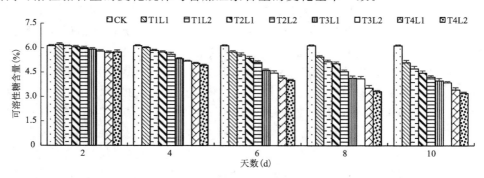

图 4.15　低温寡照处理下番茄果实可溶性糖含量的比较

四、低温寡照对番茄果实可溶性固形物含量的影响

不同低温寡照处理后番茄果实可溶性固形物含量的影响见图 4.16。由图可知,处理 2 d后,不同低温寡照组合的番茄果实可溶性固形物的含量较 CK 并无显著差异,各处理间的可溶性固形物含量最高为 T1L2,最低为 T4L2,分别是 6.24% 和 6.07%。处理持续 4 d 后,T1、T2

温度下不同寡照处理的番茄可溶性固形物的含量虽低于 CK 水平,但均无显著差异,降幅为 0.65%～3.55%,而 T3、T4 温度下不同寡照处理的番茄可溶性固形物含量明显低于 CK,但降幅为 4.84%～10.81%,影响较小;处理 6 d 后,T1L1、T1L2、T2L1 的可溶性固形物含量分别较 CK 减小了 3.55%、8.71%、8.55%,影响也不大;而其他处理随胁迫程度的增加,其可溶性固形物的含量较 CK 显著降低了 12.42%～25.32%,当胁迫时间达到 8 d 及以上时,各低温寡照处理均显著低于 CK,其中,T1L1 处理 8 d 和处理 10 d 的可溶性固形物含量较 CK 分别降低了 8.87% 和 18.23%,而 T3L1、T3L2、T4L1、T4L2 处理 8 d 与处理 10 d 后的可溶性固形物含量并无显著差异,较 CK 水平降低了 28.55%～35.00%,说明寡照下持续 8 d 最低温度达到 4 ℃就能对番茄果实内可溶性固形物含量产生极大的影响,以致即使胁迫程度增加,可溶性固形物含量的变化依然较小。此外,相同处理天数下,同一低温处理的植株可溶性固形物含量 L1＞L2,而同一寡照处理的植株可溶性固形物含量为 T1＞T2＞T3＞T4,说明植株果实内可溶性固形物含量的变化与温度、光照呈正相关,与胁迫时间呈负相关关系。

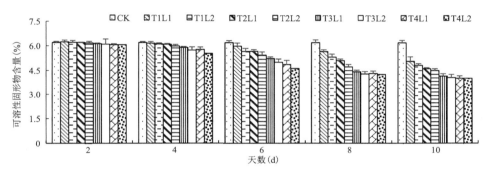

图 4.16　低温寡照处理下番茄果实可溶性固形物含量的比较

五、低温寡照对番茄果实有机酸含量的影响

不同低温寡照处理对番茄果实有机酸含量的影响见图 4.17。如图所示,不同低温寡照组合处理 2 d 对番茄果实内有机酸含量的影响并不明显,各处理下的有机酸含量与 CK 相比,变化幅度在 -2.17%～4.06%;处理 4 d 后,最低温度不低于 4 ℃的各低温寡照处理的有机酸含量随胁迫程度的增加有略微上升的趋势,但变化并不明显,各处理的有机酸含量较 CK 的增长率在 2.82%～8.82%,而 2 ℃处理下番茄果实内的有机酸含量显著高于 CK,且 T4L1 处理下有机酸含量也显著大于 T4L2,二者分别较 CK 增加了 18.09% 和 23.75%,说明最低温度持续 4 d 达到 2 ℃的天气会明显促进番茄果实内有机酸含量的积累;处理 6 d 后,不同低温寡照处理的有机酸含量随胁迫的加强而增加,不同寡照下的 T1、T2、T3、T4 处理的有机酸含量分别较 CK 增长了 4.39%～6.96%、8.82%～13.23%、17.33%～22.80%、29.43%～36.41%,可见,同一光照下不同温度对番茄有机酸含量影响要大于同一温度下不同光照的影响;T3L1、T3L2、T4L1、T4L2 处理 8 d 后有机酸含量差异不大,较 CK 的增长率分别为 39.29%、44.75%、42.50%、46.85%,处理 10 d 后有机酸含量差异更小,较 CK 的增长率为 48.36%～52.32%。结果表明,不同低温寡照处理的番茄果实内有机酸含量与处理时间呈正相关。在同一温度相同处理天数下,番茄果实内的有机酸含量随光照的减弱而增加;而在同一光照相同处理天数下,有机酸含量随温度的降低而增加。

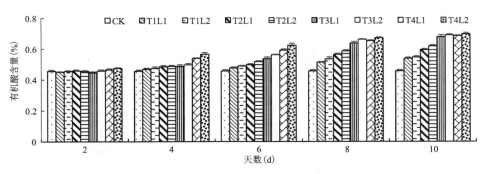

图 4.17 低温寡照处理下番茄果实有机酸含量的比较

六、低温寡照对番茄果实糖酸比的影响

不同低温寡照处理对番茄果实糖酸比的影响见图 4.18。由图可知,不同处理下,番茄果实糖酸比的变化规律与维生素 C、番茄红素、可溶性糖和可溶性固形物含量的变化规律相似,而与有机酸恰好相反。不同寡照条件下的 T1、T2、T3 处理 2 d 的果实糖酸比较 CK 的变化幅度为 $-1.69\%\sim1.91\%$,无明显差异,而 T4 处理 2 d、T1 处理 4 d 的糖酸比均略低于 CK,降幅分别为 $3.38\%\sim5.00\%$ 和 $4.11\%\sim6.02\%$;当胁迫天数达到 4 d 及以上后,各处理的糖酸比均显著低于 CK,且随胁迫程度的增加而显著减小;在相同处理时间下,相同光照不同低温水平的番茄果实糖酸比大小的变化趋势大体呈 T1>T2>T3>T4 的规律;而当温度和处理时间相同时,L2 处理的糖酸比要低于 L1;相同低温寡照处理下,胁迫时间越长,糖酸比越低。此外,T3L1、T3L2、T4L1、T4L2 处理 8 d 后的糖酸比差异不大,分别较 CK 减小了 48.72%、52.09%、52.99%、53.12%,处理 10 d 后糖酸比的差异更小,分别较 CK 减小了 54.74%、56.50%、56.58% 和 57.31%。

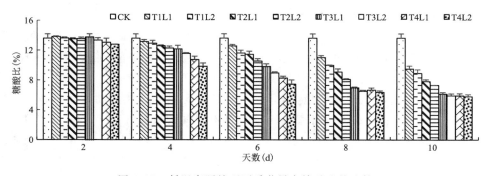

图 4.18 低温寡照处理下番茄果实糖酸比的比较

番茄果实品质指标值与温度、光照和温光交互作用的方差分析,结果如表 4.15 所示,从表中可以看出,处理 2 d,温度对番茄红素、可溶性糖、有机酸和糖酸比的影响极显著,光照对有机酸含量的影响显著;处理 4 d 及以上后,温度对各品质指标的影响为极显著或极其显著;处理 4 d,光照对可溶性糖、可溶性固形物、有机酸、糖酸比的影响均达到极显著及其以上水平;处理 6 d 及以上时,光照仅对维生素 C 的影响不显著,对其他品质指标的影响均为极显著或极其显著;处理 8 d,光温互作对番茄果实内的糖酸比影响显著;由此可见,低温寡照中,温度是影响果实品质的主要因素。

表 4.15　低温寡照与番茄品质指标的方差分析

处理天数	环境因子	维生素 C	番茄红素	可溶性糖	可溶性固形物	有机酸	糖酸比
2 d	T	NS	**	***	NS	***	**
	L	NS	NS	NS	NS	*	NS
	$T \times L$	NS	NS	NS	NS	NS	NS
4 d	T	**	***	***	***	***	***
	L	NS	NS	***	**	**	**
	$T \times L$	NS	NS	NS	NS	NS	NS
6 d	T	***	***	***	***	***	***
	L	NS	*	*	**	***	***
	$T \times L$	NS	NS	NS	NS	NS	NS
8 d	T	***	***	***	***	***	***
	L	NS	*	***	**	***	***
	$T \times L$	NS	NS	NS	NS	NS	*
10 d	T	**	***	***	***	***	***
	L	NS	*	***	NS	***	*
	$T \times L$	NS	NS	NS	NS	NS	NS

注：T 表示温度，L 表示光照；* 、** 、*** 分别表示 $P<0.05$、$P<0.01$、$P<0.001$ 下显著；NS 表示没有显著差异。

　　本研究证实同一温度相同胁迫天数下，番茄果实的维生素 C、番茄红素、可溶性糖、可溶性固形物含量及糖酸比随光照的减弱而降低；同一光照相同胁迫天数下，维生素 C、番茄红素、可溶性糖、可溶性固形物含量及糖酸比随处理温度的降低而减小；而在相同低温寡照处理下，维生素 C、番茄红素、可溶性糖、可溶性固形物含量及糖酸比随胁迫天数的增加而减少；有机酸含量的变化规律则恰好相反。短期(2 d)的低温寡照胁迫对番茄果实内的各品质指标影响较小；而相同胁迫天数下，温度对各果实品质指标的影响大于光照影响。方差分析表明，温度与番茄果实各品质指标显著相关，而光照也能在一定程度上影响各指标的含量。

第五章　低温寡照对设施番茄生长发育的影响模型

第一节　低温寡照对设施番茄生育进程的影响及模拟

　　光照和温度是绿色植物生长发育必不可少的环境因子,25～30 ℃是番茄开花的最适温度,植株在较高的适宜温度下前期生长发育速率比较快,同时叶面积增加及植株生长加快(赵玉萍,2010a)。李润根(2016)在对卷丹百合的研究中指出,卷丹百合生育期长度与低温处理时间呈负相关,当低温处理在 25 d 以上时能使百合开花时间明显提早,缩短卷丹百合生育期。在番茄的研究中发现当温度降至 10 ℃时,番茄植株生长停滞,且长时间 5 ℃以下的低温能引起植株低温危害。鲁福成等(2001)研究指出,苗期弱光会造成番茄开花期推迟和分散,缩短果实快速生长期。还有科研工作者在黄瓜的研究中指出,弱光环境中会使植株生长受到一定程度的抑制,当光照在 15％下时植株生长会显著滞后。也有人发现,玉米芽期、苗期和灌浆期对低温敏感性较大,芽期低温会影响出苗率,并且推迟玉米的出苗期。本章研究了低温寡照复合胁迫对番茄生育期的影响,并通过不同模拟方法对低温寡照处理后番茄植株各生育期进行模拟预报并比较选取最优模型,用以对番茄生长管理提供理论依据和决策支持。

一、低温寡照胁迫对番茄生育进程的影响

　　番茄发育期主要划分为 5 个阶段:发芽期、苗期、开花期、坐果期、红熟期(采收期)。本试验主要着重于对番茄植株开花期、坐果期及红熟期的研究,各生育期划分标准如表 5.1。

表 5.1　番茄各生育期的形态标准划分

生育时期	形态标准
发芽期	50％番茄种子发芽至第一片真叶出现
苗期	第一片真叶至第一朵花开放
开花期	第一朵花开放至第一个果实坐果
坐果期	第一个果实坐果至第一个果实达到采收标准
红熟期	一半植株有 1 个以上果实成熟(变红)

　　番茄苗期低温寡照处理会使番茄开花期、坐果期和红熟期不同程度地推后,不同胁迫处理对生育期的影响有所不同(表 5.2)。CK 植株于各处理结束后 23 d 进入开花期,并在进入开花期 8 d 后进入坐果期。持续 2 d 低温寡照胁迫对 T4 温度处理番茄植株进入开花期无明显影响,其余温度处理均有不同程度的推迟。T1L1、T1L2 处理进入红熟期分别较 CK 延迟 3 d 及 4 d,其余处理与 CK 差异不明显。低温寡照持续时间大于 4 d 时各处理番茄植株进入下一生育阶段时间均有延长。在 4 d 处理中,T4L1 处理最早进入开花期,较 CK 推迟了 1 d,处理 T3L1 及 T4L1 于 11 月 14 日同时进入坐果期,且 T4L1 处理最早进入红熟期,相较最晚进入

红熟期的 T1L1 处理提前了 4 d。当低温寡照时长持续 6 d 及以上时胁迫各处理较 CK 进入下一阶段生育期时间推迟明显。整体上处理温度越低,进入下一阶段生育期所需时间越长。持续 8 d 低温寡照胁迫 T1L2 处理最晚进入开花期,较 CK 增加了 9 d,同时由花期进入坐果期时间较 CK 增加了 8 d,同一光照条件下处理温度越低,番茄进入红熟期所需时间越长。低温寡照胁迫时间为 10 d 时,各处理由苗期进入开花期较 CK 均推迟了 9 d 及以上,其中推迟时间最长的为 T1L2 处理,较 CK 推迟了 14 d,且各处理受低温寡照胁迫后从开花期进入坐果期均推迟 6 d 以上。所有处理中,T1L2 处理 10 d 胁迫最晚进入坐果期,其较 CK 延迟了 22 d,T1L2 处理在所有处理中最晚进入红熟期,较 CK 推迟了 29 d。番茄生育期整体上随低温寡照胁迫时间的增加而推迟,其中持续低温寡照胁迫 2 d、4 d、6 d、8 d、10 d 使番茄植株进入开花期的时间分别推迟了 1.1 d、1.5 d、3.6 d、6.9 d 和 9.9 d;且各胁迫时间下番茄植株由开花期进入坐果期时间分别推迟了 1.9 d、2.5 d、6.8 d、14.3 d 和 16.1 d;低温寡照处理后番茄植株由坐果期进入红熟期时间较其余生育期推迟程度减缓,各胁迫时间较 CK 分别推迟了 1 d、1.8 d、4.5 d、5.1 d 和 7 d。

表 5.2 低温寡照胁迫处理对番茄生育期的影响

处理时间	光照	温度	定植时间(月/日)	开花期(月/日)	坐果期(月/日)	红熟期(月/日)
2 d	L1	T1	9/23	11/7	11/15	12/27
		T2		11/6	11/15	12/25
		T3		11/7	11/15	12/26
		T4		11/5	11/14	12/24
	L2	T1		11/6	11/15	12/28
		T2		11/7	11/17	12/28
		T3		11/6	11/14	12/25
		T4		11/5	11/14	12/24
4 d	L1	T1	9/21	11/7	11/16	12/29
		T2		11/6	11/15	12/27
		T3		11/6	11/14	12/27
		T4		11/5	11/14	12/25
	L2	T1		11/8	11/17	12/29
		T2		11/8	11/18	12/29
		T3		11/7	11/16	12/28
		T4		11/7	11/15	12/26
6 d	L1	T1	9/19	11/9	11/19	1/3
		T2		11/8	11/19	1/2
		T3		11/7	11/16	12/30
		T4		11/7	11/16	12/28
	L2	T1		11/10	11/26	1/11
		T2		11/11	11/24	1/9
		T3		11/9	11/21	1/3
		T4		11/8	11/17	12/30

续表

处理时间	光照	温度	定植时间(月/日)	开花期(月/日)	坐果期(月/日)	红熟期(月/日)
8 d	L1	T1	9/17	11/13	11/28	1/13
		T2		11/12	11/28	1/11
		T3		11/10	11/26	1/9
		T4		11/10	11/24	1/5
	L2	T1		11/14	11/30	1/17
		T2		11/13	11/29	1/15
		T3		11/12	11/27	1/9
		T4		11/11	11/26	1/6
10 d	L1	T1	9/15	11/16	12/3	1/21
		T2		11/15	12/2	1/18
		T3		11/14	11/30	1/14
		T4		11/14	12/1	1/15
	L2	T1		11/19	12/5	1/22
		T2		11/18	12/4	1/19
		T3		11/17	12/4	1/18
		T4		11/15	12/2	1/15
CK			9/25	11/5	11/13	12/23

二、低温寡照胁迫后番茄各生育阶段模型的建立

1. 番茄进入开花期模拟

图 5.1 为低温寡照胁迫后番茄植株进入开花期所需的温光指标累积量。其中,图 5.1 (a1)、(b1)、(c1)分别为 L1 光照下不同温度及时间胁迫,番茄植株在累积辐热积(Cumulative radiant product,简称 TEP)法、累积温光效应(Cumulative temperature and light effect,简称 LTF)法和基于生理发育时间(Physiological development time,PDT)法模拟中进入开花期所需温光指标累积量,图 5.1(a2)、(b2)、(c2)则为各模拟法对 L2 光照下各温度及时间胁迫,番茄植株进入开花期所需温光指标累积量。图中 0 d 为 CK 植株,其由苗期进入开花期所需 TEP、LTF 及 PDT 值分别为 29.63 MJ·m^{-2}、14.33 及 16.49 d。由图可知各处理在结束后由苗期进入开花期所需温光指标随胁迫时间的延长而增加,T4 温度持续 2 d 胁迫及 T4L1 持续 4 d 低温寡照胁迫进入开花期所需温光指标累积量与 CK 相同,其余各处理均高于 CK,最大值为 T4L1 持续 10 d 低温寡照处理,所需 TEP 为 47.99 MJ·m^{-2},为 CK 的 1.69 倍,所需温光指标累积量 21.19,为 CK 的 1.47 倍,所需 PDT 为 23.2 d,为 CK 的 1.41 倍。

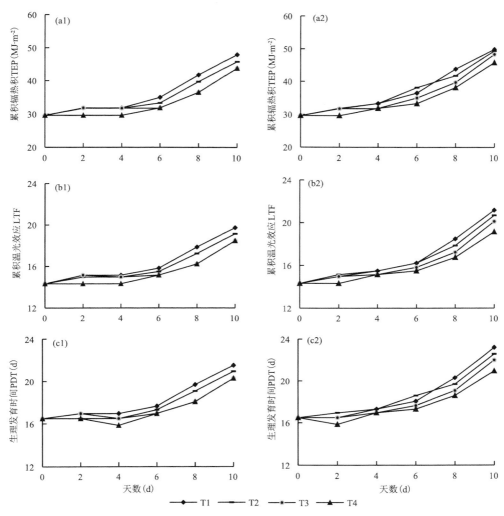

图 5.1　番茄植株低温寡照胁迫后苗期进入开花期所需温光指标累积量
(a1)、(b1)、(c1)表示 L1 光照下；(a2)、(b2)、(c2)表示 L2 光照下

2. 番茄进入坐果期模拟

图 5.2 为低温寡照胁迫后番茄植株进入坐果期所需各温光指标累积量。其中,图 5.2 (a1)、(b1)、(c1)分别为累积辐热积(TEP)法、累积温光效应(LTF)法和基于生理发育时间 (PDT)法对 L1 光照下各温度及时间胁迫,番茄植株由开花期进入坐果期所需温光指标累积量,图 5.2(a2)、(b2)、(c2)则为各模拟法对 L2 光照下不同温度及时间胁迫,番茄植株进入坐果期所需温光指标累积量。图中 0 d 为 CK 植株,其进入坐果期所需 TEP、LTF 及 PDT 分别为 41.76 MJ·m⁻²、17.86 及 19.68 d。由图可知,同光照下各处理进入坐果期所需温光指标累积量整体随胁迫天数增加而升高,其中处理 4~6 d 增加值最大。相同胁迫天数同一光照下随处理温度的上升进入坐果期所需温光指标累积量有所下降。所有处理中最大值为 T4L2 持续 10 d 处理,进入坐果期所需 TEP、LTF 及 PDT 分别为 72.69 MJ·m⁻²、24.67、29.27 d,依

次较 CK 增加了 74.08%、37.72%、48.73%。

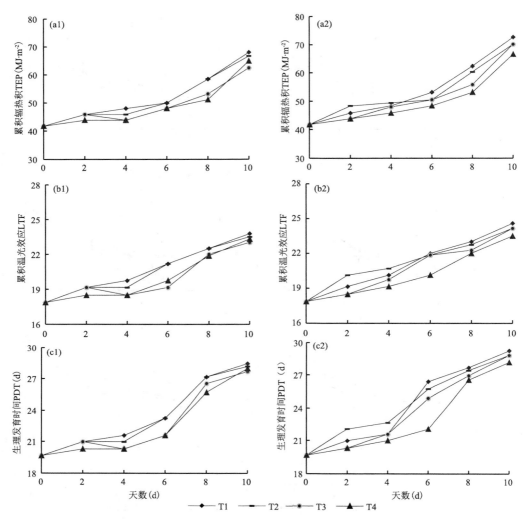

图 5.2　番茄植株低温寡照胁迫后苗期进入坐果期所需温光指标累积量

(a1)、(b1)、(c1)、(a2)、(b2)、(c2)说明同图 5.1

3. 番茄进入红熟期模拟

图 5.3 为低温寡照胁迫后番茄植株进入红熟期所需的温光指标累积量。其中,图 5.3 (a1)、(b1)、(c1)分别为累积辐热积(TEP)法、累积温光效应(LTF)法和基于生理发育时间 (PDT)法在 L1 光照下各温度及时间胁迫,番茄植株进入红熟期所需温光指标累积量,图 5.3 (a2)、(b2)、(c2)则为各模拟法对 L2 光照下各温度及时间胁迫,番茄植株进入红熟期所需温 光指标累积量。图中 0 d 为 CK 植株,其进入红熟期所需 TEP、LTF 及 PDT 分别为 100.33 MJ·m^{-2}、31.16 及 34.13 d。所有处理中各温光指标累积量所需最大值为 T4L2 持续 10 d 处 理,进入坐果期所需 TEP、LTF 及 PDT 分别为 124.70 MJ·m^{-2}、42.58、47.04 d,依次较 CK 增加了 19.54%、26.82%、27.45%。

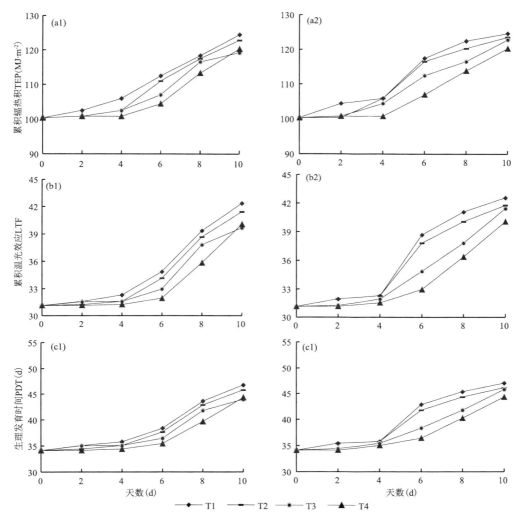

图 5.3　番茄植株低温寡照胁迫后苗期进入红熟期所需温光指标累积量
(a1)、(b1)、(c1)、(a2)、(b2)、(c2)说明同图 5.1

4. 模型的检验

利用试验数据对各模型模拟预测效果进行检验,结果见图 5.4。图 5.4 为生育期模拟预测值和实际观测值 1∶1 比较,图 5.4(a)为各方法对进入番茄开花期模拟预测值和实际观测值比较,5.4(b)为各方法对番茄进入坐果期模拟预测值和实际观测值的比较,5.4(c)为各方法对番茄进入红熟期模拟预测值和实际观测值的比较。综合分析可知,以上三种模型对于番茄开花期的模拟较坐果期、红熟期模拟要好,同时各生育期模拟中 TEP 模拟值比实测值高,LTF 方法模拟值则低于实测值,而 PDT 方法对于开花期、生育期的模拟值偏小,在坐果期拟合较好。

研究表明:不同程度低温寡照胁迫处理会使得番茄植株进入开花期、坐果期和红熟期所需要的时间延长,随着处理时间增加,番茄各处理进入下一阶段生育期时间也随之推迟。其中,

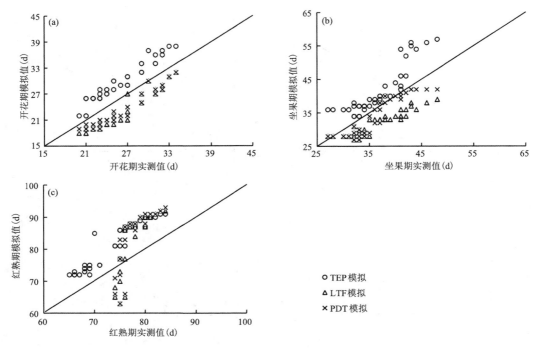

图 5.4　不同方法生育期模型模拟值与实际观测值比较
(a)开花期；(b)坐果期；(c)红熟期

持续胁迫 10 d 对番茄各生育期影响最为明显,整体随处理温度的降低延迟时间增长。TEP 法、LTF 法及 PDT 法对番茄各生育期进行模拟,低温寡照处理后,番茄植株进入下一阶段生育期所需 TEP、LTF 及 PDT 累积量均有所增加,且胁迫天数越长,所需温光指标累积量越大。TEP 法在对番茄各生育阶段的模拟中偏大,LTF 法及 PDT 法对开花期和坐果期的模拟值偏小,对红熟期的模拟整体偏大(表 5.3)。通过对各模型各个生育期模拟的整体比较可知,在对低温寡照处理后番茄植株生育期的预测模拟中,PDT 方法对开花期及坐果期的模拟精度最高,对红熟期的模拟则是 TEP 最优。

表 5.3　不同模拟法对番茄生育期模拟精度比较

生育期	模拟方法	RMSE(d)	R^2	RE(%)	N
开花期	TEP	3.8	0.929	15.3	40
	LTF	3.5	0.908	13.9	40
	PDT	3.0	0.927	11.7	40
坐果期	TEP	5.6	0.855	15.3	40
	LTF	5.2	0.896	14.2	40
	PDT	3.2	0.890	8.9	40
红熟期	TEP	7.9	0.879	10.8	40
	LTF	10.8	0.904	14.8	40
	PDT	8.8	0.900	12.1	40

第二节　低温寡照对设施番茄生长的影响模型

一、低温寡照胁迫对番茄形态建成的影响

1. 低温寡照胁迫对番茄株高的影响

图 5.5 为低温寡照胁迫后番茄植株株高随时间的变化。图 5.5(a)、(c)、(e)分别为 L1 光照下不同温度持续 2 d、6 d 和 10 d 后，番茄植株株高随生长时间的变化；图 5.5(b)、(d)、(f)分别为 L2 光照下各温度不同持续时间后，番茄株高随时间的变化。由图可知，各处理结束后番茄株高随生长时间的增加而增高，生长曲线呈 S 形。CK 植株在试验结束时高 83.47 cm，整体上低温寡照处理后各植株株高较 CK 低。如图 5.5(a)，低温寡照持续 2 d，各处理株高生长趋势与 CK 相同但较 CK 更为平缓，各处理间株高差异不显著，处理结束后，前 10 d 生长较缓慢，其中最小值为 T3L2 处理，株高较 CK 下降了 14.60%。10 d 生长后，各处理株高快速升高并在处理结束 70 d 以后生长又逐渐减缓，此时最大值为 T4L1 处理，株高 76.40 cm，为 CK 的

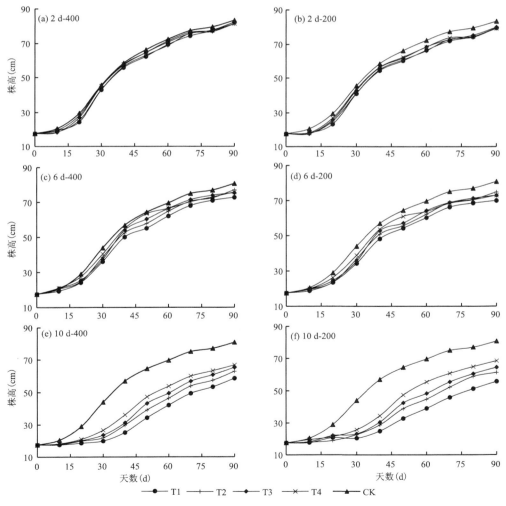

图 5.5　低温寡照胁迫后番茄植株株高随生长时间的变化

98.64%。试验结束时,L1光照下番茄株高整体上高于同温度下L2光照处理,其中最大值为T4L2处理,最小值为T1L1处理,最大值较最小值增大了4.09%。低温寡照持续6 d胁迫后,前20 d番茄植株株高增长较缓慢,此时T4L1处理株高为所有处理中最大值,最小值则为T1L2处理的22.60 cm,两者分别为CK株高的91.96%和76.44%。在后期的生长过程中,整体上同一光照处理下随着处理温度的升高,番茄株高有所增加。试验结束时,T2L1处理的番茄株高最大,为79.11 cm,最小值为T1L2处理的71.62 cm。在低温寡照持续10 d的处理中,处理结束后10 d,T1L1处理出现了株高降低的情况,平均较处理结束时降低了0.06 cm。在试验结束40 d,各处理番茄植株株高开始迅速增长,此时株高最大及最小值分别出现在T1L1处理与T4L2处理,两者间相差11.27 cm。试验结束时,最大株高为T4L2处理的68.52 cm,为CK株高的84.82%,最小值为T1L2处理的55.78 cm,为CK株高的59.06%。

　　2. 低温寡照胁迫对番茄茎粗的影响

　　图5.6为低温寡照胁迫后番茄植株茎粗随生长时间的变化。图5.6(a)、(c)、(e)分别为L1光照下各温度胁迫2 d、6 d和10 d后番茄植株茎粗随时间的生长变化趋势,图5.6(b)、

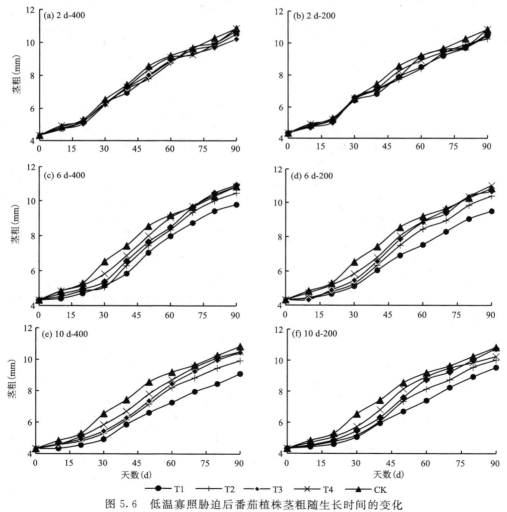

图5.6　低温寡照胁迫后番茄植株茎粗随生长时间的变化

(d)、(f)则分别为 L2 光照下不同温度处理番茄茎粗随时间的生长变化趋势。由图可知,低温寡照处理后番茄植株茎粗随持续时间的增加而增大,前期生长较为缓慢,后期有一个快速增长的过程,试验结束时 CK 植株茎粗为 10.84 mm。持续 2 d 低温寡照胁迫结束 10 d 后处理 T4L1 出现大于 CK 的情况,此时该处理植株茎粗为 4.82 mm,较胁迫结束后增加了 0.6 mm。胁迫结束 20 d 后,各处理植株茎粗开始进入快速增加的阶段,此时 L1T4 处理茎粗最大,为 CK 茎粗的 98.42%。在试验结束后各处理番茄植株茎粗与 CK 无明显差异,其中 T4L1 处理茎粗为 10.85 mm,较 CK 增加了 0.01 mm。试验结束时,T1 温度处理番茄植株茎粗显著低于 CK,其余温度处理均能恢复到 CK 水平,且 T4L2 处理植株茎粗较 CK 大。低温寡照处理时间在 6 d 及以上时,相同光照下不同温度间番茄植株茎粗差异开始逐渐增大。持续 6 d 处理结束后 10 d 番茄植株 T1 温度不同光照处理下茎粗相同,均为 4.4 mm,为所有处理中最小值,较 CK 下降了 8.90%。同时,6 d 胁迫后番茄茎粗的增加相较于 CK 更为平缓,处理结束后 40 d 较 30 d 茎粗增加值最大的为 T2L2 处理,增加量为 1.25 mm。试验结束后,T4L1 处理茎粗为 11.02 mm,为所有处理中茎粗最大值,较 CK 增加了 1.67%。低温寡照胁迫持续 10 d,各处理番茄植株茎粗在结束后 10 d 内生长平缓,同时在试验结束时各处理茎粗均显著低于 CK,其中最小值 T4L1 处理茎粗仅为 9.10 mm,较 CK 茎粗减少了 16.05%。低温寡照持续胁迫时间 6 d 以上,相同光照条件下番茄茎粗整体上随处理温度的升高而增大。

3. 低温寡照胁迫对番茄叶面积的影响

图 5.7 为低温寡照胁迫后番茄植株单株叶面积随生长时间的变化。图 5.7(a)、(c)、(e)分别为 L1 光照下持续胁迫 2 d、6 d 和 10 d 处理后,番茄植株单株叶面积随生长时间的变化趋势;图 5.7(b)、(d)、(f)分别为 L2 光照下各温度不同处理时间番茄植株单株叶面积随时间的变化。由图可知,低温寡照处理后番茄植株单株叶面积均有所增大,随时间的增加整体呈显著的 S 曲线增大,前期叶面积增长较为缓慢,处理结束 10 d 后有一个快速增长的过程,在试验结束时 CK 植株单株叶面积为 1317.74 cm²。其中由图可知,相同胁迫天数,处理光照相同条件下,番茄植株单株叶面积随胁迫温度的增加而增大。其中持续 2 d 低温寡照胁迫各处理叶面积变化趋势与 CK 一致,而不同温度处理间变化趋势有所波动,试验结束时各处理间差异不显著。试验结束时,T1、T2 处理叶面积均小于 CK,其中 T1 温度在不同光照胁迫下均为最小值,分别较 CK 下降了 23.89% 和 21.22%。低温寡照持续胁迫 6 d 后,各处理番茄植株叶面积快速生长时间推迟到胁迫结束后 20 d,此时叶面积最小值为 T1L1 处理,该处理番茄植株单株叶面积为 218.9 cm²,为 CK 叶面积的 52.18%。试验结束时,同温度处理 L1 光照下番茄植株叶面积整体小于 L2 光照处理,其中各处理最大值为 T4L2 处理,其植株叶面积 1234.86 cm²;各处理中植株叶面积最小值为 T1L1 处理,植株叶面积为 883.09 cm²,最大值较最小值增加了 39.83%。处理时长为 10 d 时,T1 温度处理 L1 和 L2 光照下叶面积增长量分别为 69.15 cm² 和 62.94 cm²。

二、低温寡照胁迫后番茄植株形态指标模型的建立和检验

1. 低温寡照胁迫后番茄植株形态指标模型的建立

将番茄苗期低温寡照胁迫后各生长指标实测数据与番茄植株生长期间的累积的辐热积(TEP)、温光效应(LTF)及生理发育时间(PDT)进行曲线拟合,分别建立 TEP、LTF 及 PDT 与番茄植株生长指标的动态关系。曲线拟合发现番茄株高(High,简称 H)、叶面积(Leaf

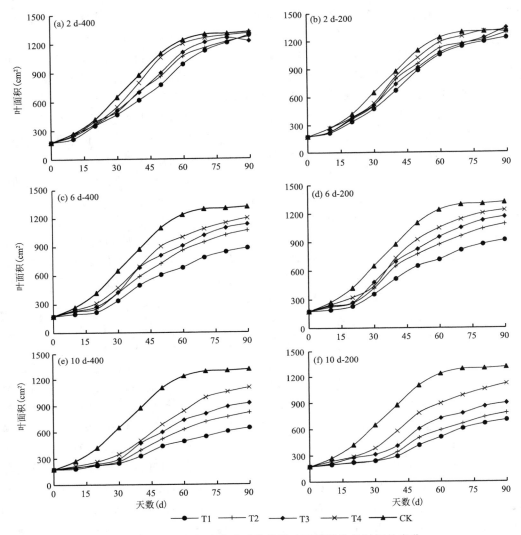

图 5.7　低温寡照胁迫后番茄植株叶面积随生长时间的变化

area,简称 LA)和茎粗(Stem thickness,简称 SD)分别随 TEP、LTF 和 PDT 的增加而增加,同时变化规律符合 Logistic 方程,拟合方程如下:

$$Y = \mu \times A_{max}/(1 + \exp(a_0 - a_1 \times X)) \tag{5.1}$$

式中,Y 为定植后第 i 天的番茄植株各项生长指标,A_{max} 则为不同低温寡照处理番茄植株收获时的最大株高(cm)、茎粗(mm)和叶面积量(cm^2),X 分别为定植后至第 i 天 TEP、LTF 和 PDT 随生长时间延长的累积量。其中各模拟法对 CK 番茄植株各生长指标模拟预测系数的选取如表 5.4。由表可知,LTF 法对番茄植株叶面积进行模拟时,植株所能达到最大叶面积为所有方法中最大,其次为 PDT 法,最小为 LTF 模拟法。而对株高及茎粗的模拟中,番茄植株所能达到最大值均为 PDT 法模拟最大,其次分别为 LTF 法及 TEP 法。

表 5.4　番茄植株生长指标模拟不同模拟方法系数的选取

生长指标	模拟方法	$A_{\max}$	a_0	a_1	R^2	N
	TEP	80.937	1.627	0.048	0.972	30
株高(cm)	LTF	100.637	2.013	0.103	0.970	30
	PDT	102.506	2.033	0.092	0.97	30
	TEP	11.886	0.675	0.023	0.942	30
茎粗(mm)	LTF	16.320	1.167	0.045	0.917	30
	PDT	17.226	1.236	0.040	0.917	30
	TEP	1345.414	2.121	0.053	0.955	30
叶面积(cm²)	LTF	2296.990	2.840	0.112	0.978	30
	PDT	1620.522	2.582	0.115	0.972	30

因各处理胁迫程度不同,番茄植株各形态指标生长状况也不尽相同,因此为了使低温寡照胁迫对番茄植株生长指标的影响具体化,以 CK 番茄植株各形态指标模拟作为持续低温寡照胁迫各项形态指标基准,引入胁迫系数 μ 用以描述某一胁迫处理对番茄植株形态指标的影响。通过拟合分析,得出各项形态指标胁迫系数 μ 拟合符合方程:

$$\mu = b_0 \times D + b_1 \times T + b_2 \times PAR + b_3 \tag{5.2}$$

式中,D 为持续低温寡照胁迫天数(d),取值范围为 2~10;T 为低温寡照胁迫中日最低气温(℃),取值范围为 2~8;PAR 为低温寡照胁迫时番茄植株接受的光合有效辐射(μmol · m^{-2} · s^{-1}),取值范围为 200~400。番茄植株不同形态指标胁迫系数取值如表 5.5。

表 5.5　番茄植株各形态指标胁迫系数选取

生长指标	b_0	b_1	b_2	b_3	R^2	N
株高(cm)	−0.036	0.014	0.128	0.942	0.954	120
茎粗(mm)	−0.007	0.014	−0.002	0.903	0.898	120
叶面积(cm²)	−0.039	0.038	−0.022	0.795	0.934	120

2. 低温寡照胁迫后番茄植株形态指标模型的检验

(1)番茄植株株高模拟检验

利用独立试验得到的试验数据对模型预测效果进行检验,其中各方法不同胁迫天数番茄植株株高模拟精度比较如表 5.6。TEP 法对持续 2 d 胁迫植株株高模拟效果最好,$RMSE$ 为 4.87 cm,RE 为 9.10%。LTF 法与 PDT 法模拟精度对低温寡照持续胁迫 4 d 和 6 d 处理模拟效果,其中 $RMSE$ 分别为 4.37 cm、4.74 cm,RE 分别为 7.57% 和 8.46%。TEP 法、LTF 法和 PDT 法对番茄植株株高模拟精度较差的分别是对持续 6 d、8 d 和 2 d 低温寡照胁迫处理。

番茄低温寡照处理后,番茄植株株高模拟值与实际观测值对比如图 5.8,图 5.8(a)、(b)、(c)、(d)分别为低温寡照胁迫持续 4 d、6 d、8 d、10 d 番茄植株株高模拟值及实际观测值比较。由图可知,在持续 2 d、4 d 及 6 d 低温寡照处理番茄植株株高的模拟中,PDT 法模拟值整体高于实测值,而 TEP 法模拟值则较实测值偏小。但当持续处理时间大于 6 d 时,各模拟法对番茄植株株高模拟前期模拟值均高于实测值,后随番茄植株株高的增加,模拟值与实测值之间的差距逐渐减小,在番茄生长后期,株高的模拟值则小于实测值。整体分析比较在对低温寡照处

表 5.6　　不同胁迫天数各方法对低温寡照胁迫番茄植株株高模拟精度比较

	拟合方法	处理天数(d)				
		2	4	6	8	10
RMSE（cm）	TEP	4.87	5.83	8.37	7.41	6.39
	LTF	5.65	4.37	5.22	7.50	6.45
	PDT	9.88	7.25	4.74	8.88	7.89
RE(%)	TEP	9.10	10.12	14.95	15.55	14.79
	LTF	9.41	7.57	9.32	15.74	14.95
	PDT	16.45	12.58	8.46	18.63	18.27
R^2	TEP	0.972	0.980	0.976	0.927	0.913
	LTF	0.965	0.972	0.961	0.890	0.875
	PDT	0.966	0.971	0.960	0.889	0.875

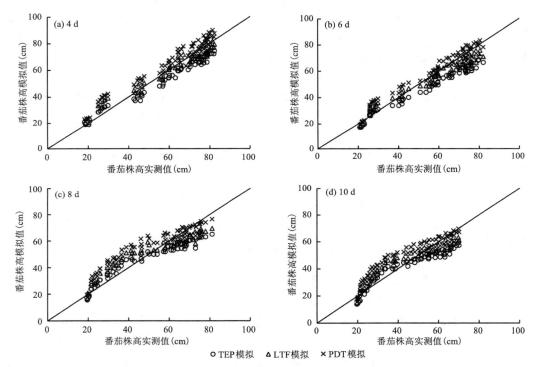

图 5.8　　不同方法番茄植株株高模型模拟值与实际观测值的比较

理后番茄植株株高的模拟预测中累积 LTF 法精度最高的,其次为 TEP 法,对株高模拟中模拟效果最差的为 PDT 法。

（2）番茄植株茎粗模拟检验

利用独立试验数据对模型预测效果进行检验,其中各方法对不同胁迫天数番茄植株茎粗生长变化模拟精度比较如表 5.7。由表可知,TEP 法对持续 4 d 低温寡照胁迫番茄植株茎粗模拟效果最好,其 RMSE 和 RE 分别为 0.42 mm 和 5.31%。LTF 法对 2 d 胁迫后番茄植株茎粗模拟最好,其 RMSE 和 RE 分别为 0.67 mm 和 6.40%,对持续 6 d 胁迫模拟精度最差,

$RMSE$ 和 RE 分别为 0.80 mm 和 10.17%。PDT 法对低温寡照胁迫后番茄植株茎粗的模拟中模拟结果最好的是对持续 8 d 胁迫的番茄植株,其 $RMSE$ 和 RE 分别为 0.42 mm 和 5.47%。

表 5.7 各方法对低温寡照胁迫番茄植株茎粗模拟精度比较

	拟合方法	处理天数(d)				
		2	4	6	8	10
$RMSE$（mm）	TEP	0.52	0.42	0.53	0.45	0.49
	LTF	0.67	0.68	0.80	0.68	0.71
	PDT	0.47	0.44	0.54	0.42	0.47
RE(%)	TEP	6.40	5.31	6.69	5.76	6.36
	LTF	8.17	8.61	10.17	8.75	9.33
	PDT	5.69	5.58	6.91	5.47	6.16
R^2	TEP	0.970	0.980	0.978	0.982	0.975
	LTF	0.914	0.938	0.928	0.941	0.927
	PDT	0.948	0.973	0.961	0.971	0.959

番茄低温寡照胁迫后植株茎粗模拟值与实际观测值基于 1∶1 变化的对比如图 5.9。图 5.9(a)、(b)、(c)、(d)分别为持续 4 d、6 d、8 d、10 d 低温寡照处理番茄植株茎粗模拟值及实际观测值比较。整体上各方法对低温寡照胁迫后番茄植株茎粗前期模拟情况较好,在后期对番茄植株茎粗的模拟整体偏小,且所有模拟中 PDT 方法对植株茎粗所能达到值最大。综合分析比较,对低温寡照胁迫后番茄植株茎粗的模拟预测中 PDT 法优于 TEP 法和 LTF 法。

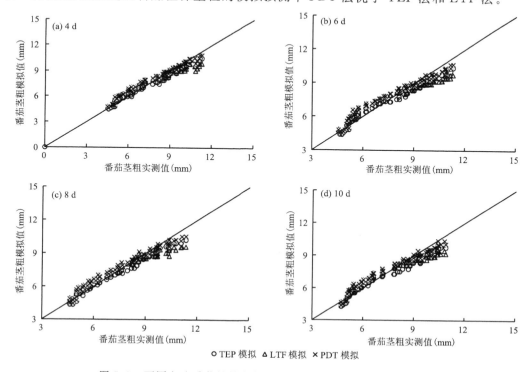

图 5.9 不同方法番茄植株茎粗模型模拟值与实际观测值的比较

（3）番茄植株叶面积模拟检验

利用独立试验数据对模型预测效果进行检验，其中各方法不同胁迫天数番茄植株叶面积生长的模拟精度比较如表5.8。番茄低温寡照胁迫后叶面积模型模拟值与实际观测值变化的对比如图5.10，可以看出，三种模型在对番茄叶面积的预测中有很大差异。在对植株叶面积的模拟中，TEP法模拟值整体偏大，而LTE法和PDT法模拟值整体偏小。通过对比，TEP法对番茄植株低温寡照叶面积的模拟是三个方法中精度最高的，且对胁迫天数较少处理的番茄植株叶面积模拟较好。

表 5.8　不同胁迫天数各方法对低温寡照胁迫番茄植株叶面积模拟精度比较

| | 拟合方法 | 处理天数（d） | | | | |
		2	4	6	8	10
RMSE（cm²）	TEP	42.72	40.34	93.47	90.74	92.67
	LTF	124.06	122.80	92.81	103.99	108.48
	PDT	183.77	182.44	98.40	116.29	125.06
RE(%)	TEP	4.91	5.21	12.06	13.82	16.26
	LTF	14.27	15.85	11.98	15.84	19.04
	PDT	21.31	5.58	6.91	5.47	6.16
R²	TEP	0.981	0.977	0.980	0.938	0.907
	LTF	0.940	0.942	0.927	0.903	0.866
	PDT	0.977	0.959	0.976	0.946	0.894

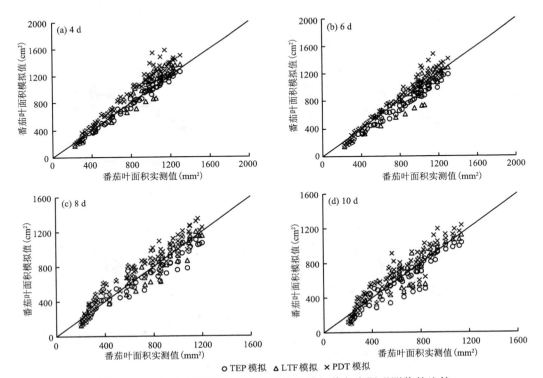

○ TEP模拟　△ LTF模拟　× PDT模拟

图 5.10　不同方法番茄植株叶面积模型模拟值与实际观测值的比较

　　研究证实番茄植株低温寡照处理后各形态指标随时间增加均有增加,整体呈 S 形曲线。同时低温寡照胁迫对番茄株高、茎粗及叶面积均有一定影响,胁迫程度不同,影响不同,整体上番茄植株各形态指标受到低温寡照胁迫后相较 CK 减小。当低温寡照处理持续时间在 8 d 及以上时,番茄植株各项形态指标均有明显减小,且在试验结束时均无法恢复到 CK 标准,同时各指标进入快速生长期的时间有不同程度的后移。在对低温寡照胁迫后番茄植株株高的模拟预测中,模型精度为 LTF 法＞TEP 法＞PDT 法,而在番茄植株茎粗的模拟预测中,各模拟方法模拟精度为 PDT 法＞TEP 法＞LTF 法,同时在对植株叶面积的模拟中,各模型模拟精度为 TEP 法＞PDT 法＞LTF 法。

第三节　低温寡照对设施番茄干物质生产和分配的影响及模拟

　　干物质生产与分配作为作物产量和品质形成的物质基础,在结实前分配到植株叶片的干物质形成光合叶面积从而影响植株的营养生长,而结实后分配到果实中的干物质则直接参与作物产量和品质的形成(刘寿东 等,2010)。前人研究指出温度和光照的变化会对作物干物质累积和分配产生影响。

　　国外在对甜瓜、番茄、辣椒等作物研究中提出低温对植物的伤害主要集中在地上部分,即对作物叶片及茎的伤害大于根系。赵玉萍等(2010a,2010b)研究指出,温室作物产量对光照有很强的依赖性,作物产量会随温室光照强度下降而降低。有科学家研究认为光可以促进同化物运输,一方面使光合作用加速,提高叶片中同化产物水平,另一方面使光合产物通过叶绿体外套膜的速度加快,使得叶片同化物运输对能量的需求得以满足。余纪柱等(2003)在对黄瓜低温弱光的研究中指出低温弱光处理 6 d 后与对照相比,黄瓜干重、干鲜重、茎粗、叶面积、叶质量、比叶面积和鲜重都有所增加。

一、低温寡照对番茄植株干物质生产的影响

　　图 5.11 为低温寡照胁迫后番茄植株干物质量随时间的变化趋势。图 5.11(a)、(c)、(e)分别为 L1 光照下各温度胁迫 2 d、6 d 和 10 d 后番茄植株单株干物质总量随生长时间的变化,图 5.11(b)、(d)、(f)分别为 L2 光照下各温度胁迫 2 d、6 d 和 10 d 后番茄植株单株干物质总量随时间的变化。由图可知,各处理番茄植株单株干物质量随生长时间的增加而增大,生长曲线呈 S 形变化,在处理结束 80 d 之后,CK 植株干重增长减缓,到 90 d 时 CK 干重为 29.97 g,各胁迫处理干物质累积重均低于 CK。低温寡照持续 2 d 处理结束后,番茄单株干物质重量前 30 d 生长中显著低于 CK,之后植株干物质重量随生长时间延长与 CK 间差异逐渐减小。低温寡照持续胁迫时长在 6 d 及以上时,同光照处理番茄植株单株干重随温度降低而减小。持续 6 d 处理结束后 30 d,L2 光照下 T3、T4 温度处理下番茄植株干重无明显差异,处理结束至 80 d 生长干物质最大值均出现在 T4L1 处理,到 90 d 时最大值为 T4L2 处理,植株干重达 24.98 g,为 CK 干重的 83.33%。在处理结束后 40～80 d,光照相同时随胁迫温度升高番茄植株干重显著升高,在此期间最大值均出现在 T4L1 处理。低温寡照持续 10 d 胁迫处理后,前 20 d 生长 L1 光照下 T1、T2 温度间番茄植株干重差异不显著,而在 L2 光照下 T2、T3 温度处理植株干重差异不显著。在 40 d 以后的生长中,同光照下各温度胁迫植株干重随温度的升高显著上升,生长 50 d 及以后,同温度 L1 光照下番茄植株干重显著大于 L2 光照处理,到试验结束时最大处理为 T4L1,植株总干重为 24.61 g,最小值 T1L2 处理干重为 18.59 g,两者分别较 CK 下降了

17.88%和41.84%。

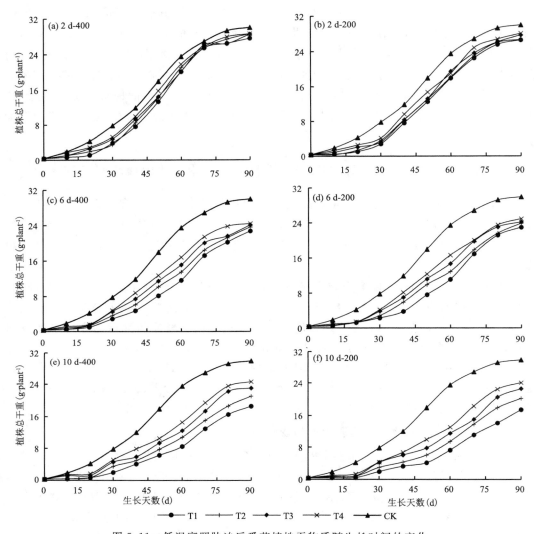

图 5.11　低温寡照胁迫后番茄植株干物质随生长时间的变化

二、低温寡照对番茄植株地上部分干物质分配比例的影响

低温寡照对番茄植株地上部分各器官分配比例的影响见图5.12,其中依次分别为L1、L2光照下低温寡照持续胁迫2 d、6 d、10 d后番茄植株地上部分各干物质分配比例随生长时间的变化趋势。由图可知,整个试验期内各处理番茄叶干物质分配比例为0.22~0.69。低温寡照持续2 d胁迫后,除T4L1处理外,其余处理叶干物质分配比例均显著大于CK,其中,T1L2处理叶干物质分配比例高达0.69,为所有处理中最大值,较CK增加了27.52%。番茄植株各处理叶干物质分配比例均随生长时间增加而逐渐降低,到试验结束时,CK叶干物质分配比例为0.23,而各处理叶干物质分配比例均显著高于CK,其中T1L1处理值为所有处理中最大,较CK增加了69.57%。同时,在相同光照条件下,叶片干物质分配比例整体随温度的升高而下降。

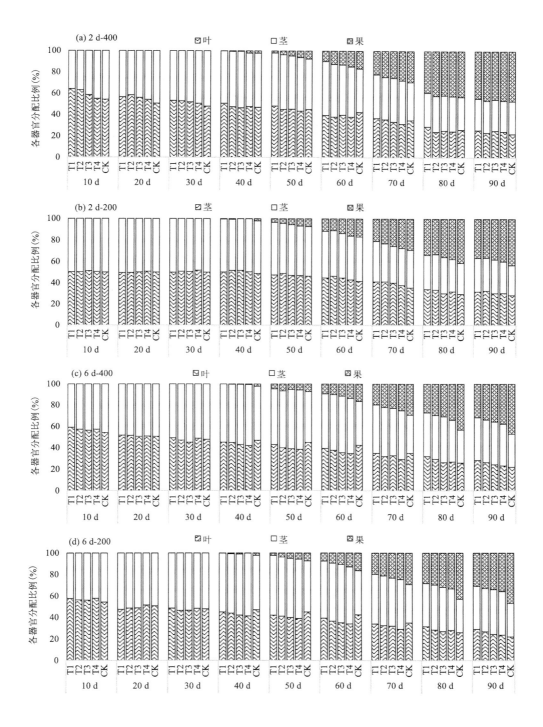

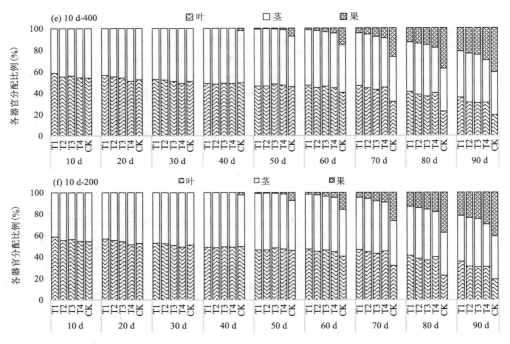

图 5.12　低温寡照胁迫后番茄地上部分干物质分配比例随生长时间的变化

　　处理结束后至开花期前,番茄茎干物质分配比例与叶干物质分配比例值大小顺序相反,不同处理天数番茄茎干物质分配比例在胁迫后 10 d 均小于叶干物质分配比例,后随生长时间增加呈抛物线变化。胁迫天数小于等于 6 d 时,茎干物质分配比例最大值出现在处理结束 40 d 后;胁迫天数大于 6 d 时,最大值整体出现在处理结束 50 d 后。持续 2 d 处理结束时,T4L1 处理茎干物质分配比例较 CK 增加 4.92%,其余均显著低于 CK,持续 6 d 以上低温寡照胁迫结束时 T3、T4 温度处理茎干物质分配均大于 CK。在处理结束后 40 d 时,CK 和低温寡照胁迫6 d 以下各处理进入结果期,此后番茄植株果实干物质分配比例随生长时间增加而逐渐升高。试验结束时,CK 果实干物质分配比例为 0.32,显著高于 6 d 及以上胁迫后各处理果实干物质分配比例。且对于 6 d 以上胁迫处理,试验结束时同光照下果实干物质分配比例随温度上升而增加。试验中番茄植株花所获得的干物质分配比例较少,仅占植株地上部分干物质的3%～5%,各个处理间差异不显著,不具有明显变化趋势。

三、低温寡照胁迫后番茄干物质生产及分配模型的建立

1. 低温寡照胁迫后番茄植株干物质生产模拟

　　在研究中发现各处理番茄植株单株干物质生产量随处理后番茄植株接受温光指标的增加而增加,且不同处理后番茄植株总干重与光温指标(TEP、LTF、PDT)累积值均能较好地符合Logistic 方程:

$$W = \mu \times W_{max}/(1 + \exp(a_0 - a_1 \times X)) \tag{5.3}$$

式中,W 为定植后第 i 天的番茄植株总干物质重(g),W_{max} 则为 CK 番茄植株收获时所能达到的最大干物质累积量(g),X 为不同模拟方法处理光温指标(TEP、LTF、PDT)累积值。其中各方法对 CK 番茄植株干物质累积模拟预测方程系数如表 5.9。由表可知,利用 PDT 方法对

番茄植株干物质生产进行模拟时植株所能达到最大干物质量为所有方法中最大,其次为 LTF 法,最小为 TEP 模拟法。

表 5.9　番茄植株干物质生产模拟不同模拟方法系数的选取

模拟方法	W_{max}	a_0	a_1	R^2	n
TEP	30.483	2.590	0.057	0.958	30
LTF	36.802	3.166	0.144	0.967	30
PDT	37.291	3.191	0.130	0.975	30

因各处理胁迫程度不同使得番茄植株干物质生产状况也不同,因此为了对低温寡照处理后番茄植株干物质生产模拟具体化,以 CK 番茄植株干物质生产模拟作为低温寡照处理后干物质生产基准,引入胁迫系数 μ 用以描述某一胁迫处理对番茄植株干物质生产的影响。通过对数据的拟合分析,得出番茄干物质生产胁迫系数 μ 符合方程:

$$\mu = -0.037 \times D + 0.025 \times T + 0.187 \times 10^{-3} \times PAR + 0.769 \tag{5.4}$$

式中,D 为持续低温寡照胁迫天数(d),T 为低温寡照胁迫中日最低气温($^\circ$C),PAR 为低温寡照胁迫时番茄植株接受的光合有效辐射(μmol·m^{-2}·s^{-1}),各自变量取值范围与形态指标模拟中 μ 取值相同,样本数 n 为 120。

2. 低温寡照胁迫后番茄地上部分干物质分配模拟

将计算所得地上部分茎、叶和果干物质分配比例,与所对应的各累积温光指标进行拟合得番茄植株地上部分各器官干物质分配比例。

(1)低温寡照胁迫后番茄植株叶干物质分配模拟

将番茄植株叶干物质分配比例与各温光指标累积值进行拟合,得出方程:

$$PIL = \mu \times (1 - a \times \exp(b \times X)) \tag{5.5}$$

式中,PIL 为番茄植株叶干物质分配比例,μ 为不同低温寡照胁迫处理后番茄植株叶干物质分配比例胁迫系数,X 为 TEP、LTF 和 PDT 不同模拟方法的累积温光指标,计算 CK 植株叶干物质分配比例时 μ 为 1,用不同方法对番茄叶干物质分配比例进行模拟时系数 a、b 的取值如表 5.10。

表 5.10　番茄植株叶干物质分配不同模拟方法系数的选取

模拟方法	a	b	R^2	n
TEP	0.444	0.005	0.956	30
LTF	0.415	0.017	0.898	30
PDT	0.414	0.015	0.892	30

低温寡照胁迫情况不同,番茄植株叶干物质分配也不同,因此以 CK 番茄植株叶干物质分配比例为模拟基础,引入胁迫系数 μ 用以描述不同胁迫情况下番茄植株叶干物质分配比例,当番茄不经受低温寡照胁迫时胁迫系数 μ 取 1。其中,通过对数据的拟合分析,得出番茄叶干物质分配比例胁迫系数 μ 拟合符合方程:

$$\mu = Ae^{B} \tag{5.6}$$

$$A = 0.017 \times D - 0.008 \times T + 0.049 \times 10^{-3} \times PAR + 0.103 \tag{5.7}$$

$$B=\begin{cases}-0.184\times D+0.051\times T-0.283\times 10^{-3}\times PAR+2.801 & D\leqslant 6\\-0.184\times D+0.051\times T-0.283\times 10^{-3}\times PAR+3.104 & D>6\end{cases}\qquad(5.8)$$

式中,D 为持续低温寡照胁迫天数(d),T 为低温寡照胁迫中日最低气温(℃),PAR 为低温寡照胁迫时番茄植株接受的光合有效辐射($\mu mol\cdot m^{-2}\cdot s^{-1}$),各自变量取值范围与形态指标模拟中 μ 取值相同,样本数 $n=120$。

(2)低温寡照胁迫后番茄植株果干物质分配模拟

将 CK 番茄植株果干物质分配比例与各温光指标累积值进行拟合,得出不同方法对番茄果干物质分配比例模拟方程:

$$PIF=\begin{cases}0 & TEP<39.71\\0.573/(1+\exp(5.123-0.062\times TEP)) & TEP\geqslant 39.71\end{cases}\qquad R^2=0.974\qquad(5.9)$$

$$PIF=\begin{cases}0 & LTF<17.23\\0.576/(1+\exp(9.263-0.328\times LTF)) & LTF\geqslant 17.23\end{cases}\qquad R^2=0.977\qquad(5.10)$$

$$PIF=\begin{cases}0 & PDT<19.05\\0.546/(1+\exp(10.239-0.334\times PDT)) & PDT\geqslant 19.05\end{cases}\qquad R^2=0.976\qquad(5.11)$$

式中,样本数 n 为 30。针对不同低温寡照处理番茄植株果干物质分配比例模拟引入胁迫系数 μ,以 CK 植株果干物质分配比例为基础对不同低温寡照胁迫处理番茄植株果干物质分配比例进行模拟,当番茄植株不受胁迫时 μ 取 1,通过各数据拟合分析得 μ 为:

$$\mu=-0.075\times D+0.031\times T-0.117\times 10^{-3}\times PAR+0.986\qquad R^2=0.958\qquad(5.12)$$

式中,样本数 n 为 120。因胁迫处理不同,各处理番茄植株干物质与开始向果实分配时所需的累积温光指标不同,各处理干物质开始向果实分配所需的累积温光指标参照番茄植株生育期中坐果期的模拟,当累积温光指标低于所需累积量时,果干物质分配比例为 0;当累积温光指标值大于所需累积量时,各处理果干物质分配比例参照公式(5.7)—(5.12)进行模拟计算,各自变量取值范围与形态指标模拟中 μ 取值相同。

(3)低温寡照胁迫后番茄植株茎干物质分配模拟

番茄地上部分各器官干物质分配比例计算时,因花干物质分配比例过小且不具有规律性,因此对番茄植株地上部分各器官分配比较进行模拟时忽略不计。由此可得,番茄植株茎干物质分配比例为:

$$PIS_i=1-PIL_i-PIF_i\qquad(5.13)$$

式中,PIS_i 为某处理番茄植株在 i 时刻茎干物质分配比例,PIL_i 和 PIF_i 分别为该处理在同一时刻植株叶和果干物质分配比例。

3. 模型的检验

(1)低温寡照胁迫番茄植株干物质累积模拟检验

利用独立试验数据对模型预测效果进行检验,其中各方法不同胁迫天数处理番茄植株干物质累积变化的模拟精度比较如表5.11。TEP 方法进行模拟时对持续 2 d 胁迫时的植株干物质生产模拟最好,$RMSE$ 为 1.10 g,RE 为 0.21%。LTF 法与 PDT 法均对低温寡照持续胁迫4 d 模拟效果最好,其中 RMSE 分别为 1.77 g、1.41 g,RE 分别为 0.31% 和 0.25%。TEP法对持续 8 d 胁迫番茄干物质累积量模拟较差,LTF 法及 PDT 法均对持续 2 d 低温寡照胁迫处理后番茄植株干物质累积模拟较差,$RMSE$ 分别为 3.20 g 与 3.39 g。

表 5.11 不同胁迫天数各方法对低温寡照胁迫番茄植株干物质模拟精度比较

	模拟方法	胁迫时间(d)				
		2	4	6	8	10
RMSE (g)	TEP	1.10	2.13	1.29	2.32	1.90
	LTF	3.20	1.77	2.63	3.08	2.53
	PDT	3.39	1.41	2.67	2.97	2.43
RE(%)	TEP	0.21	0.45	0.30	0.60	0.54
	LTF	0.52	0.31	0.52	0.67	0.61
	PDT	0.55	0.25	0.52	0.64	0.58
R^2	TEP	0.981	0.982	0.988	0.960	0.970
	LTF	0.971	0.973	0.951	0.900	0.915
	PDT	0.981	0.982	0.963	0.914	0.931

　　番茄单株干物质生产模型模拟值与实际观测值变化的对比如图 5.13,图 5.13(a)、(b)、(c)、(d)分别为低温寡照持续 4 d、6 d、8 d 和 10 d 胁迫后番茄干重模拟值与实测值之间的对比。如图所示,在持续 2 d 和 4 d 的胁迫中,LFT 法和 PDT 法模拟番茄植株干重较实测值偏大,而 TEP 法则偏小。低温寡照胁迫时长大于等于 8 d 时,各模拟方法在对番茄植株前期单株干物质质量的模拟中整体值偏大,随着番茄植株干物质的累积所模拟的值较实测值又逐渐偏小。对各模拟方法总体分析后,发现在对番茄植株单株干物质质量的模拟中,TEP 法整体表现更好。

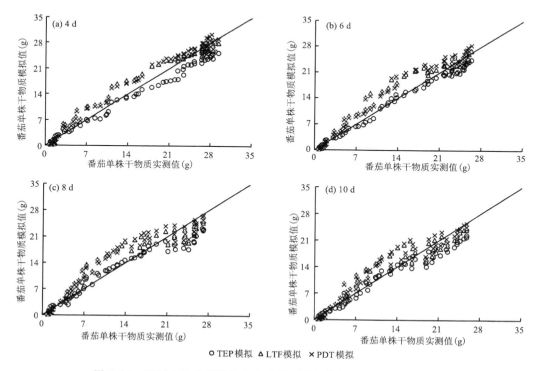

图 5.13 不同方法番茄植株干物质模型模拟值与实际观测值的比较

（2）低温寡照胁迫后番茄植株地上部分分配模拟检验

表 5.12 为不同模拟方法对低温寡照处理后，番茄植株地上部分各器官干物质分配比例模拟精度的比较。由表可知，对于地上部分各器官干物质分配比例的模拟中，PDT 法模拟最优，该法对于持续 8 d 处理的植株模拟精度最高，RMSE 及 RE 分别为 0.022 及 5.562%。对地上部分各器官干物质分配比例模拟精度较差的为 TEP 法，该模拟法对持续 2 d 处理后番茄植株的模拟最差，RMSE 与 RE 分别达到了 0.127 与 33.982%。LTF 法模拟精度介于 PDT 法和 TEP 法之间。

表 5.12　不同胁迫天数各方法对低温寡照胁迫番茄植株地上部分分配模拟精度比较

	拟合方法	胁迫时间（d）				
		2	4	6	8	10
RMSE	TEP	0.127	0.106	0.085	0.102	0.090
	LTF	0.056	0.080	0.073	0.043	0.045
	PDT	0.030	0.025	0.032	0.022	0.033
RE(%)	TEP	33.982	28.320	22.574	26.184	22.567
	LTF	14.914	21.296	19.437	11.022	11.173
	PDT	7.868	6.655	8.574	5.562	8.148
R^2	TEP	0.619	0.684	0.824	0.702	0.827
	LTF	0.591	0.599	0.818	0.757	0.885
	PDT	0.577	0.584	0.809	0.774	0.846

（3）低温寡照胁迫后番茄植株叶干物质分配模拟检验

选用独立试验数据计算所得番茄植株叶干物质分配比例与模型预测效果进行检验，其中各方法不同胁迫天数番茄叶干物质分配变化的模拟精度比较如表 5.13。由表可知各模拟方法对低温寡照胁迫 6 d 处理番茄植株叶干物质分配模拟精度都较好，TEP 法、LTF 法和 PDT 法对该胁迫天数番茄植株叶干物质分配模拟的 RMSE 分别为 0.086、0.069、0.070。

表 5.13　不同胁迫天数各方法对低温寡照胁迫番茄植株叶干物质分配模拟精度比较

	模拟方法	胁迫时间（d）				
		2	4	6	8	10
RMSE	TEP	0.150	0.113	0.086	0.135	0.177
	LTF	0.124	0.117	0.069	0.119	0.153
	PDT	0.122	0.118	0.070	0.122	0.158
RE(%)	TEP	27.161	22.296	19.841	27.716	23.272
	LTF	23.531	22.320	16.632	25.713	28.399
	PDT	23.415	22.685	17.201	26.763	29.723
R^2	TEP	0.846	0.814	0.767	0.681	0.583
	LTF	0.727	0.778	0.792	0.607	0.460
	PDT	0.805	0.846	0.858	0.638	0.550

番茄植株叶干物质分配模拟值与实际观测值变化的对比如图 5.14。图 5.14（a）、（b）、

(c)、(d)分别为低温寡照持续 4 d、6 d、8 d 和 10 d 胁迫后番茄叶分配比例模拟值与实测值之间的对比。由图可知,持续对胁迫后番茄植株叶干物质分配模拟值较实测值整体偏大,同时整体对持续 6 d 胁迫番茄叶干物质分配比例拟合度最好。各模拟方法对番茄叶干物质分配比例拟合精度为 LTF>PDT>TEP。

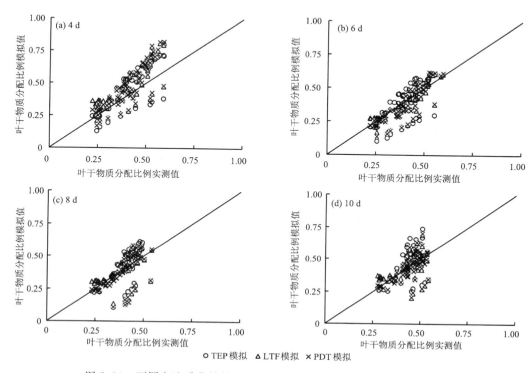

图 5.14　不同方法番茄植株叶干物质分配模拟值与实际观测值的比较

（4）低温寡照胁迫后番茄植株果干物质分配模拟检验

利用独立试验数据计算各低温寡照胁迫后番茄植株果干物质分配比例并与模型预测值进行对比检验。各模拟方法对不同胁迫天数番茄果干物质分配比例模拟精度比较如表 5.14。由表可知,TEP 法对持续 6 d 低温寡照胁迫后的果实干物质分配比例的模拟结果最好,其 $RMSE$ 为 0.068,而 LTF 法和 PDT 法则对持续 8 d 低温寡照胁迫后的果干物质分配比例模拟效果较好。且各模拟方法均对持续 2 d 胁迫后番茄果干物质分配比例模拟较差。

表 5.14　不同胁迫天数各方法对低温寡照胁迫番茄植株果干物质分配模拟精度比较

	拟合方法	胁迫时间(d)				
		2	4	6	8	10
$RMSE$	TEP	0.102	0.078	0.068	0.088	0.088
	LTF	0.126	0.094	0.127	0.093	0.093
	PDT	0.141	0.104	0.133	0.088	0.088
$RE(\%)$	TEP	45.536	37.064	38.237	45.536	45.536
	LTF	56.339	44.792	71.223	48.646	48.646
	PDT	63.032	49.916	75.200	45.564	45.564

	拟合方法	胁迫时间(d)				
		2	4	6	8	10
R^2	TEP	0.922	0.893	0.852	0.799	0.580
	LTF	0.844	0.836	0.793	0.714	0.524
	PDT	0.804	0.810	0.773	0.800	0.502

番茄植株果干物质分配模拟值与实际观测值变化的对比如图 5.15。图 5.15(a)、(b)、(c)、(d)分别为低温寡照持续 4 d、6 d、8 d 和 10 d 胁迫后,番茄果干物质分配比例模拟值与实测值之间的对比。由图可知,在胁迫时间低于 6 d 持续低温寡照胁迫果干物质分配的模拟预测值整体偏大,同时持续 8 d 胁迫的模拟中前期果干物质分配较实测值偏大,后期则小于实测值,且 LTF 法及 PDT 法模拟预测值较为重合。综合分析可知,对低温寡照处理后果干物质分配比例的模拟中 TEP 法最佳,当胁迫时间等于或低于 6 d 时,LTF 法优于 PDT 法;当胁迫时间大于 6 d 时,则 PDT 法优于 LTF 法。

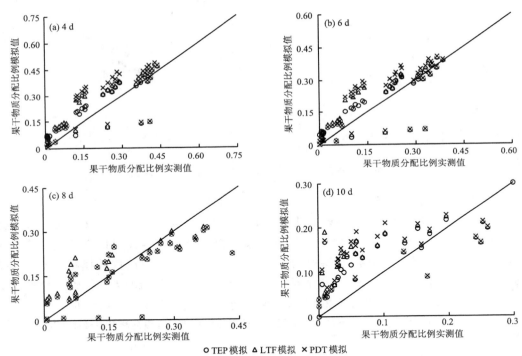

○ TEP模拟　△ LTF模拟　× PDT模拟

图 5.15　不同方法番茄植株果干物质分配模拟值与实际观测值的比较

(5)低温寡照胁迫后番茄植株茎干物质分配模拟检验

根据独立试验计算各所得低温寡照胁迫后番茄植株茎干物质分配比例与各不同模型模拟预测值对比进行检验,其不同胁迫天数番茄茎干物质分配比例模拟精度比较如表 5.15。由表可知,番茄植株茎干物质分配比例的模拟效果及叶分配的模拟差,其中各模拟方法在不同胁迫天数,番茄茎干物质分配模拟中均对持续 10 d 低温寡照胁迫后的番茄植株模拟最为精确,TEP 法、LTF 法与 PDT 法在该胁迫天数番茄植株茎干物质分配模拟中 RMSE 分别为

0.081、0.138、0.078。茎干物质分配的模拟中,各模拟法精度均随胁迫时间增加而增大。

表 5.15　不同胁迫天数各方法对低温寡照胁迫番茄植株茎干物质分配模拟精度比较

	拟合方法	胁迫时间(d)				
		2	4	6	8	10
$RMSE$	TEP	0.102	0.056	0.076	0.088	0.055
	LTF	0.209	0.128	0.100	0.078	0.147
	PDT	0.157	0.109	0.036	0.081	0.053
$RE(\%)$	TEP	44.977	34.758	39.270	37.288	10.385
	LTF	68.772	50.793	44.600	35.074	31.432
	PDT	57.156	46.409	30.184	35.753	17.708
R^2	TEP	0.556	0.514	0.516	0.504	0.654
	LTF	0.614	0.589	0.579	0.521	0.625
	PDT	0.536	0.523	0.526	0.516	0.651

　　番茄植株茎干物质分配模拟值与实际观测值变化的对比如图 5.16。图 5.16(a)、(b)、(c)、(d)分别为低温寡照持续 4 d、6 d、8 d 和 10 d 胁迫后,番茄茎干物质分配比例模拟值与实测值之间的对比。由图可知,在对持续 2 d、4 d 胁迫处理后番茄茎干物质分配比例的模拟中,各模拟方法整体偏小,并随胁迫时间的增长,各模拟方法精度有所增加。综合分析,对低温寡照胁迫后番茄茎干物质分配比例模拟中,当胁迫时间等于或低于 4 d 时,最优模拟法为 TEP 法;当胁迫时间大于 4 d 时,最优模拟法为 PDT 法;不同胁迫时长对番茄茎干物质分配模拟均为 PDT 法精度最低。

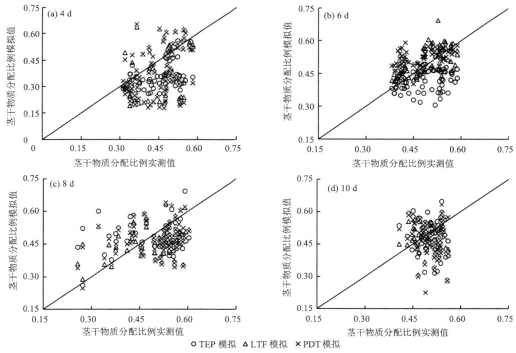

○ TEP 模拟　△ LTF 模拟　× PDT 模拟

图 5.16　不同方法番茄植株茎干物质分配模拟值与实际观测值的比较

　　研究证实低温寡照胁迫会使得番茄植株单株干物质的生产受到阻碍。低温寡照胁迫整体上温度降低叶干物质分配比例升高,后在番茄生长过程中,植株叶干物质分配比例逐渐下降;茎干物质分配比例在处理结束后,前期随时间逐渐上升,并在植株进入坐果期后逐渐下降。处理结束时,相同光照下胁迫温度越低,果实干物质分配比例越低。番茄低温寡照复合胁迫后,其干物质生产随时间变化的模拟中,TEP 法优于 PDT 法,也优于 LTF 法。对于植株地上部分干物质分配比例模拟中,总体上 PDT 法最优。在对低温寡照处理后番茄叶干物质分配比例模拟中,各模拟法精度为 LTF>PDT>TEP。对于果干物质分配比例的模拟中,整体上 TEP 法最佳,当胁迫时间等于或低于 6 d 时,LTF 法优于 PDT 法;当胁迫时间大于 6 d 时,则 PDT 法优于 LTF 法。而低温寡照胁迫后番茄茎干物质分配比例的模拟精度较叶干物质分配比例与果干物质分配比例低,当胁迫时间等于或低于 4 d 时,最优模拟法为 TEP 法,当胁迫时间大于 4 d 时,最优模拟法为 PDT 法。

第六章　设施番茄气象灾害指标提取

　　我国南方地区设施农业主要是以塑料大棚为主,北方主要以日光温室为主,总体来说设施水平低下,抵御自然灾害的能力较差,同时由于设施作物的生产高度依赖于气候条件(气温、降水、光照等),被这些条件影响所导致的风险较为严重。因此,提取各气象灾害下的指标,构建气象灾害等级对设施环境灾害预警和灾害风险区划具有重要的意义。

第一节　高温高湿复合处理下设施番茄灾害指标提取

　　从设施番茄叶片的光合特性(P_n、G_s、T_r、L_s、C_i、WUE、LSP、LCP、P_{max}、AQE),荧光特性(φ_{Ro}、PI_{total}、F_v/F_m、PI_{abs}、ABS/CS_m、TR_o/CS_m、DI_o/CS_m、ET_o/CS_m)和衰老特性(Chl a、Chl b、SOD、POD、CAT、MDA)3个方面共24个指标入手。为了综合地研究设施叶片对高温高湿复合的响应,采用主成分分析的方法得到新的综合指标,并对24个生理生化指标进行综合筛选并确定其权重系数,构建灾害指数,为更精细化的设施番茄高温高湿灾害预警提供依据。

一、高温高湿复合处理及恢复后各生理生化指标的相关性分析

　　设施番茄叶片在高温高湿复合处理下各生理生化指标与处理时间的相关性分析见表6.1。P_n、LSP、P_{max}、AQE、G_s、T_r、PI_{total}、F_v/F_m、ABS/CS_m、TR_o/CS_m、ET_o/CS_m 和 Chl a 在不同处理下均与处理时间呈负相关,说明这些指标随着处理时间的延长呈持续下降趋势,多数指标相关系数绝对值在 0.70～0.99 范围内,大多数指标达到显著性水平。LCP 和 MDA 在不同处理下均与处理时间呈正相关,说明这些指标随着处理时间的延长呈持续上升的趋势,多数相关性系数在 0.97 左右,均达到显著性水平。C_i、L_s、WUE、φ_{Ro}、PI_{abs}、Chl b、SOD、POD 和 CAT 在不同处理下与处理时间的相关系数有正有负,说明随处理时间的延长指标在不同处理中变化规律不一,例如 C_i 值在 37 ℃(T_{37})条件下随处理时间的延长呈下降的趋势,而 41 ℃(T_{41})和 44 ℃(T_{44})则相反。整体来看,光合参数与时间的相关性最高,其次为气孔交换参数,衰老特性参数次之,荧光特性参数最差。随着处理温度的升高,指标与处理时间的相关性增加,RH_{50} 处理下的指标与时间的相关性最高,RH_{90} 其次,RH_{70} 最小。

表 6.1　高温高湿复合处理下各指标与处理时间的相关性分析

参数	胁迫处理								
	T_{37}			T_{41}			T_{44}		
	RH_{50}	RH_{70}	RH_{90}	RH_{50}	RH_{70}	RH_{90}	RH_{50}	RH_{70}	RH_{90}
P_n	−0.90*	−0.1	−0.51	−0.99**	−0.93*	−0.97**	−0.99**	−0.95*	−0.99**
LSP	−1.00**	−0.99**	−0.77	−0.97**	−0.97**	−0.93*	−1.00**	−0.99**	−0.99**
LCP	0.95*	0.99**	0.92*	0.95*	0.90*	0.97**	0.96*	0.97**	0.95*

参数	胁迫处理								
	T_{37}			T_{41}			T_{44}		
	RH_{50}	RH_{70}	RH_{90}	RH_{50}	RH_{70}	RH_{90}	RH_{50}	RH_{70}	RH_{90}
P_{max}	-0.97^{**}	-0.99^{**}	-0.77	-0.99^{**}	-0.99^{**}	-0.97^{**}	-0.96^{*}	-0.94^{*}	-0.99^{**}
AQE	-0.77^{*}	-0.65	-0.74	-0.97	-0.76^{**}	-1.00^{**}	-0.71	-0.76	-0.94^{*}
G_s	-0.91^{*}	-0.47	-0.79	-0.94^{*}	-0.97^{**}	-0.77	-0.97^{**}	-0.90^{*}	-0.97^{**}
C_i	-0.57	-0.27	-0.47	0.96^{*}	0.69	0.79^{*}	0.96^{*}	0.72	0.99^{**}
L_s	0.57	0.27	0.61	-0.96^{*}	-0.19	-0.79^{*}	-0.96^{*}	-0.72	-0.92^{*}
T_r	-0.79^{*}	-0.79	-0.97^{**}	-0.93^{*}	-0.90^{*}	-1.00^{**}	-0.92^{*}	-0.97^{**}	-0.96^{*}
WUE	0.70	0.46	0.91^{*}	0.77	0.74	0.91^{*}	-0.71	-0.57	-0.77
φ_{Ro}	-0.57	-0.22	0.49	0.07	-0.36	-0.72	-0.57	-0.32	-0.73
PI_{total}	-0.66	-0.27	-0.39	-0.97^{**}	-0.99^{**}	-0.74	-1.00^{**}	-0.71	-0.95^{*}
F_v/F_m	-0.97^{**}	-0.19	-0.20	-0.97^{**}	-0.97^{**}	-0.22	-0.91^{*}	-0.79	-0.27
PI_{abs}	-0.21	-0.39	-0.75	-0.75	0.19	-0.71	-0.76	0.55	-0.77
ABS/CS_m	-0.79^{*}	-0.34	-0.75	-0.76	-0.97^{**}	-0.96^{*}	-0.73	-0.93^{*}	-0.73
TR_o/CS_m	-0.91^{*}	-0.12	-0.79^{*}	-0.70	-0.96^{*}	-0.97^{**}	-0.76	-0.94^{*}	-0.73
DI_o/CS_m	0.96^{**}	-0.91^{*}	-0.37	0.30	0.23	0.7100	0.75	0.90^{*}	0.95^{*}
ET_o/CS_m	-0.92^{*}	-0.77	-0.71	-0.77	-0.73	-0.70	-0.79^{*}	-0.77	-0.64
Chl a	-0.90^{*}	-0.50	-0.42	-0.94^{*}	-0.93^{*}	-0.74	-0.95^{*}	0.00	-0.93^{*}
Chl b	-0.10	0.00	0.22	-0.67	-0.77	-0.57	-0.91^{*}	-0.95^{*}	-0.94^{*}
SOD	0.97^{**}	0.72	0.97^{**}	-0.11	0.94^{*}	0.90^{*}	-1.00^{**}	-0.07	-0.97^{**}
POD	0.70	0.94^{*}	0.94^{*}	0.99^{**}	1.00^{**}	0.99^{**}	-0.64	0.73	0.20
CAT	0.94^{*}	1.00^{**}	0.97^{**}	-0.52	0.99^{**}	0.44	-0.99^{**}	0.73	-0.99^{**}
MDA	0.99^{**}	0.79	0.99^{**}	0.99^{**}	1.00^{**}	0.97^{**}	0.99^{**}	0.97^{**}	0.97^{**}

注：*、**和***分别表示 $P<0.05$、$P<0.01$ 和 $P<0.001$ 下显著。

设施番茄叶片在高温高湿复合恢复后各指标与处理时间的相关性分析见表 6.2。相比于表 6.1，恢复期内少数指标相关系数在不同处理下正负性发生改变，说明这些指标可能在恢复期间逐渐恢复，大部分指标相关系数绝对值减小，可能是由于样本量变大的原因，多数指标在恢复期显著性提高。G_s、T_r、PI_{total}、ABS/CS_m 和 TR_o/CS_m 在不同处理下均与处理时间呈负相关，多数指标相关系数绝对值在 $0.70\sim0.99$ 范围内，多数指标达到显著性水平。整体来看，光合参数与恢复时间的相关性最高，其次为气孔交换参数，荧光特性参数再次，衰老特性参数最差。随着处理温度的升高，指标与恢复时间的相关性增加，相对空气湿度 50%（RH_{50}）处理下的指标与时间的相关性最高，相对空气湿度 70%（RH_{70}）其次，相对空气湿度 90%（RH_{90}）最小。

表 6.2 高温高湿复合恢复期各指标与处理时间的相关性分析

参数	恢复处理								
	T_{37}			T_{41}			T_{44}		
	RH_{50}	RH_{70}	RH_{90}	RH_{50}	RH_{70}	RH_{90}	RH_{50}	RH_{70}	RH_{90}
P_n	−0.77 *	0.56 *	0.12	−0.79 **	0.23	−0.77 **	−0.77 *	−0.79 *	−0.79 *
LSP	−1.00 **	0.2	−0.11	−0.77 *	−0.77 *	−0.93 *	−0.25	−0.97 **	−0.79 *
LCP	0.92 **	0.75 **	0.72 **	0.77 *	0.70 *	0.97 **	0.74	0.97 **	0.94 *
$P_{\max}$	−0.79 *	0.54	0.11	−0.77 *	0.01	−0.97 **	−0.77 **	−0.12	−0.91 **
AQE	−0.59	0.12	0.32	−0.57	−0.69 *	−0.70 **	−0.66 *	−0.45	−0.71 *
G_s	−0.91 *	−0.47	−0.99 **	−0.56	−0.90 **	−0.71	−0.70	−0.77 *	−0.91 *
C_i	−0.57	−0.27	−0.37	0.77 **	0.66	0.77 *	0.26	0.77 *	0.77 *
L_s	0.57	−0.17	0.01	−0.77	−0.23	−0.56	−0.94 *	−0.70	−0.90 *
T_r	−0.79 **	−0.79	−0.77 *	−0.77	−0.91 *	−0.56	−0.77 *	−0.91 *	−0.75 *
WUE	0.70 *	0.79 **	−0.24	0.75 **	0.74	0.90 *	−0.70	−0.27	−0.70
φ_{Ro}	−0.57	0	0.49	0.14	−0.36	−0.77	−0.47	−0.69	−0.74
PI_{total}	−0.66 *	−0.67 *	−0.77 *	−0.66 *	−0.99 **	−0.77 *	−0.99 *	−0.10	−0.95 *
F_v/F_m	−0.97 **	0.09	−0.21	−0.94 **	−0.97 *	−0.12	−0.91	−0.77	−0.56
PI_{abs}	−0.21	0.77 *	0.33	−0.70 *	0.19	−0.7	−0.56	0.50	−0.25
ABS/CS_m	−0.79 *	0.26	−0.77 **	−0.79 *	−0.97 **	−0.96 **	−0.66	−0.90 *	−0.74
TR_o/CS_m	−0.91 *	−0.72 **	−0.70 *	−0.77	−0.96 **	−0.66	−0.77	−0.77 *	−0.79
DI_o/CS_m	0.96 **	−0.71 **	−0.37	0.32	0.23	0.56	0.46	0.56 *	0.91 *
ET_o/CS_m	−0.92 *	0.57	−0.56	−0.71 *	−0.73 *	−0.15	−0.77 *	−0.71 *	−0.55
Chl a	−0.90 *	0.40	−0.12	−0.79 *	−0.45	−0.56	−0.99	0.01	−0.90 *
Chl b	−0.10	0.26	0.12	−0.56	−0.77 **	−0.45	−0.77	−0.90 **	−0.79 **
SOD	0.97 **	0.62 *	0.70 *	0.02	0.90 **	0.77	−0.77	−0.15	−0.77 *
POD	0.70 *	0.92 *	0.46	0.77 *	0.45	0.77 *	−0.61	0.77 *	0.01
CAT	0.94 **	0.76 **	0.44	−0.37	0.90 **	−0.12	−0.91 *	0.65	0
MDA	0.99 **	0.22	0.77 *	0.79 *	0.77 *	0.56 *	0.77 *	0.59 *	0.77 **

注：* 和 ** 分别表示 $P < 0.05$ 和 $P < 0.01$ 下显著。

高温高湿复合处理及恢复后各指标间的相关性分析见图 6.1。多数指标的相关系数绝对值在 0.70～0.99 范围内，且均达到显著性水平，整体来看，光合特性指标相关性最强，荧光特性指标其次，衰老特性指标最差。

二、高温高湿复合处理下各生理生化指标的主成分分析

在本研究中，为了系统研究高温高湿复合对设施番茄叶片光合、荧光、衰老特性的影响情况，收集了大量指标值，与此同时也造成了信息量过大，指标之间存在很强的相关性等问题，反而不利于对设施番茄叶片生理生化特性的描述，最终影响致灾指标的确定过程。鉴于以上原因，利用降维和特征提取的方法引入主成分分析方法，对不同处理下的 24 个生理生化指标进行主成分分析，在不丧失过多信息的前提下，尽可能减少指标数量，把多个指标转化为几个综

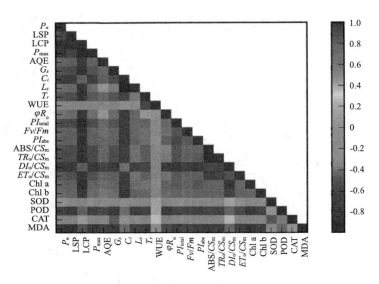

图 6.1　高温高湿复合处理及恢复后各指标间的相关性分析($n=156$)

合指标，便于之后的进一步分析。

对高温高湿复合处理和恢复后的指标进行主成分分析、方差贡献率和累计贡献率结果见表 6.3。统计学中综合碎石图特征（图 6.2）和累计贡献率（表 6.4）选取主成分个数，一般累计贡献率阈值为 75%，即当累计贡献率为 75% 以上时涵盖了所有指标的绝大多数的信息量。本研究选取前 4 个主成分，其累计贡献率达 77.10%，第一主成分的方差贡献率最大为 64.90%，第二主成分的方差贡献率为 10.35%，第三主成分的方差贡献率为 7.27%，第四主成分的方差贡献率为 4.56%。

表 6.3　高温高湿复合处理及恢复各指标的主成分分析解释的总方差

主成分数	特征值	方差贡献率（%）	累计贡献率（%）
1	14.93	64.90	64.90
2	2.37	10.35	75.25
3	1.67	7.27	72.54
4	1.05	4.56	77.10
5	0.74	3.22	90.32
6	0.45	1.97	92.29
7	0.40	1.75	94.05
7	0.30	1.30	95.35
9	0.27	1.16	96.51
10	0.19	0.71	97.32

将高温高湿处理及恢复各指标主成分分析后的特征向量如表 6.4。同一主成分下，不同指标特征向量绝对值越大，表示该指标在该主成分中的影响程度越大。第一主成分中 P_n、LSP、LCP、P_{max}、PI_{total}、ABS/CS_m 和 TR_o/CS_m 指标的特征向量值最高，在 0.2325～0.2437 范围内，且这几个指标均可表征叶片光合和荧光特性。第二主成分中 SOD、MDA 指标的特征向

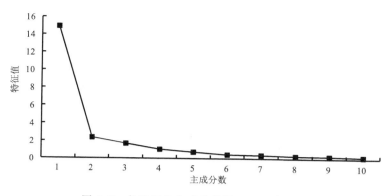

图 6.2　各指标的主成分分析(PCA)碎石图

量绝对值明显高于其他指标,分别为 0.5925 和 −0.5954,这两个指标可表征逆境胁迫下植物抗氧化酶系统特性。第三主成分中 T_r 和 WUE 指标的特征向量最大,分别为 0.3500 和 −0.4097,这些指标可表征植株叶片水分的蒸腾特性。第四主成分中 C_i、L_s 和 WUE 指标的特征向量最大,分别为 0.4442、−0.4351 和 0.4600,这些指标可表征植株叶片气孔特性。这 4 个主成分几乎综合了本研究涉及的所有研究内容,也说明了选取前 4 个主成分作为新的综合变量是可信的。

表 6.4　高温高湿复合处理及恢复下各指标主成分分析后的特征向量

参数	特征向量			
	$Prin_1$	$Prin_2$	$Prin_3$	$Prin_4$
P_n	0.2369	0.0607	0.1434	0.1903
LSP	0.2437	−0.0207	0.1427	0.0441
LCP	−0.2393	−0.0775	0.0472	−0.1015
P_{max}	0.2400	0.0411	0.1320	0.1741
AQE	0.1565	0.0165	0.0269	0.0156
G_s	0.2302	−0.1614	0.1467	0.1731
C_i	−0.2042	−0.0707	0.2343	0.4442
L_s	0.2021	0.0917	−0.2405	−0.4351
T_r	0.2147	−0.1414	0.3500	−0.1300
WUE	−0.0363	0.3970	−0.4097	0.4600
φ_{Ro}	0.1941	−0.0203	−0.3244	−0.0691
PI_{total}	0.2419	0.0737	0.0072	0.0754
F_v/F_m	0.2179	0.0390	−0.0477	0.0109
PI_{abs}	0.2299	0.0751	−0.1347	−0.0010
ABS/CS_m	0.2325	0.0176	0.2447	0.0476
TR_o/CS_m	0.2377	0.0237	0.2060	0.0654
DI_o/CS_m	−0.2035	0.0373	0.2777	−0.2437
ET_o/CS_m	0.2261	0.0575	0.2457	−0.0267

参数	特征向量			
	$Prin_1$	$Prin_2$	$Prin_3$	$Prin_4$
Chl a	0.2250	0.0517	−0.1657	0.1091
Chl b	0.2121	0.0674	−0.0474	−0.3672
SOD	−0.0203	0.5925	0.1732	−0.0143
POD	−0.1953	0.1477	0.2426	0.0077
CAT	−0.0663	0.1637	0.1405	−0.1944
MDA	−0.2191	−0.5954	−0.0076	−0.1179

为了能够系统分析不同水平的高温高湿复合处理的致灾因素,计算各处理指标主成分分析综合得分和排名情况。计算过程如下:

$$Prin_m = \sum_{n=1}^{23} A_{mn} \times \sqrt{B_m} \times X_n \tag{6.1}$$

$$S = \sum_{m=1}^{4} \frac{R_m}{0.771} \times Prin_m \tag{6.2}$$

式中,$Prin_m$ 表示第 m 主成分得分($m=1,2,3,4$),A_{mn} 为主成分特征向量值($m=1,2,\cdots,23$),B_m 为主成分特征值,X_n 为标准化后的各指标值,S 表示综合得分,R_m 表示主成分方差贡献率,0.771 为前 4 个主成分的累计贡献率。

各处理指标主成分分析综合得分和排名情况如表 6.5 所示,在同一处理下,从第一主成分到第四主成分,得分值逐渐降低,除了第四主成分 CK 处理得分为负值外,其余均为正。综合得分排名与第一主成分排名相同,为 $CK>T_{37}RH_{70}>T_{41}RH_{70}>T_{37}RH_{90}>T_{37}RH_{50}>T_{41}RH_{50}>T_{44}RH_{70}>T_{41}RH_{90}>T_{44}RH_{50}>T_{44}RH_{90}$。

表 6.5　高温高湿复合及恢复后各处理指标主成分分析综合得分及排名

处理		第一主成分得分（排名）	第二主成分得分（排名）	第三主成分得分（排名）	第四主成分得分（排名）	综合得分（排名）
CK		1.9779(1)	0.1515(1)	0.7795(1)	−0.1712(1)	1.565(1)
T_{37}	RH_{50}	1.6957(5)	0.1077(6)	0.6573(7)	0.0357(7)	1.333(5)
	RH_{70}	1.9127(2)	0.1145(2)	0.7356(2)	0.0274(5)	1.502(2)
	RH_{90}	1.7063(4)	0.1077(5)	0.6697(5)	0.0370(9)	1.342(4)
T_{41}	RH_{50}	1.6773(6)	0.1090(4)	0.6679(6)	0.0310(7)	1.327(6)
	RH_{70}	1.7195(3)	0.1117(3)	0.7117(3)	0.0230(2)	1.430(3)
	RH_{90}	1.5216(7)	0.1012(7)	0.6222(7)	0.0277(4)	1.199(8)
T_{44}	RH_{50}	1.4649(9)	0.0975(9)	0.6010(9)	0.0254(3)	1.155(9)
	RH_{70}	1.6337(7)	0.1067(7)	0.6701(4)	0.0375(10)	1.279(7)
	RH_{90}	1.3303(10)	0.0925(10)	0.5657(10)	0.0293(6)	1.051(10)

三、高温高湿复合灾害等级的划分

主成分分析结果虽然可以得到高温高湿复合处理及恢复综合得分指数来判定受灾程度,

但要求所测的所有指标作为输入值,工作量很大,而且通过指标与处理因子的方差分析可知,许多指标对高温高湿复合处理的敏感性较差,数据不具有代表性。同时,本研究发现高温高湿复合及恢复后各生理生化指标间存在较好的相关性,即不同指标之间可以表征相同信息,导致信息存在一定程度的重叠冗余。因此,本研究引入灾害指数 SI,对设施番茄进行高温高湿复合灾害等级划分,一方面可以用具有代表性的指标进行综合分析,同时也方便了实际应用。计算过程如下:

$$SI_n = \frac{\left|\frac{a(A_n - A_{ck})}{A_{ck}}\right| + \left|\frac{b(B_n - B_{ck})}{B_{ck}}\right| + \left|\frac{c(C_n - C_{ck})}{C_{ck}}\right| + \cdots}{|a| + |b| + |c|} \quad (6.3)$$

式中,a、b、c⋯表示不同指标的权重系数,A、B、C⋯表示不同指标,n 和 ck 表示不同处理和同期 CK 处理下的指标值,为了方便统计,设对照组 SI 值为 0,各处理中 SI_n 值越大,表明受灾程度越大。

第一主成分可表征 64.9% 的主要信息量,其中以 P_n、LSP、PI_{total} 和 P_{max} 指标的特征向量值最高,表明这些指标在第一主成分中影响程度很高,同时这些指标可共同表征植物光合作用强度。净光合速率 P_n 表征植物干物质的积累能力,是植物生长发育的一个重要参数,P_n 相比于 LSP 和 P_{max} 测定方法简单,且 P_n 与 LSP、P_{max} 存在较好的相关性(图 6.1),分别为 0.90 和 0.97,故选取 P_n。PI_{total} 是综合性能指数,其计算过程包含了多个荧光参数,可表征荧光特性,故可选取。第二主成分 MDA 的特征向量值绝对值(0.5954)显著高于其他指标,该指标是植物逆境胁迫下细胞膜脂过氧化的主要产物,能有效反映保护酶系统的相应结果,且该指标与处理显著性较好。气孔导度 G_s 代表了气孔张开的程度,是影响植物光合作用、呼吸作用及蒸腾作用的重要因素,其对环境温度和相对空气湿度比较敏感,该指标测定简单,同时为第一主成分中特征向量值较高的参数之一,故选取。综合主成分分析贡献率、指标间的相关性,指标与处理和恢复时间的相关性,与处理因子的方差分析、指标测定的难易程度、生物学意义等情况,筛选得到 P_n、G_s、PI_{total} 和 MDA 四个指标,用于建立设施番茄高温高湿复合胁迫程度指数。

在综合性评价函数中各因子的权重系数代表该因子在系统中的重要程度,它表征在其他因子不变的情况下,该因子对结果的影响程度。本研究再次对筛选得到的 4 个指标进行主成分分析,根据指标特征向量值(表 6.6)及第一主成分的贡献率(表 6.7),得到每个指标的权重系数,即 0.52、0.50、−0.47、0.51,将各指标权重系数带入式 6.3 得到设施番茄叶片高温高湿复合灾害指数。

表 6.6 筛选指标主成分分析后的特征向量

参数	特征向量			
	$Prin_1$	$Prin_2$	$Prin_3$	$Prin_4$
P_n	0.52	−0.01	−0.15	0.74
G_s	0.50	0.54	−0.55	−0.40
MDA	−0.47	0.71	0.12	0.33
PI_{total}	0.51	0.24	0.71	−0.17

表 6.7　筛选指标的主成分分析解释的总方差

主成分数	特征值	方差贡献率(%)	累计贡献率(%)
1	3.41	75.23	75.23
2	0.34	7.55	93.77
3	0.16	3.90	97.67
4	0.09	2.33	100.00

$$SI_n = \frac{\left|\dfrac{0.52(P_n - P_{ck})}{P_{ck}}\right| + \left|\dfrac{0.50(G_n - G_{ck})}{G_{ck}}\right| + \left|\dfrac{-0.47(M_n - M_{ck})}{M_{ck}}\right| + \left|\dfrac{0.51(PI_n - PI_{ck})}{PI_{ck}}\right|}{2}$$

(6.4)

式中，P_n、G_n、M_n、PI_n 表示各处理 P_n、G_s、PI_{total} 和 MDA 各处理指标值，P_{ck}、G_{ck}、M_{ck}、PI_{ck} 表示各处理 P_n、G_s、PI_{total} 和 MDA 各指标同期对照值，2 是 4 个权重的绝对值和。

将各处理指标带入式 6.4 后，得到高温高湿复合处理及恢复各处理胁迫程度指数（表 6.8）。胁迫处理下 SI 值为 0.500～0.797，CK 处理为 0，SI 值越大，表示其受胁迫程度越大。在相同湿度下，随着温度的升高，SI 值变大，最大值 0.797 出现在 T_{44} RH_{90} 12 d 处理，最小值 0.500 在 T_{37} RH_{70} 3 d 出现。在相同温度下，各湿度处理 SI 值 RH_{70} 最小，RH_{50} 和 RH_{90} 处理 SI 均明显大于 RH_{70}，整体来看，T_{37} 处理下，RH_{50} 处理 SI 大于 RH_{90}，T_{41} 和 T_{44} 处理下，RH_{50} 处理 SI 小于 RH_{90}。

表 6.8　高温高湿复合处理下设施番茄叶片 SI 值的变化

处理天数	胁迫期									CK
	T_{37}			T_{41}			T_{44}			
	RH_{50}	RH_{70}	RH_{90}	RH_{50}	RH_{70}	RH_{90}	RH_{50}	RH_{70}	RH_{90}	
3 d	0.519	0.456	0.501	0.545	0.502	0.555	0.577	0.536	0.597	0
6 d	0.543	0.517	0.549	0.553	0.534	0.603	0.651	0.559	0.670	0
9 d	0.601	0.547	0.577	0.630	0.575	0.716	0.764	0.670	0.707	0
12 d	0.664	0.596	0.641	0.731	0.667	0.797	0.754	0.763	0.797	0

恢复期 SI 值在 0.200～0.912 范围内，在相同湿度下，随着温度的升高，SI 值变大，最小值 0.200 出现在 T_{37} RH_{70} 处理 3 d，最大值 0.912 在 T_{44} RH_{90} 处理 12 d 出现（表 6.9）。在相同温度下，各湿度处理 SI 值 RH_{70} 最小，RH_{50} 和 RH_{90} 的 SI 均明显大于 RH_{70}。大部分处理 SI 值比胁迫处理期不同程度降低，但对于胁迫比较严重的处理也有 SI 升高的情况，T_{44} 处理 6～9 d 后，SI 值明显大于胁迫期，其中，T_{44} RH_{50} 12 d 和 T_{44} RH_{90} 12 d 植株叶片萎蔫，甚至死亡，SI 值接近最大值 1。

表 6.9　高温高湿复合处理恢复期设施番茄叶片 SI 值的变化

处理天数	恢复期									CK
	T_{37}			T_{41}			T_{44}			
	RH_{50}	RH_{70}	RH_{90}	RH_{50}	RH_{70}	RH_{90}	RH_{50}	RH_{70}	RH_{90}	
3 d	0.329	0.200	0.322	0.423	0.401	0.479	0.577	0.531	0.625	0
6 d	0.359	0.345	0.360	0.599	0.459	0.521	0.612	0.577	0.670	0
9 d	0.405	0.399	0.439	0.697	0.559	0.706	0.759	0.756	0.773	0
12 d	0.469	0.415	0.444	0.712	0.637	0.723	0.799	0.707	0.912	0

由于恢复处理后的 SI 值代表了胁迫处理的最终结果，故选用恢复期 SI 指数划分各处理（含胁迫天数）高温高湿复合胁迫等级。结合表 6.7 及设施番茄苗生长状况，将高温高湿复合致灾划分为 4 个等级（表 6.10）：轻度（$0.2<SI\leqslant0.4$）、中度（$0.4<SI\leqslant0.55$）、重度（$0.55<SI\leqslant0.7$）、极重度（$SI>0.7$）。

表 6.10　高温高湿复合恢复后设施番茄叶片灾害等级划分

处理天数	T_{37}			T_{41}			T_{44}		
	RH_{50}	RH_{70}	RH_{90}	RH_{50}	RH_{70}	RH_{90}	RH_{50}	RH_{70}	RH_{90}
3 d	轻	轻	轻	中	中	中	重	重	重
6 d	轻	轻	轻	重	中	重	重	重	重
9 d	中	轻	中	重	重	极重	极重	极重	极重
12 d	中	中	中	极重	重	极重	极重	极重	极重

研究证实在胁迫期，P_n、LSP、P_{max}、G_s、T_r、PI_{total}、F_v/F_m、ABS/CS_m、TR_o/CS_m、ET_o/CS_m 和 Chl a 在不同处理下均与处理时间呈负相关，LCP 和 MDA 在不同处理下均与处理时间呈正相关，C_i、L_s、WUE、φ_{Ro}、PI_{abs}、Chl b、SOD、POD 和 CAT 在不同处理下与处理时间的相关系数有正有负。整体来看，光合参数与处理时间的相关性最高，其次为气孔交换参数，衰老特性参数次之，荧光特性参数最差。随着处理温度的升高，指标与处理时间的相关性增加，RH_{50} 处理下的指标与时间的相关性最高，RH_{90} 其次，RH_{70} 最小。恢复期内多数指标相关性系数在不同处理下正负性发生改变，大部分指标相关性系数绝对值减小，但达到显著性水平的指标增多。G_s、T_r、PI_{total}、ABS/CS_m 和 TR_o/CS_m 在不同处理下均与处理时间呈负相关，LSP 在不同处理下与恢复时间呈正相关，其他指标在不同处理下与恢复时间的相关系数有正有负。整体来看，光合参数与恢复时间的相关性最高，其次为气孔交换参数，荧光特性参数其次，衰老特性参数最差，随着处理温度的升高，恢复期指标与处理时间的相关性增加，RH_{50} 处理下的指标与时间的相关性最高，RH_{70} 其次，RH_{90} 最小。通过对处理和恢复期 24 个指标进行相关性分析发现，多数指标的相关性较好，且均达到显著性水平，整体来看，光合特性指标相关性最强，荧光特性指标其次，衰老特性指标最差。从设施番茄叶片的光合特性（P_n、G_s、T_r、L_s、C_i、WUE、LSP、LCP、P_{max}、AQE），荧光特性（φ_{Ro}、PI_{total}、F_v/F_m、PI_{abs}、ABS/CS_m、TR_o/CS_m、DI_o/CS_m、ET_o/CS_m）和衰老特性（Chl a、Chl b、SOD、POD、CAT、MDA）3 个方面共 24 个指标，系统研究不同生理生化指标对高温高湿复合的响应。在不丧失过多信息的前提下，尽可能减少指标数量，把多个指标转化为几个综合指标，便于之后的进一步分析。本研究选取前 4 个主成分，可反映 77.10% 的信息。根据各主成分中指标特征向量特点，发现第一主成分表征叶片光合和荧光特性，第二主成分表征叶片逆境胁迫下植物抗氧化酶系统特性，第三主成分表征叶片水分的蒸腾特性，第四主成分表征叶片气孔特性。通过计算得到不同处理各主成分得分及综合得分排名为 CK$>T_{37}RH_{70}>T_{41}RH_{70}>T_{37}RH_{90}>T_{37}RH_{50}>T_{41}RH_{50}>T_{44}RH_{70}>T_{41}RH_{90}>T_{44}RH_{50}>T_{44}RH_{90}$。由于多数指标之间存在很好的相关性，即存在信息重叠冗余，也为了方便实际应用。综合主成分分析贡献率、指标间的相关性、指标与处理和恢复时间的相关性、与处理因子的方差分析、指标测定的难易程度以及生物学意义等情况，筛选得到 P_n、G_s、PI_{total} 和 MDA 四个指标用于建立设施番茄高温高湿复合胁迫程度指数。再次对筛选得到的 4 个指标进行主成分分析，根据指标特征向量和主成分，计算得到每个指标的权重系数，最终确定设施

番茄叶片高温高湿复合灾害指数 SI，并计算得到各处理（含胁迫天数）胁迫期与恢复期 SI。由于恢复处理后的 SI 值代表了胁迫处理的最终结果，故选用恢复期 SI 指数划分各处理（含胁迫天数）高温高湿复合胁迫等级。高温高湿复合胁迫划分为 4 个等级：轻度（$0.2 < SI \leqslant 0.4$）、中度（$0.4 < SI \leqslant 0.55$）、重度（$0.55 < SI \leqslant 0.7$）、极重度（$SI > 0.7$）。

第二节　低温寡照复合处理下设施番茄灾害指标提取

生理生化指标是揭示作物在逆境条件下变化的最敏感、最直接的指标，综合反映了作物的生理生化特性。通过上述指标的变化可以看出低温寡照复合灾害对设施番茄的影响非常大，但反映设施番茄生理生化特性的指标很多，且较多指标之间具有一定的相关关系，这势必会造成在反映设施番茄生理生化特性时产生信息的重叠，因此选择合适的分析方法，对于准确研究设施番茄生理生化特性有重要意义。国内外早期，研究者们对作物生理生化指标的研究主要为：指标的测定与监测，通过简单的相关性分析来研究各指标间的相互关系，从研究的技术角度来看，这种研究方法技术还不够完善，方法较为简单，仅仅可以为之后的研究提供参考的价值；20 世纪 70 年代，统计学的方法开始引入生理生化指标研究的相关领域，这种交叉学科的发展，随即将生理生化指标的研究带到了一个新的方向，主成分分析的方法开始得到大范围、多方面的应用。对于本研究而言，主成分分析不但可以对大量指标进行降维，而且可以通过综合得分来判断设施番茄低温寡照复合灾害的严重程度，为了研究设施番茄在不同低温寡照复合灾害条件下生理生化性质的差异，为抵御低温寡照复合灾害提供理论支持，因此采用上述指标对设施番茄低温寡照复合灾害致灾指标进行主成分分析。

一、低温寡照胁迫下设施番茄各指标的描述性统计

对低温寡照胁迫下设施番茄的各指标数据差异分析结果见表 6.11。从表 6.11 中，我们可以看出，F_v/F_m 以及叶绿素 a/b 的变异系数分别为 4.1% 和 7.7%，均小于 10%，说明这两个指标的离散程度较小，F_v/F_m 和叶绿素 a/b 的变异系数较小，变化范围较其他指标来说较窄，取值的分布较为接近，说明在低温寡照处理下设施番茄叶片的 F_v/F_m 和叶绿素 a/b 相较于其他指标变化较小，这与上述研究结果吻合，F_v/F_m 在低温寡照处理前中期变化不明显，在后期才开始有较为明显的下降趋势，而叶绿素 a/b 则虽然在低温寡照处理下呈现出下降的趋势，但变化较小。其他指标的变异系数均较大，这说明在低温寡照处理下，其余指标的变化较大，如净光合速率 P_N 的变异系数就高达 67.6%，数据的离散程度很大，说明低温寡照复合灾害使设施番茄叶片的净光合速率下降迅速，对设施番茄造成了较大的损害。从表 6.11 可以看出，各指标的均值与中位数都较为接近，说明这些指标的离群点较少。上述结果表明，本试验选取的各指标测定值均在可接受的范围内，离群点较少，指标可以表征设施番茄在低温寡照胁迫下的变化，具有一定的可信性和代表性。在本研究中，设施番茄的品种、栽培条件等都保持一致，因此设施番茄各指标的变化绝大部分来源于低温寡照胁迫的影响。

表 6.11　低温寡照胁迫下设施番茄叶片各指标的描述性统计

指标	变化范围	均值	变异系数	中位数
净光合速率（P_n）	0.631~12.749	4.767	0.676	3.573
气孔导度（G_s）	0.010~0.257	0.131	0.453	0.140
气孔限制值（L_s）	0.022~0.393	0.167	0.595	0.171

续表

指标	变化范围	均值	变异系数	中位数
光饱和点(LSP)	334.233～1162.600	559.340	0.313	512.950
光补偿点(LCP)	10.700～127.200	49.433	0.616	37.700
最大光合速率(P_m)	1.635～15.676	6.474	0.550	5.342
最大光量子产量(F_v/F_m)	0.769～0.900	0.765	0.041	0.777
非光化学猝灭系数(qN)	0.233～0.799	0.537	0.275	0.533
相对光合电子传递速率(ETR)	0.967～3.037	1.734	0.352	1.752
光化学反应(P)	0.145～0.660	0.413	0.374	0.434
天线色素耗散(Q)	0.263～0.636	0.426	0.236	0.437
反应中心耗散(E)	0.077～0.276	0.161	0.376	0.147
叶绿素 a 含量(Chl a content)	1.002～2.441	1.727	0.175	1.774
叶绿素 b 含量(Chl b content)	0.235～0.500	0.360	0.170	0.357
叶绿素 a/b (Chl(a/b))	4.150～5.740	4.775	0.077	4.730
超氧化物歧化酶活性(SOD activity)	334.339～995.392	606.762	0.337	626.932
过氧化物酶活性(POD activity)	17.736～117.667	54.676	0.477	54.777
过氧化氢酶活性(CAT activity)	39.543～105.667	67.774	0.233	66.304
丙二醛含量(MDA content)	0.016～0.047	0.032	0.231	0.034
相对电导率(Relative conductivity)	0.200～0.537	0.332	0.223	0.357

二、低温寡照胁迫下设施番茄各指标的主成分分析

在解决实际问题的研究中,我们为了对想要解决的问题有个清晰全面的认识和理解,就会尽可能多地收集可用的信息,这就经常会导致指标或变量太多,信息量太大,反而影响对问题的解决。由于理论和技术的限制,过多的指标或变量并不能在解决实际问题中发挥作用。这个时候就可以采用主成分分析法。主成分分析法是一种经典的降维和特征提取的方法,它可以将多数指标减少为少量的综合指标,虽然数量大大变少,但并不会因此丧失过多的信息,综合指标会尽可能多地反映原指标的信息,对原始数据信息最大限度地保留(高惠璇,2002)。设 $X=(x_1,x_2,x_3,\cdots,x_p)'$ 是 p 维的随机变量,新变量 PC_p 的线性变化如下:

$$PC_1 = a_1'X = a_{11}x_1 + a_{21}x_2 + a_{31}x_3 + \cdots + a_{p1}x_p \tag{6.5}$$

$$PC_2 = a_2'X = a_{12}x_1 + a_{22}x_2 + a_{32}x_3 + \cdots + a_{p2}x_p \tag{6.6}$$

$$PC_3 = a_3'X = a_{13}x_1 + a_{23}x_2 + a_{33}x_3 + \cdots + a_{p3}x_p \tag{6.7}$$

$$\cdots$$

$$PC_p = a_p'X = a_{1p}x_1 + a_{2p}x_2 + a_{3p}x_3 + \cdots + a_{pp}x_p \tag{6.8}$$

式中,PC_p 可以作为代表原来 p 个变量 $x_1,x_2,x_3,\cdots,x_p$ 的新的变量,PC_1 应尽可能多地反映原始数据的信息,如果 PC_1 不足以反映原始数据的信息,则考虑引入 PC_2,以此类推,直到选择到足以反映原始数据信息的新变量 PC_n,主成分分析的目的是简化原始数据,一般情况下,不会选择 p 个主成分,所以 $n<p$。最终到底选取几个主成分,要根据各个主成分的累计贡献率(Cumulative contribution rate)来决定,累计贡献率的公式如下:

$$累计贡献率 = \sum_{k=1}^{m} \lambda_k / \sum_{i=1}^{p} \lambda_i \tag{6.9}$$

式中,λ 为各个主成分的特征值;k 为选择的主成分个数;i 为主成分总数。

　　将各个指标的数据进行主成分分析得出的特征值、方差贡献率以及累计贡献率见表6.12。主成分个数的选择既要达到降维的目的又要包含尽可能多的原始信息。累计贡献率可以看作包含原始信息的比率,通过累计贡献率来选取主成分的个数也是更为直观和准确的一种方法,也是我们选择主成分个数的一个重要指标,常用累计贡献率大于某一阈值为指标来确定主成分的个数,一般选取75%为阈值,如表6.12可知,两个主成分的累计贡献率为92.06%＞75%,我们可以选取第一和第二主成分,换句话说,也就是这2个主成分涵盖了原始数据所有指标的92.06%的信息量。

表 6.12　低温寡照胁迫下设施番茄叶片各指标的主成分分析解释总变量

主成分数	特征值	方差贡献率	累计贡献率
1	16.99	74.95	74.95
2	1.42	7.11	92.06
3	0.72	4.12	96.17
4	0.47	2.37	97.55
5	0.19	0.94	99.50
6	0.06	0.32	99.71
7	0.04	0.19	100

　　碎石图可以用来作为帮助选择主成分个数的辅助手段,如图6.3所示,图中标出了所有特征值大于0的主成分的特征值,横轴表示主成分数(Component number),纵轴表示特征值(Eigenvalue)。两个特征值之前的连线斜率越大,表示该主成分越可信,包含的信息也越多,也是我们应该选取的主成分。特征值在某种程度上可以被看作表示主成分影响力度的指标,若特征值过小,一般情况下以1为指标,小于1则说明引入该主成分还不如引入一个原始指标的解释力度大,因此,一般情况下,选择特征值大于1作为选取主成分的指标。第一个主成分的特征值为16.99,第二个主成分的特征值为1.42,均大于1。因此,综合通过累计贡献率确

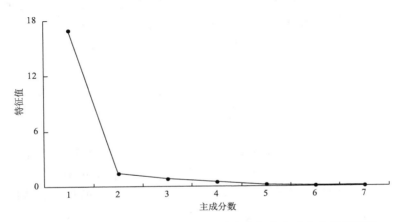

图 6.3　低温寡照胁迫下设施番茄叶片各指标的主成分分析碎石图

定的主成分,确定将这 2 个主成分作为新的变量,来评价低温寡照复合灾害下设施番茄的生长状况。

原始数据变量与这 2 个主成分之间的相关系数可用荷载值表示,荷载值大的变量可以认为是该主成分的主要影响因子,用每个原始指标分别对应的两个主成分的荷载值除以各自主成分对应的特征值($\lambda_1 = 16.99$,$\lambda_2 = 1.42$)开平方根就可以得出每个指标分别对应两个主成分的特征向量(表 6.13)。得到的特征向量如表 6.13 所示,第一主成分中除了 Chl(a/b)外,其他指标均比较接近,说明第一主成分综合了几乎所有的光合指标、荧光指标、叶绿素含量、保护酶活性以及相对电导率指标;第二主成分中 Chl(a/b)占的比例大幅度增加,大于其他指标,弥补了第一主成分中所含 Chl(a/b)信息过低的问题。同时也说明了选取这两个主成分作为新的变量是可信的。

表 6.13 低温寡照胁迫下设施番茄叶片各指标主成分分析后的特征向量

参数	$Prin_1$	$Prin_2$
P_n	0.236	0.102
G_s	0.242	0.002
L_s	0.229	-0.129
LSP	0.227	-0.177
LCP	-0.236	-0.010
P_m	0.239	0.065
F_v/F_m	0.237	-0.039
qN	-0.235	-0.063
ETR	0.231	0.079
P	0.241	0.011
Q	-0.230	0.022
E	-0.222	-0.067
Chl a	0.215	-0.067
Chl b	0.133	0.534
Chl(a/b)	0.030	0.762
SOD	-0.237	0.115
POD	-0.239	0.094
CAT	-0.239	0.123
MDA	-0.236	0.072
RC	-0.229	-0.055

主成分是所有原始指标的线性组合,权重系数为各指标对应主成分的特征向量,因此可以得出第一主成分和第二主成分的表达式如下所示:

$$Prin_1 = 0.236 \times P_n + 0.242 \times G_s + 0.229 \times L_s - 0.236 \times \text{LCP} + 0.239 \times P_m + 0.238 \times \frac{F_v}{F_m} -$$

$0.235 \times qN + 0.231 \times ETR + 0.241 \times P - 0.230 \times Q - 0.222 \times E + 0.215 \times Chl\ a + 0.133 \times Chl\ b + 0.030 \times Chl\dfrac{a}{b} - 0.237 \times SOD - 0.239 \times POD - 0.239 \times CAT - 0.236 \times MDA - 0.229 \times RC$ (6.10)

$Prin_2 = 0.102 \times P_n + 0.002 \times G_s - 0.129 \times L_s - 0.188 \times LSP - 0.010 \times LCP + 0.065 \times P_m - 0.039 \times \dfrac{F_v}{F_m} - 0.063 \times qN + 0.079 \times ETR + 0.011 \times P + 0.022 \times Q - 0.068 \times E - 0.067 \times Chl\ a + 0.534 \times Chl\ b + 0.762 \times Chl\dfrac{a}{b} + 0.115 \times SOD + 0.094 \times POD + 0.123 \times CAT + 0.082 \times MDA - 0.055 \times RC$ (6.11)

如表 6.14 所示,计算可以得到 8 个不同低温寡照处理下第一主成分和第二主成分的得分,综合得分是各主成分的得分乘以各自的方差贡献率之和,即 $S = 0.8495 \times S_1 + 0.0711 \times S_2$。从表中可以看出,在综合得分中,17 ℃ 和 16 ℃ 温度下的 4 个处理 L1T1、L2T1、L1T2 和 L2T2 的得分均为正;相反,14 ℃ 和 12 ℃ 温度下的 4 个处理 L1T3、L2T3、L1T4 和 L2T4 的得分均为负;L2T1 与 L1T2、L2T2 与 L1T3、L2T3 与 L1T4 之间的分差要小于其余的两个相邻处理的分差;且相同温度下,不同光合有效辐射处理间的得分差要小于相同光合有效辐射下不同温度间的得分差。

表 6.14 不同低温寡照处理的各主成分以及综合得分和排名

处理	第一主成分得分	第一主成分得分排名	第二主成分得分	第二主成分得分排名	综合得分	综合排名
L1T1	6.537	1	−0.791	6	5.491	1
L2T1	3.914	2	1.720	2	3.454	2
L1T2	2.101	3	−1.105	7	1.706	3
L2T2	0.044	4	−0.077	3	0.032	4
L1T3	−0.561	5	−0.407	5	−0.506	5
L2T3	−2.170	6	1.743	1	−1.721	6
L1T4	−3.742	7	−1.014	7	−3.251	7
L2T4	−6.114	8	−0.167	4	−5.206	8

三、低温寡照复合灾害等级的划分

主成分分析结果虽然能够直观地反映出低温弱光胁迫及恢复后番茄叶片的受胁迫程度,但需要利用所测量的全部数据。低温弱光胁迫及恢复后,本研究所测得的众多指标间存在较好的相关性(表 6.15),即反映的信息存在一定的重叠。为方便实际应用,以及更好地描述胁迫对番茄叶片生理特性的影响,通过筛选出具有代表性的指标,引入胁迫程度指数 SI,计算公式为:

$$SI_i = \dfrac{a\dfrac{A_i}{A_{ck}} + b\dfrac{B_i}{B_{ck}} + c\dfrac{C_i}{C_{ck}} + \cdots}{a + b + c + \cdots} \times 10$$ (6.12)

式中,A、B 和 C 分别为筛选出的指标,i 和 ck 分别表示不同处理和同期对照组的实测值。a、b

和 c 为不同指标的权重，SI 代表番茄叶片受胁迫程度，其值越低，表示受胁迫程度越深，对照组 SI 值为 10。

光合作用是植物生长发育的基础，是植物最重要的生理过程之一，净光合速率（P_n）反映叶片的碳同化能力，同时光饱和条件下的光合速率有时被称为光合能力或光合潜力。可用作反映叶片受胁迫程度的指标。P_n 测量简单，和 P_{max} 的相关性达极显著水平（0.99），且在第一主成分中 P_n 影响力最高，得分系数最大，故可将 P_n 作为指标之一。G_s 与 P_n 极显著相关（0.77）可由 P_n 代表。L_s 则与胁迫天数的相关性较差（-0.63），故不采用。LSP、LCP、AQE、P_{max} 均由光响应曲线拟合得到，虽然能反映胁迫对番茄叶片的影响，但数据获取相对复杂，与 P_n 均属于光合特性参数，故不予考虑。选择最大量子效率（F_v/F_m）作为低温弱光胁迫指标。光合速率降低与暗适应下的叶绿素荧光参数 F_v/F_m 有密切关系。F_v/F_m 能够反映出植物受胁迫程度，PI_{abs} 为 PSII 性能指数，二者均在第二主成分有较大影响，测量简单、快速。细胞膜脂过氧化的最终产物为丙二醛（MDA），可用来表示细胞膜脂过氧化程度，反映保护酶系统的相应结果，与胁迫天数变化呈极显著相关。叶绿素作为植物光合作用过程中最重要的色素，是光合作用的物质基础和光敏化剂，与植被的光能利用及转化效率密切相关，可反映叶片的衰老程度。Chl a、Chl b、Chl(a+b) 为显著相关，故以 Chl(a+b) 作为指标。综合指标的生物学意义、测量的难易程度、指标间的相关性以及其在主成分分析中的得分系数，筛选出 P_n、F_v/F_m、PI_{abs}、MDA、和 Chl 作为反映番茄叶片受胁迫程度的指标。

在综合评价函数中，各主成分的权数为其贡献率，它反映了该主成分包含原始数据的信息量占全部信息量的比重，这样确定权数是客观的、合理的，它克服了某些评价方法中认为确定权数的缺陷。对再次筛选出的 P_n、F_v/F_m、PI_{abs}、MDA、和 Chl 共 5 个指标进行主成分分析，根据主成分特征根、贡献率和各指标的得分系数计算得到每个指标在胁迫程度指数 SI 中的贡献度，带入式（6.3）得到番茄叶片胁迫指数：

$$SI_i = \frac{0.396\dfrac{P_i}{P_{ck}}+0.443\dfrac{F_i}{F_{ck}}+0.439\dfrac{PI_i}{PI_{ck}}-0.144\dfrac{MDA_i}{MDA_{ck}}+0.248\dfrac{Chl_i}{Chl_{ck}}}{0.396+0.443+0.439-0.144+0.248}\times10 \quad (6.13)$$

将各处理所测量的数据带入式（6.13）中，得到不同胁迫处理及恢复后的叶片胁迫程度指数。低温弱光胁迫及恢复后番茄叶片 SI 值的变化如表 6.16 所示，SI 随胁迫时间的增加而减小，L 处理减小得最慢，T 处理与胁迫 1 d 高于 LT，之后则小于 LT 表明弱光对低温胁迫起到一定缓解作用，但无特别大的影响。各处理在 CK 环境恢复至相对稳定状态后，L 处理胁迫 5 d 内均能恢复至 CK 的 90% 以上，T 和 LT 处理则除 D1 组能恢复至 CK 的 70% 以上，其余处理恢复程度均较差；对胁迫程度指数进行排名，与主成分综合得分排名进行比较，R^2 为 0.95，$RMSE$ 为 1.03，表明胁迫程度指数能够代表叶片受胁迫后的综合得分。

弱光环境下不同低温胁迫及恢复后番茄叶片 SI 值的变化如表 6.17 所示，SI 随胁迫时间的增加和温度的降低而减小，胁迫温度和持续天数较弱时 SI 在恢复后比胁迫处理期升高，LT1 处理 SI 值均恢复超过处理阶段，胁迫程度较深的处理则在恢复结束后不升反降。LT4 胁迫 3 d 及以上处理 SI 值小于处理阶段。

由于恢复处理后的 SI 值代表着胁迫处理造成的最终结果，故按照各处理恢复程度将低温弱光胁迫划分为四个等级，分别为轻（$9.5 > SI \geqslant 7.5$）、中（$7.5 > SI \geqslant 7$）、重（$7 > SI \geqslant 6$）、极重（$SI < 6$）。

· 176 ·　　设施番茄复合气象灾害致灾机理及环境调控

表 6.15　低温弱光胁迫及恢复后各指标间的相关性分析

	P_n	G_s	L_s	LSP	LCP	AQE	P_{max}	F_v/F_m	qP	NPQ	P	D
P_n	1											
G_s	0.77**	1										
L_s	0.25	0.12	1									
LSP	0.77**	0.71**	0.17	1								
LCP	−0.65**	−0.43*	−0.33	−0.63**	1							
AQE	0.27	0.26	0.02	0.27	−0.2	1						
P_{max}	0.99**	0.77**	0.27	0.77**	−0.64**	0.26	1					
F_v/F_m	0.64**	0.72**	−0.24	0.72**	−0.26	0.32	0.66**	1				
qP	0.77**	0.72**	−0.04	0.76**	−0.47*	0.31	0.76**	0.79**	1			
NPQ	−0.57**	−0.47**	−0.15	−0.55**	0.57**	−0.02	−0.52**	−0.23	−0.53**	1		
P	0.72**	0.72**	−0.17	0.79**	−0.42*	0.36*	0.71**	0.76**	0.76**	−0.29	1	
D	−0.59**	−0.71**	0.06	−0.75**	0.37*	−0.44*	−0.59**	−0.71**	−0.77**	0.24	−0.74**	1
E	−0.71**	−0.55**	−0.2	−0.61**	0.45*	−0.39*	−0.69**	−0.37*	−0.46**	0.17	−0.49**	0.46**
W_k	−0.13	0.12	−0.42*	−0.03	0.37*	0.19	−0.07	0.41*	0.14	0.63**	0.34	−0.36*
$S_m/t(F_m)\times10$	0.61**	0.46**	−0.1	0.55**	−0.33	−0.01	0.59**	0.37*	0.47**	−0.42*	0.45**	−0.21
$RC/CS_m\times10^{-4}$	0.74**	0.74**	0.06	0.77**	−0.64**	0.17	0.79**	0.53**	0.75**	−0.70**	0.71**	−0.51**
φR_0	0.64**	0.75**	−0.26	0.69**	−0.31	0.35*	0.64**	0.73**	0.74**	−0.22	0.92**	−0.74**
PI_{abs}	0.76**	0.70**	−0.27	0.77**	−0.46**	0.27	0.74**	0.72**	0.72**	−0.46**	0.77**	−0.70**
SOD	−0.43*	−0.21	−0.52**	−0.37*	0.57**	−0.1	−0.42*	0.02	−0.27	0.50**	−0.02	−0.07
POD	−0.73**	−0.77**	−0.45**	−0.71**	0.49**	−0.15	−0.72**	−0.53**	−0.55**	0.47**	−0.50**	0.47**
MDA	−0.53**	−0.26	−0.40*	−0.47**	0.72**	−0.07	−0.49**	0	−0.34	0.75**	−0.22	0.1

续表

	P_n	G_s	L_s	LSP	LCP	AQE	P_{max}	F_v/F_m	qP	NPQ	P	D
Chl a	0.71**	0.47**	0.53**	0.57**	−0.70**	0	0.67**	0.13	0.40*	−0.79**	0.2	−0.11
Chl b	0.90**	0.79**	0.36*	0.77**	−0.65**	0.16	0.77**	0.51**	0.67**	−0.67**	0.62**	−0.42*
Chl(a+b)	0.77**	0.54**	0.51**	0.63**	−0.71**	0.03	0.74**	0.21	0.47**	−0.77**	0.29	−0.17
Chl a/Chl b	−0.15	−0.37*	0.21	−0.14	−0.06	−0.27	−0.16	−0.41*	−0.25	−0.34	−0.55*	0.37*

	E	Wk	$S_m/t(F_m)\times10$	$RC/CS_m\times10^{-4}$	φR_0	PI_{abs}	SOD	POD	MDA	Chl a	Chl b	Chl (a+b)	Chl a/Chl b
E	1												
Wk	−0.12	1											
$S_m/t(F_m)\times10$	−0.36*	−0.26	1										
$RC/CS_m\times10^{-4}$	−0.53**	−0.25	0.72**	1									
φR_0	−0.40*	0.42*	0.46**	0.70**	1								
PI_{abs}	−0.50**	0.16	0.69*	0.72**	0.76**	1							
SOD	0.26	0.55**	−0.37*	−0.37*	0.01	−0.16	1						
POD	0.54**	0.19	−0.47**	−0.65**	−0.46**	−0.54**	0.39*	1					
MDA	0.24	0.73**	−0.41*	−0.67**	−0.13	−0.31	0.62**	0.39*	1				
Chl a	−0.33	−0.72**	0.51**	0.71**	0.16	0.33	−0.69**	−0.69**	−0.75**	1			
Chl b	−0.50**	−0.35*	0.61**	0.74**	0.56**	0.64**	−0.55**	−0.73**	−0.67**	0.75**	1		
Chl(a+b)	−0.37*	−0.67**	0.55**	0.75**	0.24	0.40*	−0.67**	−0.74**	−0.73**	0.99**	0.90**	1	
Chl a/Chl b	0.32	−0.65**	0.1	−0.06	−0.47**	−0.3	−0.2	−0.01	−0.31	0.39*	−0.06	0.32	1

注：*、** 分别表示 $P<0.05$、$P<0.01$ 下显著。

表 6.16　低温弱光胁迫及恢复后番茄叶片 SI 值的变化

处理时长	胁迫处理				恢复处理			
	CK	L	T	LT	CK	L	T	LT
1 d	10	9.39	7.57	7.14	10	9.74	7.67	7.45
3 d	10	9.34	7.3	7.57	10	9.59	7.29	7.7
5 d	10	7.71	6.27	6.34	10	9.39	6.97	7.1
7 d	10	7.19	5.22	5.63	10	7.76	5.96	6.1
9 d	10	7.12	4.9	5.26	10	7.96	4.37	4.44

表 6.17　弱光环境下不同低温胁迫及恢复后番茄叶片 SI 值的变化

胁迫程度指数	处理时长	胁迫处理				恢复处理			
		CK	LT1	LT2	LT3	LT4	CK	LT1	LT2	LT3	LT4
SI	1 d	10	7.93	7.04	6.63	5.47	10	9.62	9.17	7.47	7.5
	3 d	10	7.12	7.16	7.39	5.74	10	7.99	7.54	7.27	5.76
	5 d	10	7.19	6.73	5.75	4.73	10	7.64	7.54	7.07	5.37
	7 d	10	6.75	6.27	5.23	3.44	10	7.17	7.4	5.97	2.97
	9 d	10	7.39	6.77	5.14	2.57	10	7.51	6.32	3.65	0.97

（1）通过对低温寡照胁迫下各指标数据进行主成分分析，结果表明：在同一光照水平上，随着温度的降低，番茄叶片受伤害的程度逐渐加深；在同一温度水平上，光照强度越低，番茄叶片受害的程度越深；17 ℃和 16 ℃温度下的 4 个处理 L1T1、L2T1、L1T2 和 L2T2 的得分均为正；相反，14 ℃和 12 ℃温度下的 4 个处理 L1T3、L2T3、L1T4 和 L2T4 的得分均为负。由此可以看出，在低温寡照胁迫下，14 ℃和 12 ℃温度处理下的番茄植株比 17 ℃和 16 ℃温度处理下的番茄植株受害更严重。

（2）由 L2T1 与 L1T2、L2T2 与 L1T3、L2T3 与 L1T4 之间的分差要小于其余的两个相邻处理的分差，以及同温度下光照由 400 μmol·m^{-2}·s^{-1} 降低到 200 μmol·m^{-2}·s^{-1}，番茄受伤害的程度要小于同光照下温度下降 2 ℃时番茄受伤害的程度，可以看出，在低温寡照复合灾害中，低温对设施番茄的伤害程度要大于寡照对设施番茄的伤害程度。

（3）为方便实际应用，综合指标的生物学意义、指标测量的难易程度、指标间的相关性以及其在主成分分析中的得分系数，筛选出 P_n、F_v/F_m、PI_{abs}、MDA、和 Chl 作为反映番茄叶片受胁迫程度的指标，采用主成分分析确定 5 个指标的权重，得到番茄叶片低温弱光胁迫指数（SI）。通过对各处理的 SI 和主成分综合得分排名比较（$R^2=0.95$），发现 SI 能够反映番茄叶片综合受胁迫程度，且两次重复试验中 SI 变化情况一致（$R^2=0.97$）。将恢复处理后的 SI 值代表胁迫处理造成的最终结果，把低温弱光胁迫划分为轻（$9.5>SI\geqslant7.5$）、中（$7.5>SI\geqslant7$）、重（$7>SI\geqslant6$）、极重（$SI<6$）四个等级。

不同作物灾害指标不同，同一作物不同品种、不同生育期甚至不同器官的灾害指标也不同。下面以番茄"金粉五号"开花期为例，具体寡照灾害指标见表 6.18。

表 6.18　连阴寡照灾害等级指标

开花期	高温灾害 （白天平均温度 ℃）	低温灾害 （白天平均温度 ℃）	寡照灾害	白天空气相对湿度
一级	30.0～32.0	17.0～22.0	连续 3 d 无日照；或连续 4 d 中有 3 d 无日照，另一天日照时数小于 3 h；或逐日日照时数小于 3 h 连续 5～7 d	小于 45％（低湿） 60％～70％（高湿）
二级	32.0～35.0	12.0～17.0	连续 4～7 d 无日照，或逐日日照时数小于 3 h 连续 7 d 以上	70％～70％（高湿）
三级	35.0～37.0	7.0～12.0	连续 7 d 以上无日照，或逐日日照时数小于 3 h 连续 10 d 以上	70％～90％（高湿）
四级	＞37.0	＜7.0	连续大于 10 d 无光照或 10 d 以上日照时数≤3 h	＞90％（高湿）

第七章　　基于物联网的设施番茄环境调控系统

随着我国市场经济的不断发展,以高产、高效、优质为基本特征的设施农业栽培技术得到迅速推广,栽培面积超过 400 万 hm²。设施农业与传统农业相比较,其主要特点是具有外围保护结构,能通过对不利于农作物的自然环境条件进行调控,改善和创造较好的农业生物环境,打破农业生产的季节性和地域性的限制,提高土地利用率,以达到在不利自然条件或反季节条件下进行农业生产,提高农业生产的社会经济效益的目的。因此,光照、温度、湿度、CO_2 浓度等农业设施环境要素的调控技术及应用效果在很大程度上决定着设施农业中农作物的生产周期、生长发育和产量高低。研究和掌握农业设施环境要素的变化特点及相关调控和应用技术,具有重要现实意义。

影响作物生长的环境因子主要有光照、温度、水分、气体、土壤等。这 5 个环境因子在设施农业中是同时存在的,它们缺一不可又相辅相成,当其中某个因子发生变化时,其他因子也会相应地随之起变化,它们相互作用,共同制约着农作物的生长。因此,在园艺设施的环境调控上应该综合考虑才能收到好的效果。设施环境调节并不只为改善植物的生长发育,控制病虫害的发生以及改善劳动者的作业环境也是其重要的目的。

第一节　　设施环境调控研究进展

温室经历了从原始温室大棚到人工升温、灌溉、通风等,在进入信息化时代初期,就有了自动化控制温室。现在进入了万物互联时代,物联网、云计算、人工智能等技术层出不穷,使得温室控制进入到了智能时代。

一、传统温室

国外温室大棚的起源以罗马为最早,罗马的哲学家塞内卡(Seneca,公元前 3 年至公元69 年)记载了应用云母片作覆盖物生产早熟黄瓜。1700 多年前,欧洲可以利用温室进行反季节种植;17 世纪后期,部分先进的欧洲国家出现了玻璃温室,人们利用其培育农作物。中国早在公元前就有温室栽培的记载,《论语》中"不时不食"中的"不时",就是反季节种植的意思。《汉书·召信臣传》记载,"太官园种冬生葱韭菜茹,覆以屋庑,昼夜燃蕴火,待温气乃生。信臣以为此皆不时之物",表明使用保护设施栽植蔬菜在我国可以追溯到 2000 多年前。农业设施从较早的阳畦、小棚、中棚到日光温室、塑料大棚、普通温室。可以利用自然条件、创造条件或进行传统的人工加温、加湿、灌溉、光照控制等。现代化温室与大棚相比,传统温室大棚相对简陋,因其材料成本低、取用方便等因素在经济落后时期被广泛使用。但是由于仅仅依靠人工和自然力简单改造,其存在调控能力差、调控精度差、调控不及时、生产效率低下等问题,只能较弱地改善生长环境,无法及时满足人们日益增长的生产需求。

二、信息化温室

1. 信息化温室环境监控系统

温室环境监控系统发展初期,以单一集中式环境监控系统为主,使用单片机、工控机或PLC(可编程逻辑控制器)等作为系统核心,实现温室环境数据采集和设备控制。20世纪70年代,信息技术迅速发展并在温室生产领域得到应用,传统温室开始向现代温室转型,基于信息技术的温室环境监控系统得到广泛应用。20世纪80年代后,在计算机技术、测控技术的发展推动下,温室环境调控上升到一个新的水平,出现了以计算机为控制核心的环境控制系统。这种控制系统采用单片机、PLC、计算机或其组合作为核心处理单元,综合考虑各种环境因子间的耦合关系,制定科学合理的决策命令,计算机控制系统具有良好的人机界面,大大提高了温室运行管理效率。20世纪90年代后,随着温室规模的不断扩大,为了满足温室环境监控的需求,总线技术和分布式控制被引入到温室环境监控中。总线技术主要体现在RS485、CAN总线、以太网等有线总线。1990年,我国开始研究发展温室监测和管理的自动化系统,并形成多个方案;1995年后,国内部分高等院校开始研发大棚因子调控系统。金钰(2000)基于工业控制计算机开发了温室环境信息采集系统;江苏理工大学成功研发了可协调控制温室内主要环境因子的温室软硬件系统,是当时国产的具有代表性的温室计算机控制系统。中国农业大学、中国科学院合肥智能机械研究所等相当多的科研院所和高校都开发出了侧重点不同的温室计算机控制系统;白义奎等(2002)开发了日光温室环境因子监控仪,采用以单片机为核心的智能型仪表实现各类环境因子的检测,智能仪表既可脱离环境监控仪独立运行,也可以通过总线与环境监控仪联网,实现环境数据的上传、显示与存储;张颖超等(2009)设计了基于总线的温室环境监控系统,在温室现场布置数据采集及通信接口模块,易于调试且扩展方便。

2. 信息化温室调控算法

最初的监控系统功能单一,只能实现环境因子的采集和粗略调节,即温度变化调节温度、湿度变化调节湿度,并不能针对温室环境做统一的调节。在温室调控算法研究上,国内外学者开始研究温室环境控制理论,如屈毅等(2011)将PID控制及其改进算法应用于温室环境调控;葛建坤等(2010)设计了模糊控制器,用于温室小气候环境调控;Dai等(2008)、Lammari等(2012)将神经网络、遗传算法、粒子群优化算法用于温室环境参数的优化与调控。

三、物联网温室

进入21世纪,随着嵌入式系统兴起,无线通信技术迅猛发展,具有低功耗、自组织、协同工作能力的无线传感网络极大地方便了温室环境监控系统的构建。近年来,随着无线传感网络(Wireless Sensor Network,简称WSN)、互联网、物联网(Internet of Things,简称IoT)等技术的快速发展,国内外学者开展了大量温室环境无线监控系统的研究,主要采用ZigBee、蓝牙、Wi-Fi、移动通信网络等方式实现数据的无线传输。还可以通过汇聚节点,接入互联网实现远程控制。目前物联网网络传输层热门研究方向是无线局域网、无线广域网以及主干传输网—互联网。

1. 无线局域网

李莉等(2006)开发了基于蓝牙的温室环境测控系统。赵伟(2010)自主开发了可采集温室内温度、湿度和光照强度等因子的蓝牙通信节点,通过分布在温室内的节点采集不同区域的环境数据,这些数据通过宿主节点传到上位机,实现温室环境实时监测。郭文川等(2010)、周建民(2011)等开发了基于 ZigBee 的温室环境测控系统。郭文川等(2010)、马海龙等(2015)采用 ZigBee 技术实现无线传感网络自组网和温室数据自动汇聚,该系统具有功耗低、组网灵活、扩展性强等特点。张荣标等(2008)采用 IEEE802.1.1514 通信方式开发了温室无线监控系统。2011 年,马增炜等(2011)以 GS1010 模块为核心设计了网络协议栈和 Wi-Fi 网络传输等功能,实现了温室信息的无线监控,开发了基于的智能温室监控系统。

2. 无线广域网

随着设施农业规模的快速增长,温室逐渐向偏远地区转移,对温室环境的远程监控需求日益增长,而上述温室环境监控系统主要布置于温室现场的监控中心,满足不了温室环境远程监控的需求。早期主要采用 2G、3G 网络通信技术实现温室环境信息的远距离传输,在 2G、3G 网络通信技术在温室环境测控应用方面,主要是采用 GPRS(通用分组无线服务技术)网络、GSM(全球移动通信系统)和 3G 网络进行信息采集和控制。如句荣辉等(2004)开发的基于短信息的温室生态健康呼叫系统;如孙忠富等(2006)、耿恒山等(2015)采用通用分组无线服务(GPRS)传输温室环境数据,实现温室环境的远程监测;梁居宝等(2011)、盛平等(2012)将 3G 技术用于温室环境远程监控,实现了对温室环境数据的远程采集、传输与访问,且能够对设备实施远程控制;刘会忠等(2010)开发的基于 GPRS 的温室环境监控系统,王斌(2012)开发的基于 GPRS 技术日光温室综合环境集散控制系统等。由于 2G 和 3G 网络进行远程测控,运行成本较高,而短距离传输方法传输距离短。近年来,为了实现温室环境的远程测控,同时降低成本,研究者将远程距离传输和短距离传输结合,采用感知-汇聚-服务三层技术体系,建立温室环境远程测控系统,如张西良(2010)开发了基于 GSM 的室内无线传感器网络簇头节点,用于与 ZigBee 网络连接实现远程测控。赵展(2015)采用 ZigBee 进行温室环境信息采集采用 GPRS 实现数据转发,同时实现了基于 GSM 的数据查询。韩华峰等(2009)采用 ZigBee+GPRS 开发了温室环境远程测控系统。盛平(2012)开发了基于 ZigBee/3G 的温室环境远程测控系统。马为红等(2014)利用 ZigBee 技术进行数据采集,同时结合 GPRS 技术实现数据的转发。孙玉文等(2013)开发了农业管理平台,数据传输使用 ZigBee 技术,还使用了 Z-Stack 协议,实现了灵活的组网。臧贺藏等(2016)基于物联网技术的设施作物环境智能监控系统。

随着低功耗广域物联网(Low-Power Wide-Area Network,简称 LPWAN)的兴起,一种长距离无线通信技术,主流的低功耗广域网中通信速率一般低于 100 Kbit/s,广覆盖和低功耗。以 LoRa 和 NB-IoT 为代表的无线通信技术具有低功耗、低运营成本和大节点容量的优点。与温室监控设备相结合,更加适合大型农业温室环境监测,将是发展未来农业物联网、展示现代农业水平的重要途径。朱军等(2018)基于 LoRa 技术的农业温室监测系统设计与实现。刘振语(2020)基于 NB_IoT 物联网的温室监控系统的设计与实现。杨雷等(2018)提出温室大棚远程监控与智能管理系统。

3. 融入互联网

将有线、无线局域网和广域网接入互联网,实现物物互联的物联网控制。物联网的核心和基础仍然是互联网,是在互联网基础上延伸和扩展的网络,其用户端延伸和扩展到了任何物品与物品之间,进行信息交换和通讯。张亚茹(2016)针对国内温室群环境监测的需要,结合 Zig-Bee 和互联网技术,在单体温室中采用基于技术的无线传感网络实现环境数据采集,将各个温室数据汇聚到现场监控中心,再通过发送到远程监控中心。王辉等(2014)构建了基于 IoT 和 Wi-Fi 的温室远程智能监控系统,采用 ZigBee 无线传感网络实现温室环境数据的采集,PLC 实现对温室设备的开关控制,现场工控机通过与服务器通信,通过实现对温室环境信息的远程访问。于合龙等(2014)、王怀宇等(2015)基于物联网技术框架,实现了对智能温室的远程监控。为使农业生产更加集约与高效,2017 年,任延昭等采用 GPRS 直连云服务器的方式,对上位机温室监控方式进行了改进,实现了微信公众号数据监测,并通过温度预测模型来解决季节周期性的影响。

由于物联网技术的出现,数据采集更加及时、精准,以及云计算、云平台技术的出现,使得大数据分析、数据挖掘、人工智能调控有了实现的基础。各种小气候模型调控算法有了用武之地,更加精准。Kaloxylos 等(2014)设计并实现了基于云计算的农业生产管理系统,利用云服务器强计算、高并发、大存储的特点,可为海量用户提供安全的信息采集、数据存储、设备控制、分析决策、农情预警、生产规划等服务。

第二节 物联网技术

一、物联网技术

"物联网"的概念其实是在 1999 年由美国麻省理工学院提出,物联网即"物物相连的互联网"。物联网(The Internet of things)的定义是:通过射频识别(RFID)、红外感应器、全球定位系统、激光扫描器等信息传感设备,按约定的协议,把任何物品与互联网连接起来,进行信息交换和通讯,以实现智能化识别、定位、跟踪、监控和管理的一种网络。

物联网的基本特征:(1)全面感知。通过射频识别、传感器、二维码、GPS 卫星定位等相对成熟技术感知、采集、测量物体信息;(2)可靠传输。通过无线传感器网络、短距无线网络、移动通信网络等信息网络实现物体信息的分发和共享;(3)智能处理。通过分析和处理采集到的物体信息,针对具体应用提出新的服务模式,实现决策和控制智能。

二、物联网技术框架

物联网架构如图 7.1 所示,大致可以分为四个层面:感知层、网络层、平台层以及应用层。

综合应用层	智慧农业、智慧物流、智慧医疗、食品安全、智慧园区
平台管理层	云平台、设备管理、数据管理和应用使能
网络构建层	RS485 和 CAN,GSM、GPRS,4G,5G,ZigBee、WIFI、Bluetooth、LPWAN(LoRa 和 NB-IoT 等)、以太网、互联网等
感知识别层	RFID、传感器、执行机构

图 7.1 物联网架构

1. 感知识别层

位于物联网四层架构的底层,是物联网整体架构的基础,是物联网中基础的连接与管理对象,是物理世界和信息世界融合的重要一环。感知识别层完成信息感知,包括智能识别物体、环境或生产信息的采集等,相关的感知器件包含条码(二维码)标签、RFID 标签、传感器、短距离无线通信、传感网络、视频监控、GPS 等。物联网中,各类感知装置不仅仅要解决信息感知与检测等功能,还要负责监测和控制,完成监测、管理、控制的一体化工作。

2．网络构建层

网络层在整个物联网架构中起到承上启下的作用，它负责向上层传输感知信息和向下层传输命令。网络层把感知层采集而来的信息传输给物联云平台，也负责把物联云平台下达的指令传输给应用层，具有纽带作用。网络层主要是通过物联网、互联网以及移动通信网络等传输海量信息。

3．平台管理层

平台层是物联网整体架构的核心，它主要解决数据如何存储、如何检索、如何使用以及数据安全与隐私保护等问题。平台管理层负责把感知层收集到的信息通过大数据、云计算等技术进行有效地整合和利用，为我们应用到具体领域提供科学有效的指导。

基础设施服务（infrastructure as a service，简称 IaaS）提供通用数据库服务；

软件服务（software as a service，简称 SaaS）提供通用应用软件服务；

平台服务（platform as a service，简称 PaaS）提供通用开发环境。

4．综合应用层

物联网最终是要应用到各个行业中去，物体传输的信息在物联云平台处理后，我们会把挖掘出来的有价值的信息应用到实际生活和工作中，比如智慧物流、智慧医疗、食品安全、智慧园区等。物联网应用现阶段正处在快速增长期，随着技术的突破和需求的增加，物联网应用的领域会越来越多。

三、物联网关键技术

核心关键技术主要有 RFID 技术、传感器技术、无线网络技术、人工智能技术、云计算技术等。

1．RFID 技术

RFID 技术是物联网中"让物品开口说话"的关键技术，物联网中 RFID 标签上存着规范而具有互通性的信息，通过无线数据通信网络把他们自动采集到中央信息系统中，实现物品的识别。

2．传感器技术

在物联网中传感器主要负责接收物品"讲话"的内容。传感器技术是从自然信源获取信息并对获取的信息进行处理、变换、识别的一门多学科交叉的现代科学与工程技术，它涉及传感器、信息处理和识别的规划设计、开发、制造、测试、应用及评价改进活动等内容。

3．无线网络技术

物联网中物品要与人无障碍地交流，必然离不开高速、可进行大批量数据传输的无线网络。无线网络既包括允许用户建立远距离无线连接的全球语音和数据网络，也包括近距离的蓝牙技术、红外技术和 ZigBee 技术。

4．人工智能技术

人工智能是研究用计算机来模拟人的某些思维过程和智能行为（如学习、推理、思考和规划等）的技术。在物联网中人工智能技术主要将物品"讲话"的内容进行分析，从而实现计算机自动处理。

5. 云计算技术

物联网的发展离不开云计算技术的支持。物联网中的终端的计算和存储能力有限,云计算平台可以作为物联网的大脑,以实现对海量数据的存储和计算。

物联网中的技术难点:(1)数据安全问题。由于传感器数据采集频繁,基本可以说是随时在采集数据,数据安全必须重点考虑。(2)终端问题。物联网中的终端除了具有自己的功能外还有传感器和网络接入功能,且不同的行业千差万别,如何满足终端产品的多样化需求,对研究者和运营商都是一个巨大挑战。

四、物联网通信方式

这里重点介绍一下网络构建层,当前物联网通信方式主要以下几种:

(1)有线通信方式有 485 总线、CAN 总线和计算机网络(以太网等);(2)无线通信相对短距离的主要有 ZigBee、Wi-Fi、Bluetooth 等;(3)无线通信相对长距离的有 GSM、GPRS、4G、5G等;(4)低功耗无线广域网中的 NB-IoT 和 LoRa 等;(5)互联网、物联网的主干网。

1. 有线通信

有线组网有 RS485、CAN 总线、以太网等。有线通信方式虽然抗干扰性好、易操作,在早期各种局域网的建设中,发挥了很大的作用,构建了很多系统,在各行各业中得到了应有的应用,但存在布线困难、安装维护难度大、可扩展性差等缺点。

2. Wi-Fi

Wi-Fi 是 Wi-Fi 联盟制造商的商标作为产品的品牌认证,是一个创建于 IEEE 802.11 标准的无线局域网技术。优点是设备可以接入互联网,避免布线;缺点是距离近(100 m)、功耗大、必须有热点。

Wi-Fi 已安装在市面上的许多产品。如:个人计算机、游戏机、MP3 播放器、智能手机、平板电脑、打印机、笔记本电脑以及其他可以无线上网的周边设备。

Wi-Fi 是由 AP(Access Point)和无线网卡组成的无线网络。AP 一般称为网络桥接器或接入点,它是当作传统的有线局域网络与无线局域网络之间的桥梁,因此任何一台装有无线网卡的 PC 均可透过 AP 去分享有线局域网络甚至广域网络的资源,其工作原理相当于一个内置无线发射器的 HUB 或者是路由,而无线网卡则是负责接收由 AP 所发射信号的 Client 端设备。如图 7.2Wi-Fi 组网。

目前 Wi-Fi 技术已经发展到了 Wi-Fi 6(原称:802.11.ax),即第六代无线网络技术,Wi-Fi 6将允许与多达 8 个设备通信,最高速率可达 9.6 Gbps。相比于前几代的 Wi-Fi 技术,新一代Wi-Fi 6 主要特点在于速度更快、延时更低、容量更大、更安全、更省电。

3. ZigBee

ZigBee,也称紫蜂,是一种低速短距离传输的无线网上协议,底层是采用 IEEE802.15.4标准规范的媒体访问层与物理层。主要特色有低速、低耗电、低成本、支持大量网上节点、支持多种网上拓扑、低复杂度、快速、可靠、安全,它是一种介于无线标记技术和蓝牙之间的技术提案。ZigBee 此前被称作"HomeRF Lite"或"FireFly"无线技术,主要用于近距离无线连接。它有自己的无线电标准,在数千个微小的传感器之间相互协调实现通信。这些传感器只需要很低的功耗,以接力的方式通过无线电波将数据从一个传感器传到另一个传感器,因此它们的通信效率非常高。最后,这些数据就可以进入计算机用于分析或者被另外一种无线技术如

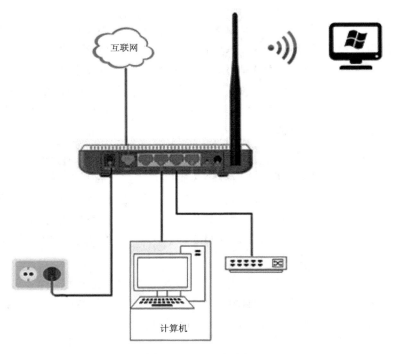

图 7.2　Wi-Fi 组网

wiMax 收集。

　　ZigBee 技术的先天性优势,使得它在物联网行业逐渐成为一个主流技术,在工业、农业、智能家居等领域得到大规模的应用。例如,它可用于厂房内进行设备控制、采集粉尘和有毒气体等数据;在农业,可以实现温湿度、pH 值等数据的采集并根据数据分析的结果进行灌溉、通风等联动动作;在矿井,可实现环境检测、语音通讯和人员位置定位等功能。ZigBee 技术的优点是低速、低耗电、低成本、支持大量网上节点(最多 65000 个)、自组网;缺点是可接入互联网、短距离(10~100 m)。组建一个完整的 ZigBee 网状网络包括两个步骤:网络初始化、节点加入网络。其中,节点加入网络又包括两个步骤:通过与协调器连接入网和通过已有父节点入网。ZigBee 网络中的节点主要包含三个:终端节点、路由器节点、PAN 协调器节点。

　　终端节点:终端节点可以直接与协调器节点相连,也可以通过路由器节点与协调器节点相连。ZigBee 三种典型组网方案:点对点通讯、点对多点串口通信、点对多点 ZigBee＋GPRS 网络通信。

　　路由器节点:负责转发数据资料包,进行数据的路由路径寻找和路由维护,允许节点加入网络并辅助其子节点通信。路由器节点是终端节点和协调器节点的中继,它为终端节点和协调器节点之间的通信进行接力。

　　PAN 协调器节点:ZigBee 协调器是网络各节点信息的汇聚点,是网络的核心节点,负责组建、维护和管理网络,并通过串口实现各节点与上位机的数据传递。ZigBee 协调器有较强的通信能力、处理能力和发射能力,能够把数据发送至远程控制端。

　　4. 蓝牙

　　蓝牙技术是一种无线数据和语音通信开放的全球规范,它是基于低成本的近距离无线连接,为固定和移动设备建立通信环境的一种特殊的近距离无线技术连接。蓝牙作为一种小范围无线连接技术,能在设备间实现方便快捷、灵活安全、低成本、低功耗的数据通信和语音通信,因此它是实现无线个域网通信的主流技术之一,与其他网络相连接可以带来更广泛的应用。蓝牙是一种尖端的开放式无线通信,能够让各种数码设备无线沟通,是无线网络传输技术的一种,原本用来取代红外。蓝牙技术是一种无线数据与语音通信的开放性全球规范,它以低成本的近距离无线连接为基础,为固定与移动设备通信环境建立一个特别连接。其实质内容是:为固定设备或移动设备之间的通信环境建立通用的无线电空中接口(Radio Air Interface),将通信技术与计算机技术进一步结合起来,使各种 3C 设备在没有电线或电缆相互连接的情况下,能在近距离范围内实现相互通信或操作。简单地说,蓝牙技术是一种利用低功率无线电在各种 3C 设备间彼此传输数据的技术。蓝牙工作在全球通用的 2.4GHz ISM(即工业、科学、医学)频段,使用 IEEE802.15 协议。作为一种新兴的短距离无线通信技术,正有力地推动着低速率无线个人区域网络的发展。

5. 数字移动通信网络

移动通信是进行无线通信的现代化技术,这种技术是电子计算机与移动互联网发展的重要成果之一。移动通信技术经过第一代、第二代、第三代、第四代技术的发展,目前,已经迈入了第五代发展的时代。第五代移动通信技术(5th generation mobile networks 或 5th generation wireless systems、5th-Generation,简称 5G 或 5G 技术)是最新一代蜂窝移动通信技术,也是继 4G(LTE-A、WiMax)、3G(UMTS、LTE)和 2G(GSM)系统之后的延伸。5G 也是目前改变世界的几种主要技术之一。如图 7.3 数字移动通信网络。

移动通信包括了 GSM、GPRS、4G、5G,甚至于后面的 6G。移动通信虽然在通信距离上优势明显,但它们属于付费的电信网络,数据传输速率快、频繁的数据传输会大大增加系统的应用成本。

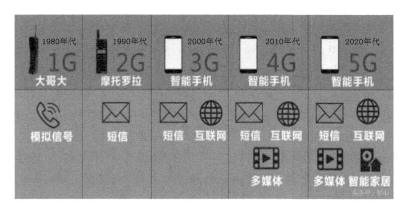

图 7.3　数字移动通信网络

5G 的性能目标是高数据速率、减少延迟、节省能源、降低成本、提高系统容量和大规模设备连接。Release-15 中的 5G 规范的第一阶段是为了适应早期的商业部署。Release-16 的第二阶段于 2020 年 4 月完成,作为 IMT-2020 技术的候选提交给国际电信联盟(ITU)。ITU IMT-2020 规范要求速度高达 20G bit/s,可以实现宽信道带宽和大容量 MIMO。

6. LPWAN

LPWAN（Low-Power Wide-Area Network，低功率广域网络），也称为 LPWA（Low-Power Wide-Area）或 LPN（Low-Power Network，低功率网络）。LPWAN 的特征主要包括低功耗、低数据速率、广覆盖、低成本以及多终端节点，是一种用在物联网（例如以电池为电源的感测器）、可以用低比特率进行长距离通讯的无线网络。低电量需求、低比特率与使用时机可以用来区分 LPWAN 与无线广域网络。无线广域网络被设计来连接企业或用户，可以传输更多资料但也更耗能；LPWAN 每个频道的传输速率介于 0.3～50 Kbit/s。LPWAN 技术，主流技术有 NB-IoT（Narrow Band Internet of Things，中文名称基于蜂窝的窄带物联网）、LoRa、eMTC、Sigfox 等。其中，NB-IoT 和 eMTC 采用的是授权频谱，有专用的通信通道，与 2G、3G、4G、5G 通信网络类似，并且由运营商和电信设备商主导；而 LoRa 和 Sigfox 采用的是非授权频谱，通信协议更加简单灵活，因此比较适合用于小规模部署的网络。

7. NB-IoT

NB-IoT 已成为万物互联网络的一个重要分支，作为 IoT 领域一个新兴的技术，NB-IoT 构建于蜂窝网络，只消耗大约 180 KHz 的带宽，可直接部署于 GSM 网络、UMTS 网络或 LTE 网络，以降低部署成本、实现平滑升级。NB-IoT 支持低功耗设备在广域网的蜂窝数据连接，也被叫作低功耗广域网（LPWAN），支持待机时间长、对网络连接要求较高设备的高效连接。NB-IoT 设备电池寿命可以提高到至少 10 年，同时还能提供非常全面的室内蜂窝数据连接覆盖。NB-IoT 的前景与优势，移动通信正在从人和人的连接，向人与物以及物与物的连接迈进，万物互联是必然趋势。然而当前的 4G 网络在物与物连接上能力不足。事实上，相比蓝牙、ZigBee 等短距离通信技术，移动蜂窝网络具备广覆盖、可移动以及大连接数等特性，能够带来更加丰富的应用场景，理应成为物联网的主要连接技术。作为 LTE 的演进型技术，4.5G除了具有高达 1G bps 的峰值速率，还意味着基于蜂窝物联网的更多连接数，支持海量 M2M连接以及更低时延，将助推高清视频、VoLTE 以及物联网等应用快速普及。蜂窝物联网正在开启一个前所未有的广阔市场。

NB-IoT 具备四大特点：一是广覆盖，将提供改进的室内覆盖，在同样的频段下，NB-IoT比现有的网络增益 20 dB，覆盖面积扩大 100 倍；二是具备支撑海量连接的能力，NB-IoT 一个扇区能够支持 10 万个连接，支持低延时敏感度、超低的设备成本、低设备功耗和优化的网络架构；三是更低功耗，NB-IoT 终端模块的待机时间可长达 10 年；四是更低的模块成本。NB-IoT聚焦于低功耗广覆盖物联网市场，是一种可在全球范围内广泛应用的新兴技术，其具有覆盖广、连接多、速率低、成本低、功耗低、架构优等特点。NB-IoT 使用 License 频段，可采取带内、保护带或独立载波三种部署方式，与现有网络共存。因为 NB-IoT 自身具备的低功耗、广覆盖、低成本、大容量等优势，使其可以广泛应用于多种垂直行业，如远程抄表、资产跟踪、智能停车、智慧农业等。3GPP 标准的首个版本在 2016 年 6 月发布后，有一批测试网络和小规模商用网络出现。NB-IoT 的需求与发展，随着智能城市、大数据时代的来临，无线通信将实现万物连接。很多企业预计未来全球物联网连接数将是千亿级的时代。目前已经出现了大量物与物的连接，然而这些连接大多通过蓝牙、Wi-Fi 等短距通信技术承载，但非运营商移动网络。为了满足不同物联网业务需求，根据物联网业务特征和移动通信网络特点，3GPP 根据窄带业务应用场景开展了增强移动通信网络功能的技术研究，以适应蓬勃发展的物联网业务需求。

NB-IoT 将在多个低功耗广域网技术中脱颖而出。

如图 7.4 NB-IoT 组网,包括 NB-IoT 终端,eNodeB,IoT 核心网,IoT 平台,应用服务器。

1)NB-IoT 终端:通过空口连接到基站。

2)eNodeB:主要承担空口接入处理、小区管理等相关功能,并通过 S1-lite 接口与 IoT 核心网进行连接,将非接入层数据转发给高层网元处理。这里需要注意,NB-IoT 可以独立组网,也可以与 EUTRAN 融合组网。

3)IoT 核心网:承担与终端非接入层交互的功能,并将 IoT 业务相关数据转发到 IoT 平台进行处理。同理,这里可以 NB 独立组网,也可以与 LTE 共用核心网。

需要注意的是,这里笼统地写成 IoT 核心网那是偷懒且毫不负责任的写法,下文将就此进行详细介绍,这里涉及较多的技术细节。

4)IoT 平台:汇聚从各种接入网得到的 IoT 数据,并根据不同类型转发至相应的业务应用器进行处理。

5)应用服务器:是 IoT 数据的最终汇聚点,根据客户的需求进行数据处理等操作。

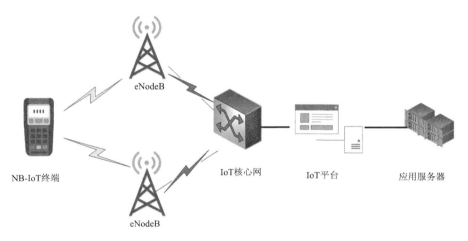

图 7.4　NB-IoT 组网

8. LoRa

LoRa(Long Range Radio)作为 LPWAN 中的主流技术之一,正在赋予物联网转型。是由 Semtech 公司于 2013 年发布的一种长距离通信技术。为用户提供一种简单的能实现远距离、长电池寿命、大容量的系统,进而扩展传感网络。目前,LoRa 主要在全球免费频段运行,包括 433、868、915 MHz 等。LoRa 因其独特的性质,使用场景广阔,解决了传统无线传感网络传输距离远与低功耗不能兼得的问题。

LoRa 技术不需要建设基站,一个网关便可控制较多设备,并且布网方式较为灵活,可大幅度降低建设成本。

LoRa 因其功耗低、传输距离远、组网灵活等诸多特性与物联网碎片化、低成本、大连接的需求十分的契合,因此被广泛部署在智慧社区、智能家居和楼宇、智能表计、智慧农业、智能物流等多个垂直行业,前景广阔。

LoRa 参数:

传输距离:城镇可达 2～5 km,郊区可达 15 km。

工作频率:ISM 频段包括 433、868、915 MHz 等。

标准:IEEE802.15.4 g。

调制方式:基于扩频技术,线性调制扩频(CSS)的一个变种,具有前向纠错(FEC)能力,semtech 公司私有专利技术。

容量:一个 LoRa 网关可以连接上千上万个 LoRa 节点。

电池寿命:长达 10 年。

安全:AES128 加密。

传输速率:几百到几十 Kbps,速率越低、传输距离越长,这很像一个人挑东西,挑得多走不太远,少了可以走远。

LoRa 网络主要由终端(内置 LoRa 模块)、网关(或称基站)、服务器和云四部分组成,应用数据可双向传输。如图 7.5 LoRa 网络。

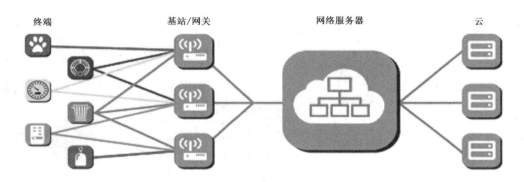

图 7.5　LoRa 网络

组网有三种工作模式:点对点、星型、级联。

9. eMTC

eMTC,全称是 LTE enhanced MTO,是基于 LTE 演进的物联网技术。为了更加适合物与物之间的通信,也为了使成本更低,对 LTE 协议进行了裁剪和优化。eMTC 基于蜂窝网络进行部署,其用户设备通过支持 1.4MHz 的射频和基带带宽,可以直接接入现有的 LTE 网络。eMTC 支持上下行最大 1Mbps 的峰值速率,可以支持丰富、创新的物联应用。窄带 LTE 其中最主要的几个特性:第一,系统复杂性大幅度降低,复杂程度及成本得到了极大的优化;第二是功耗极度降低,电池续航时间大幅度增强;第三是网络的覆盖能力大大加强;第四是网络覆盖的密度增强。

eMTC 具备 LPWAN 基本的四大能力:一是广覆盖,在同样的频段下,eMTC 比现有的网络增益 15 dB,极大地提升了 LTE 网络的深度覆盖能力;二是具备支撑海量连接的能力,eMTC 一个扇区能够支持近 10 万个连接;三是更低功耗,eMTC 终端模块的待机时间可长达 10 年;四是更低的模块成本,大规模的连接将会带来模组芯片成本的快速下降。eMTC 还具有四大优势:一是速率高,eMTC 支持上下行最大 1Mbps 的峰值速率,远远超过 GPRS、Zig-

Bee 等物联技术的速率,eMTC 更高的速率可以支撑更丰富的物联应用,如低速视频、语音等;二是移动性,eMTC 支持连接态的移动性,物联网用户可以无缝切换保障用户体验;三是可定位,基于 TDD 的 eMTC 可以利用基站侧的 PRS 测量,在无须新增 GPS 芯片的情况下就可进行位置定位,低成本的定位技术更有利于 eMTC 在物流跟踪、货物跟踪等场景的普及;四是支持语音,eMTC 从 LTE 协议演进而来,可以支持 VOLTE 语音,未来可被广泛应用到可穿戴设备中。

同属低功耗广域网(LPWAN)技术,两者在技术上互有优劣:NB-IoT 的主要优势是成本更低、覆盖更广、小区容量预计也更大;eMTC 的主要优势则是速率更高、可移动性更好、可支持语音。

五、无线传感器网络

无线传感器网络(wireless sensor network,简称 WSN)是物联网的关键技术。WSN 是一种分布式传感器网络,WSN 网络是由部署在监测区域内大量的廉价微型传感器节点组成,通过无线通信方式形成的一个自组织网络。通常一个完整的 WSN 应该包括采集节点、汇聚节点和管理节点三个重要组成部分。节点之间根据通信协议,以自组网的形式构成传感器网络。大量采集节点随机部署在监测区域内采集数据,然后沿着其他采集节点进行多跳传输至汇聚节点,或者直接传输到汇聚节点。最后,汇聚节点汇总处理数据,对数据进行分析和解析,再通过互联网或移动通信网络上传到管理节点。用户通过管理节点对传感器网络进行远程控制和管理,如查看数据、发布任务等。

基于 MEMS 的微传感技术和无线联网技术为无线传感器网络赋予了广阔的应用前景。传感器网络将能扩展人们与现实世界进行远程交互的能力。无线传感器网络能够实时监测和采集网络分布区域内的各种监测对象的信息,以实现复杂的制定范围内目标监测和跟踪,具有快速展开、抗毁性强等特点,有着广阔的应用前景。这些潜在的应用领域可以归纳为:军事、航空、反恐、防爆、救灾、环境、医疗、保健、家居、工业、商业等领域。物联网是利用局部网络或互联网等通信技术把传感器、控制器、机器、人员和物等通过新的方式联在一起,形成人与物、物与物相联,实现信息化、远程管理控制和智能化的网络。

WSN 是由大量的静止或移动的传感器以自组织和多跳的方式构成的无线网络,以协作地感知、采集、处理和传输网络覆盖地理区域内被感知对象的信息,并最终把这些信息发送给网络的所有者。

物联网技术的重要基础和核心仍旧是互联网,通过各种有线和无线网络与互联网融合,将物体的信息实时准确地传递出去。网络是一种灵活的自组织网络,相对而言具有较高的不确定性,同时网络拓扑容易受到外部环境的影响。物联网相对于无线传感器网络而言网络拓扑比较固定。物联网中实体之间的网络组织方式也比无线传感器网络多样,可以是无线的,也可以是有线的。从处理能力上讲,物联网有较强的数据处理能力。其本身也具有智能处理的能力,能够对物体实施智能控制;无线传感器网络处理能力较弱,其本身不具有智能数据处理的能力,节点只负责收集数据即可。

物联网更广泛,无线传感器网络只是物联网的重要部分,主要用于采集监测各类环境参数。

第三节　环境监测技术

一、监测参数

设施番茄环境监测主要是围绕番茄对温度、光照、水分、土壤及矿质营养的需求。实际上,物联网技术是将各种感知技术、现代网络技术和人工智能与自动化技术聚合与集成应用。在温室环境里,单栋温室可利用物联网技术,成为无线传感器网络一个测量区,采用不同的传感器节点构成无线网络,来测量基质湿度、成分、pH值、温度以及空气湿度、气压、光照强度、二氧化碳浓度等,再通过模型分析,自动调控温室环境、控制灌溉和施肥作业,从而获得植物生长的最佳条件。

对于温室成片的农业园区,物联网也可实现自动信息检测。通过配备无线传感节点,每个无线传感节点可监测各类环境参数。通过接收无线传感汇聚节点发来的数据,可实现所有基地测试点信息的获取。

此外,物联网技术可应用到温室生产的不同阶段。在温室准备投入生产阶段,通过在温室里布置各类传感器,可以实时分析温室内部环境信息,从而更好地选择适宜种植的品种;在生产阶段,从业人员可以用物联网技术手段采集温室内温度、湿度等多类信息,来实现精细管理,例如遮阳网开闭的时间,可以根据温室内温度、光照等信息来传感控制,加温系统启动时间,可根据采集的温度信息来调控等;在产品收获后,还可以利用物联网采集的信息,把不同阶段植物的表现和环境因子进行分析,反馈到下一轮的生产中,从而实现更精准的管理,获得更优质的产品。

物联网感知识别层。完成信息感知,包括智能识别物体、环境或生产信息的采集等,要将任何物品与互联网连接,必然要实现物品的智能识别、定位、收集、跟踪、监控和处理,这也决定了智能传感器在整个物联网架构中的基础作用与核心地位。

智能传感器的性能决定了物联网性能。传感器是物联网获得信息的唯一途径,传感器采集信息的能力和质量将直接影响计算单元对信息的处理与传输,其特性对整个物联网应用系统有着举足轻重的作用。

(1)通用特性。智能传感器与普通传感器一样,具有许多通用特性,具体分为静态特性与动态特性。静态特性是被测量处于稳态情况下,传感器的输出量与输入量之间的关系,包括测量范围、准确度、线性度、分辨率、重复性、稳定性等;动态特性是与被测量随时间变化有关的传感器特性,包括频率响应、响应时间等。

(2)智能特性。智能传感器的智能特性是其区别于普通传感器的重要技术指标。传感器的智能特性体现在:传感器工作过程中利用数据处理子系统,对其内部行为进行调节,减少外部因素的不利影响,从而得到最佳结果。

考虑到智能传感器的发展现状和种类的多样性,智能传感器在信号采集、数据处理、信息交互和逻辑判断等过程中表现出如下智能特性:数据预处理、自动校准、自动诊断、自适应、双向通信、智能组态、信息存储和记忆、自推演、自学习。

二、传感器分类

设施番茄调控系统中使用的几种不同类型的传感控制模块的特性和性能指标简单介绍如下。

1. 空气温湿度传感器

空气温湿度传感器节点内部包含一个测湿敏感元件和一个测温元件,主要是通过测温元件对空气温度数据检测,以及测湿敏感元件对空气湿度数据检测,一般需要具有芯片功耗低、抗干扰能力强、性价比高,同时内部还集成了校准功能,能直接将转换后的数字信号进行校准后输出。空气温湿度传感器实物如图 7.6 所示。也有些是空气温度传感器、湿度传感器独立的。

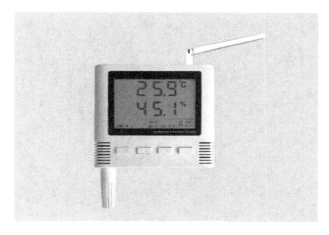

图 7.6　空气温湿度传感器

2. 光照度传感器

光照度传感器如图 7.7,是将光照度大小转换成电信号的一种传感器,输出数值计量单位为 Lux。光是光合作用不可缺少的条件;在一定的条件下,当光照强度增强后,光合作用的强度也会增强,但当光照强度超过限度后,植物叶面的气孔会关闭,光合作用的强度就会降低。因此,使用光照度传感器控制光照度也就成为影响作物产量的重要因素。主要应用于农业大棚、温室大棚、农业大田、城市照明、仓库、工业车间等环境。

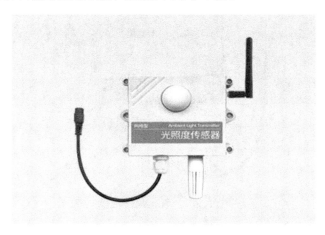

图 7.7　光照度传感器

3. 土壤温湿度传感器

土壤温湿度传感器如图 7.8,由主壳体、温度探头、土壤水分探针、对外四芯引线组成。主壳体内含主控芯片、控制电路,用来与外部主控设备进行通讯及采集辖属传感器数据,还控制传感器进入休眠状态,以降低功耗。该传感器的主控芯片获取的原始数据为一个 A/D 转化后的电压值,它在经过一定的线性关系转换后可得到一个较为准确的湿度值,能精确测量土壤含水量以及温度。

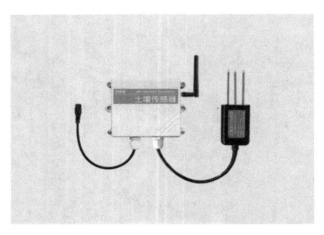

图 7.8　土壤温湿度传感器

4. 二氧化碳传感器

二氧化碳传感器如图 7.9,由二氧化碳探头和对外四芯引线组成。该传感器主要是利用非色散红外(NDIR)原理来检测二氧化碳浓度,将提取的电信号经过放大电路等一系列的处理后输出,实现对空气中二氧化碳浓度的检测。该传感器为了降低功耗,还可以控制传感器进入休眠状态。

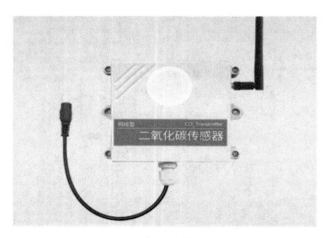

图 7.9　二氧化碳传感器

三、传感器接口

传感器上自带了控制模块和通信接口,可以直接通过网络将数据传输出去,无需外加MCU 控制模块和传输模块,实现数据的读取、传输等功能,实现了无线网传感器或物联网的感知层。传感器构成如图 7.10。

一般具有有线(485 总线,CAN 总线)、无线(GSM、GPRS、ZigBee、Wi-Fi、Bluetooth、NB-

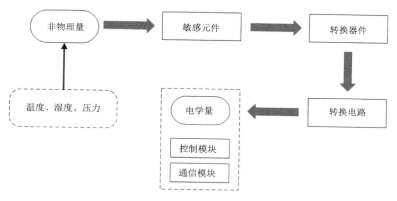

图 7.10　传感器构成

IoT 和 LoRa)等。根据国标 GB/T 34068—2017《物联网总体技术智能传感器接口规范》关于智能传感器通信接口定义，智能传感器接口是指智能传感器之间、智能传感器与外部网络或系统之间进行双向通信所需具备的物理接口和通信协议技术要求。通信接口包括不同的物理接口及通信协议，不同的通信协议之间应基于协议网关达到互操作和数据一致性的要求。传感器通信接口大致可分为有线和无线通信接口两大类，如图 7.11 传感器接口所示。

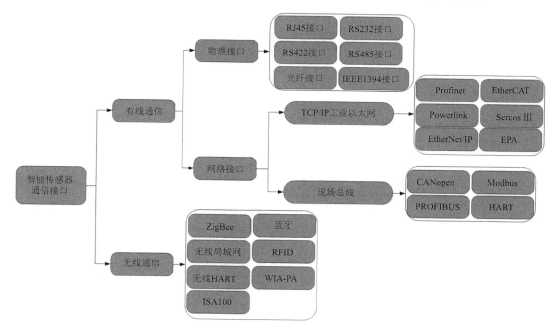

图 7.11　传感器接口

第四节　温室环境调控技术

一、调控参数与原理

番茄受原产地气候条件的影响，具有喜温、喜光、怕霜、怕热、耐肥及半耐旱等习性，因此在春秋气候温暖、光照较强条件下生长良好、产量高。在夏季高温多雨或冬季低温寡照条件下生长、病害重、产量低。番茄的生长发育对温度、光照、水分、土壤及营养等环境条件提出了不同的要求,详细知识参考本书第一章第一节番茄生物学特性、第三章番茄对环境条件的要求。现代化温室中具有控制温湿度、光照等条件的设备,用计算机自动控制创造植物所需的最佳环境条件。设施番茄环境调控系统正是为了在反季节,或在室外气候环境影响番茄生长的情况下,对设施环境进行调控,创造满足番茄生长期的最佳环境条件。设施番茄环境调控系统主要是围绕番茄对温度、光照、水分、土壤及矿物质营养的需求,进行需求分析后,对光照、温度、水分、通风、土壤养分、灌溉这个几个参数进行调控,以为设施番茄的生长提供最佳环境。监测环境参数与调控机构如图7.12所示。

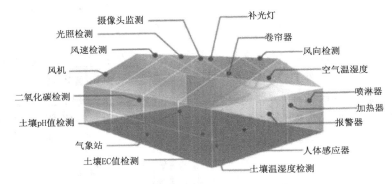

图 7.12　监测环境参数与调控机构

二、执行机构

科学的调控方法加上适合的执行设备,是改善温室作物生产条件,提升温室自动化水平的基础。执行机构在温室环境调节中扮演着重要角色,是使作物正常生长的有效保障。执行机构的启和停,由手动控制和自动控制两种方式来实现。设施温室环境调控机构与主要设施如表7.1所示。

表 7.1　设施温室环境调控机构与主要设施

调控机构类型	主要调控设施	影响温室内环境参数
自然通风系统	天窗、侧窗	温度、湿度、CO_2 浓度
强制通风系统	轴流风机	温度、湿度、CO_2 浓度
遮阳系统	内、外遮阳网	温度、光照强度
增湿降温系统	湿帘—风机、喷淋	温度、湿度
保温系统	保温幕	温度
加热系统	电热、水暖、风暖装置	温度、湿度
CO_2 增施系统	CO_2 增施设备	CO_2 浓度

下面来详细介绍一些主要的调控执行机构。

1. 天窗机构

温室天窗系统主要用于温室的自然通风。当温室内的温度升高,热空气会聚集在上部,温室温度达到开窗条件时,通过打开天窗,利用内外压差形成对流,将聚集在温室上层的热空气排出,以降低温室内温度。同时,还可以有效调节温室内湿度和二氧化碳浓度,以满足室内栽培植物正常生长要求的需要,避免在高温高湿环境中病虫害的发生。温室顶部安装两扇同步动作的天窗,当天窗张开到最大角度时,触碰上限位开关,电机停止转动;当天窗闭合到达设置位置时,触碰下限位开关,电机停止转动。天窗机构如图 7.13。

图 7.13　天窗机构

2. 遮阳网机构

在阳光强烈时,遮阳网能够减弱温室内的光照强度,降低过强的太阳辐射对作物的伤害,同时缓解温室内温度的骤升。遮阳网机构如图 7.14。

图 7.14　遮阳网机构

3. 通风机构

通风装置分为外通风装置和空气内部流通装置。外通风装置为了增强温室内空气的流动性,促进气体循环,保持温室内空气温湿度的均匀和 CO_2 浓度的适宜,温室内安装有风机设备。当温室内温度过高或者湿度过大时,控制通风风机强制通风,或控制开窗自然通风,进行空气对流换气,达到除湿和降温的目的。外通风机构如图7.15。

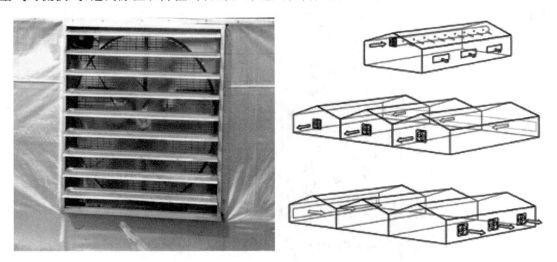

图 7.15　外通风机构

　　内部空气流通装置,强制空气流动,可促进水蒸气扩散,防止作物沾湿,也可以促进外通风的性能。内部空气流通机构如图7.16。

图 7.16　内部空气流通机构

4. 加热机构

　　在寒冷的季节,受外界环境的影响,设施内温度降低到作物的最低温度甚至生物学零摄氏度以下,此时就要采取加温措施维持作物正常生长所需的温度。设施温度加热包括空气加温、土壤加温。

　　空气加温主要有热水供暖系统和热风供暖系统,如图7.17加热机构,热水供暖系统热稳定性好;此外,设施空气加热还有室内直接燃烧方式。

温室土壤加热多为热水加热或电加热,一些简易的设施中采用酿热加温。

图 7.17 加热机构

5. 灌溉机构

灌溉机构主要由水泵、水管和电磁阀组成,可选用手动或自动控制方式来完成灌溉机构动作。其中,自动灌溉可以根据设定时间间隔的方式灌溉,也可以根据传感器采集的土壤水分信息实施滴灌。自动灌溉方式能够节约人力物力。灌溉系统如图 7.18。

图 7.18 灌溉系统

6. 补光机构

光照不够时,采用灯光补光,补光机构如图 7.19。其中,LED 补光作为一种环保经济的补光方式,具有无污染、冷光源、能耗低等优点。

7. 加湿装置

温室大棚对空气进行加湿,一般的做法是加装喷雾加湿系统。采用手动、自动喷灌法,由人工、自动控制喷雾系统,达到降温、加湿效果。有移动加湿装置和固定加湿装置。加湿机构如图 7.20。

图 7.19　补光机构　　　　　　　　　　　　图 7.20　加湿机构

三、自动控制技术

自动控制技术,是基于物联网设施番茄环境调控系统中对执行机构的具体控制技术,分为手动电气控制和自动电气控制。

1. 手动电气控制

电气控制系统一般称为电气设备二次控制回路,不同的设备有不同的控制回路,而且高压电气设备与低压电气设备的控制方式也不相同。具体地来说,电气控制系统是指由若干电气元件组合,用于实现对某个或某些对象的控制,从而保证被控设备安全、可靠地运行。电气控制系统的主要功能有:自动控制、保护、监视和测量。它的构成主要有三部分:输入部分(如传感器、开关、按钮等)、逻辑部分(如继电器、触电等)和执行部分(如电磁线圈、指示灯等)。手动电气控制柜如图 7.21。

图 7.21　手动电气控制柜

　　为了保证一次设备运行的可靠与安全,需要有许多辅助电气设备为之服务,能够实现某项控制功能的若干个电器组件的组合,称为控制回路或二次回路。这些设备要有四项功能:自动控制功能、保护功能、监视功能、测量功能。在设备操作与监视当中,传统的操作组件、控制电器、仪表和信号等设备大多可被电脑控制系统及电子组件所取代,但在小型设备和就地局部控制的电路中仍有一定的应用范围。

　　常用的控制线路的基本回路由 6 个部分组成:电源供电回路、保护回路、信号回路、自动与手动回路、制动停车回路、自锁及闭锁回路。

　　电气控制系统必须在安全可靠的前提下来满足生产工艺要求,需要具有常用保护环节:短路保护、过电流保护、过载保护、失电压保护、欠电压保护、过电压保护、弱磁保护及其他保护(超速保护、行程保护、油压或水压保护等),这些装置有离心开关、测速发电机、行程开关、压力继电器等。

　　2. 全自动控制

　　在手动电气控制的基础上加上控制芯片,进行全自动控制,可以使用单片机或嵌入式芯片,也可以直接使用 PLC 进行控制。

　　PLC 控制系统(图 7.22)是在传统的顺序控制器的基础上引入了微电子技术、计算机技术、自动控制技术和通信技术而形成的一代新型工业控制装置,目的是用来取代继电器、执行逻辑、计时、计数等顺序控制功能,建立柔性的远程控制系统。具有通用性强、使用方便、适应面广、可靠性高、抗干扰能力强、编程简单等特点。

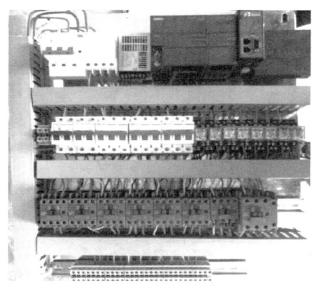

图 7.22　PLC 控制系统

四、自动控制算法

　　控制算法是指在机电一体化中,在进行任何一个具体控制系统的分析、综合或设计时,首先应建立该系统的数学模型,确定其控制算法。所谓数学模型就是系统动态特性的数学表达式,它反映了系统输入、内部状态和输出之间的数量和逻辑关系,这些关系式为计算机进行运算处理提供了依据,即由数学模型推出控制算法。所谓计算机控制,就是按照规定的控制算法进行控制,因此,控制算法正确与否直接影响控制系统的品质,甚至决定整个系统的成败。农业大棚内的环境因子受多种因素互相影响,采集到的数据具有一定的时延性。控制系统也相应有不同的延时滞后。控制算法与控制参数的选择根据被控制因素的特性,因此在选择控制算法时,滞后性是着重需要考虑的方面。主要的基本自动控制算法有:模糊控制、比例积分微分控制、遗传算法、神经网络控制方法、专家系统控制方法。

1. 模糊控制

模糊逻辑控制(Fuzzy Logic Control)简称模糊控制(Fuzzy Control),是以模糊集合论、模糊语言变量和模糊逻辑推理为基础的一种计算机数字控制技术。模糊控制实质上是一种非线性控制,从属于智能控制的范畴。模糊控制的一大特点是既有系统化的理论,又有大量的实际应用背景。

模糊控制器、执行机构、测量、反馈装置和输入/出接口这五部分组成了模糊控制系统,其工作原理如图 7.23 所示。这五部分中,模糊控制器核心,设计人员通过计算机程序编译控制规则,用期望值与实际值差值得出误差信号。误差信号需要进行模糊化处理得出模糊量,再根据已经编译完成的控制规则得出控制决策。之后需要对模糊量去模糊化,再经过 DA 转换,输出模拟量用于外设组件的控制。

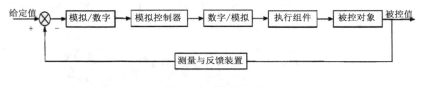

图 7.23　模糊控制

模糊控制器是模糊控制的核心,其主要的构造内容包括数据库、规则库、模糊化处理、解模糊和模糊推理五部分组成,工作原理如图 7.24 所示。

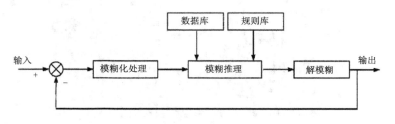

图 7.24　模糊控制器工作原理

2. 比例积分微分控制

比例积分微分控制,简称 PID 控制,是最早发展起来的控制策略之一,由于其算法简单、鲁棒性好和可靠性高,被广泛应用于工业过程控制。

PID 控制算法的核心控制理念是:通过对当前值,历史值和近期状态值三方面的综合考虑,给出控制信号。PID 就是比例(Proportion)、积分(Integral)、微分(Derivative)三个调节参量的缩写,将偏差的比例、积分和微分通过线性组合构成控制量,其原理如图 7.25 所示。

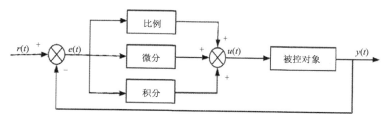

图 7.25　PID 控制

　　简单地说,根据给定值和实际输出值构成控制偏差,将偏差按比例、积分和微分通过线性组合构成控制量,对被控对象进行控制。常规 PID 控制器是一种线性控制器。

　　经典控制理论在实际控制系统中的典型应用就是 PID 控制器。在早期的控制系统中,PID 控制也是唯一的自动控制方式。伴随着计算机技术的发展,现代控制理论在实用性方面获得了很大进展,解决了许多经典控制理论不能解决的问题。这一现象使很多人认为,新的理论和技术可以取代 PID 控制。但后来的发展说明,PID 控制并没有让位。目前,PID 控制仍然是在工业控制中应用得最为广泛的一种控制方法,其原因是:①其结构简单,鲁棒性和适应性较强;②其调节整定很少依赖于系统的具体模型;③各种高级控制在应用上还不完善;④大多数控制对象使用常规 PID 控制即可以满足实际的需要;⑤高级控制难以被企业技术人员掌握。但由于实际对象通常具有非线性、时变不确定性、强干扰等特性,应用常规 PID 控制器难以达到理想的控制效果;在生产现场,由于参数整定方法繁杂,常规 PID 控制器参数往往整定不良、性能欠佳。这些因素使得 PID 控制在复杂系统和高性能要求系统中的应用受到了限制。

　　3. 遗传算法

　　遗传算法(Genetic Algorithm,简称 GA)最早是由美国的 John holland 于 20 世纪 70 年代提出,该算法是根据大自然中生物体进化规律而设计提出的,是模拟达尔文生物进化论的自然选择和遗传学机理的生物进化过程的计算模型,是一种通过模拟自然进化过程搜索最优解的方法。该算法通过数学的方式,利用计算机仿真运算,将问题的求解过程转换成类似生物进化中的染色体基因的交叉、变异等过程。在求解较为复杂的组合优化问题时,相对一些常规的优化算法,通常能够较快地获得较好的优化结果。遗传算法已被人们广泛地应用于组合优化、机器学习、信号处理、自适应控制和人工生命等领域。

　　4. 神经网络控制方法

　　神经网络控制是 20 世纪 80 年代末期发展起来的自动控制领域的前沿学科之一。它是智能控制的一个新的分支,为解决复杂的非线性、不确定、不确知系统的控制问题开辟了新途径。神经网络控制是(人工)神经网络理论与控制理论相结合的产物,是发展中的学科。它汇集了包括数学、生物学、神经生理学、脑科学、遗传学、人工智能、计算机科学、自动控制等学科的理论、技术、方法及研究成果。在控制领域,将具有学习能力的控制系统称为学习控制系统,属于智能控制系统。神经控制是有学习能力的,属于学习控制,是智能控制的一个分支。

　　5. 专家系统控制方法

　　专家控制系统(Expert Control System,简称 ECS)主要指的是一个智能计算机程序系统,其内部含有大量的某个领域专家水平的知识与经验,能够利用人类专家的知识和解决问题的经验方法来处理该领域的高水平难题。也就是说,专家系统是一个具有大量的专门知识与经验的程序系统,它应用人工智能技术和计算机技术,根据某领域一个或多个专家提供的知识和经验,进行推理和判断,模拟人类专家的决策过程,以便解决那些需要人类专家才能处理好的复杂问题。简而言之,专家系统是一种模拟人类专家解决领域问题的计算机程序系统。

专家控制系统已广泛应用于故障诊断、工业设计和过程控制,为解决工业控制难题提供一种新的方法,是实现工业过程控制的重要技术。专家系统的基本功能取决于它所含有的知识,因此,有时也把专家系统称为基于知识的系统(Knowledge-Based System)。由于专家式控制器在模型的描述上采用多种形式,就必然导致其实现方法的多样性。虽然构造专家式控制器的具体方法各不相同,但归结起来,其实现方法可分为两类:一类是保留控制专家系统的结构特征,但其知识库的规模小,推理机构简单;另一类是以某种控制算法(例如 PID 算法)为基础,引入专家系统技术,以提高原控制器的决策水平。专家式控制器虽然功能不如专家系统完善,但结构较简单、研制周期短、实时性好,具有广阔的应用前景。专家控制系统作为一个人工智能和控制理论的交叉学科,既是人工智能领域专家系统(ES)的一个典型应用,也是智能控制理论的一个分支。专家控制既可包括高层控制,又可涉及低层控制。人工智能领域中发展起来的专家系统是一种基于知识的、智能的计算机程序。其内部含有大量的特定领域中专家水平的知识与经验,能够利用人类专家的知识和解决问题的经验方法来处理该领域的高水平难题。将专家系统技术引入控制领域,首先必须把控制系统看作是一个基于知识的系统,而作为系统核心部件的控制器则要体现知识推理的机制和结构。虽然因应用场合和控制要求的不同,专家控制系统的结构可能不一样,但是几乎所有的专家控制系统都包含知识库、推理机、控制规则集和控制算法等。在智能控制领域中,专家系统控制、神经网络控制、模糊逻辑控制等方法各自有着不同的优势及适用领域。因而将几种方法相融合,成为设计更高智能的控制系统的可取方案。而通过引进其他智能方法来实现更有效的专家控制系统业已成为近年来研究的热点。根据它们结合的方式,专家控制系统可以分为以下三种:①一般控制理论知识和经验知识相结合;②模糊逻辑与专家控制相结合;③神经网络与专家控制相结合。专家控制是基于知识的智能控制技术,它为控制技术的发展开辟了新思路,即用人工智能中专家系统的机制决定控制方法的灵活选用,实现了解析规律与启发式逻辑的结合,从而使控制作用的描述更完整,使控制性能的满意实现成为可能。但也应该看到,专家控制系统作为智能控制的一个分支,是一门新兴的、尚不完善的技术,它的发展与人工智能相关技术的发展是密切相关的。因此,如何利用人工智能领域的新兴技术,并加强不同智能技术的融合,无疑是专家控制系统乃至智能控制研究和发展的一条有效的途径。

五、小气候调控模型

温室生产的主要功能是通过环境调控,实现对作物生产的精准控制,其主要作业对象为温室内所栽培的作物。目前对温室的环境调控主要集中在研究如何实现根据实时的室内外环境条件和作物生长情况进行参数的优化调控,属于实时环境调控。而作物生长过程是一个长期的过程,因此在温室环境控制过程中也应该进行温室生产的长时间尺度(长尺度)调控规划,以满足作物整个生长阶段的要求;同时在温室环境调控过程中应将短时间尺度(短尺度)的实时调控与长尺度规划结合,实现温室环境的优化调控。表 7.2 是设施番茄对环境条件要求。

表 7.2　设施番茄对环境条件要求

品种	指标	种子发芽	幼苗期	开花期	结果期	着色期
"寿和粉冠"	气温(昼温/夜温)(℃)	23～30	20～25/10～15	20～30/15～20	24～26/12～17	20～25
	空气湿度(%)	45%～60%				
	土壤温度(℃)	20～22				
	水分需求	保持湿润	田间最大持水量的50%左右	田间最大持水量的60%左右	田间最大持水量的80%左右	田间最大持水量的80%左右
	养分需求量	番茄是喜钾作物,在氮、磷、钾三要素中以钾的需要量最多,其次是氮、磷。氮素对茎叶生长和果实发育起重要作用,且与产量高低关系最为密切。磷对根系生长及开花结果有着特殊作用。钾对果实转色、膨大、糖的合成及运输以及提高细胞液浓度、加大细胞吸水量都有重要作用				
樱桃番茄"桂红2号"	气温(昼温/夜温)(℃)	20～25	24～26/15～20		18～25/14～18	25～28/15～18
	空气湿度(%)	50～60				
	土壤温度(℃)	15～20				
	水分需求	田间持水量的50%～60%				
	养分需求量	定植后浇第二次缓苗水时,每亩可追氮肥5～8 kg或硫酸二铵8～15 kg;在第一穗果开始膨大时结合灌水追施磷酸二铵15 kg、硝酸钾20 kg或氮、磷、钾三元复合肥30 kg。番茄进入盛果期,在第一果发白到第三穗果迅速膨大这一时期内追肥2～3次,每亩追施磷酸二铵1次,硝酸钾1次或三元复合肥1次				
"福粉5号"(无限生长型)	气温(昼温/夜温)(℃)	25～30	15～35/15～25		25～30/15～25	
	空气湿度(%)	40～60				
	土壤温度(℃)	18～20				
	水分需求	保持湿润	田间持水量的45%～55%		田间持水量的45%～60%	
	养分需求量	定植后10～15 d施1次催苗肥,追肥坚持"前轻后重,前期以氮肥为主,后期以磷、钾肥为主"的原则。番茄是喜钾作物,在果实膨大期对钾的需要量特别大,要注意及时补充钾肥				
"上海903""石英大大红""宝冠"大果	气温(昼温/夜温)(℃)	25～30	15～35/15～20		15～30/10～18	
	空气湿度(%)	40～50				
	土壤温度(℃)	20～22				
	水分需求	保持湿润	田间持水量的45%		田间持水量的45%～60%	
	养分需求量	灌水时每667 m² 随水冲施5 kg尿素;待番茄第一穗果坐住后,果实膨大时,可进行第二次浇水,浇水前每亩可追施三元复合肥15 kg,以后每月追肥2次,分别施用硫酸钾8 kg和尿素5 kg,直至采收结束前1个月停止。采收中后期,还可结合打药防病叶面喷施0.2%磷酸二氢钾或氯化钙进行根外追肥,以利于果实着色和防止脐腐病的发生				

品种	指标	种子发芽	幼苗期	开花期	结果期	着色期
"红珠 1号" 大果	气温(昼温/ 夜温)(℃)	25	20~25/10~15			
	空气湿度(%)	40~50				
	土壤温度(℃)	20~25				
	水分需求	保持湿润	田间持水量的45%		田间持水量的45%~60%	
	养分需求量	定植后一周施缓苗肥,视天气再浇一次缓苗水。第1穗果膨大时进行第2次追肥,采收期每7~ 10 d追肥1次,追肥要氮、磷、钾结合,也可喷施叶面肥				

小气候调控模型是基于物联网设施番茄环境调控系统中的调控策略模块,使得环境参数满足番茄的生长期需求。环境调控系统要根据表7.2番茄对环境条件要求,建立小气候调控模型数据库,并设计环境调控业务策略逻辑模块和调用接口,被系统应用管理模块调用,为系统控制模块提供环境调控决策数据服务。

第五节　系统分析设计

软件生命周期是软件的产生直到报废或停止使用的生命周期。软件生命周期内有问题定义、可行性分析、需求分析、系统设计、详细设计、编码、调试和测试、验收与运行、维护升级到废弃等阶段,也有将以上阶段的活动组合在内的迭代阶段,即迭代作为生命周期的阶段。本小节主要是从需求分析和系统设计两部分阐述基于物联网的设施番茄环境调控系统。

一、需求分析

需求分析是系统开发中关键步骤,是系统开发的基石,需求分析的好坏决定了系统开发的好坏与成败。需求分析需要需求分析人员与系统需求方多次反复沟通,需求分析人员需要完全掌握需求方的业务流程、功能需求、系统性能需求,形成专业的需求分析报告,提供给系统设计人员,才能让系统设计者设计出需求方真正需要的系统。下面分这三方面来阐述基于物联网设施番茄环境调控系统的需求分析。

1. 业务流程

如图7.26业务流程图,温室大棚的环境信息数据(温湿度、水分、光照、土壤养分等信息)通过各种传感器,采集后通过网络,传输到监测系统,然后再通过网络传输到信息控制中心与控制系统,这些信息会传递给管理者、普通用户和小气候调控模型。传递给普通用户,供其查看;传递给管理者,供其查看,并通过信息控制中心进行管理、管控;传递给小气候调控模型,是让小气候调控模型计算出当前调控参数,并将调控参数传递给信息控制中心。信息控制中心接收到管理端或小气候调控模型传递来的调控参数后,通过网络传递给控制系统。再由控制系统中的控制算法产生具体的执行参数控制执行机构(加热器、通风机构等)的执行。再由传感器进行数据采集,进行控制,形成闭环控制与闭环调控。

管理端与普通用户端可以是PC机、PAD端、智能手机端、笔记本电脑、微信小程序、移动端APP。

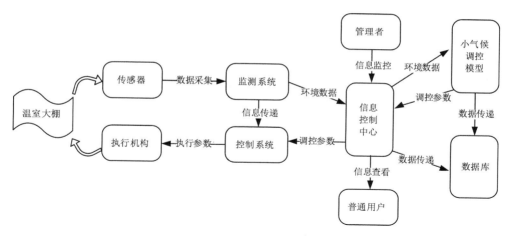

图 7.26　业务流程图

2. 功能需求

通过实践调研,总结出设施番茄温室大棚管理系统需要提供的功能有:设施温室大棚环境数据采集;节点设备(传感器、网络节点),网络布线要可行,适应温室大棚环境,设备能长期工作;温室大棚环境进行控制;执行装置的配置;根据小气候调控模型自动调控设施环境;用户能够远程监视设施环境与视频信息;管理端能够远程手动调控温室大棚环境;管理端统计查询功能;设施环境监控。通过分析系统各部分的功能需求,为开发温室大棚监测系统指明方向。

①设施温室大棚环境数据采集

设施温室环境监测终端是整个远程监测系统最底层、最基础的构成单元,它负责设施温室大棚里面的环境数据采集,通过合适的传感器采集设施温室里面的必要数据信息。这些数据包括设施温室内作物光照强度、二氧化碳浓度、温度、湿度、设备状态等。这是系统的重要的基础数据来源,同时便于用户的直观读取。设施园艺的光照环境主要由强度、光分布、光照时间和光照质量等 4 个方面组成。

②节点设备(传感器、网络节点),网络布线要可行,适应温室大棚环境,设备能长期工作。

传感器节点要实时反映设施温室大棚各个关键位置的实际情况,温湿度要求测定温室三维空间的各个位置的情况:土壤、地表以及空间不同高度(1 m 间距)、温室不同位置、中心、边缘。光照情况也要根据不同位置测定。

③温室大棚环境进行控制

基于采集的设施温室环境数据信息,根据小气候调控模型自动运算,或人工干预,系统能要求进行控制,达到要求。控制的设备有卷帘、光照灯、灌溉门阀、加温装置、通风装置、遮光装置等。三种方式来控制大棚的硬件设施,包括手动控制、自动控制和智能自动化控制。其中,卷帘、遮光系统,在手动控制时要能一键完成。要求能进行目标控制,进行闭环控制。如温度维持在 5~10 ℃。

④执行装置的配置

执行装置容量要能根据设施温室大棚的面积、体积和控制要求配置,要能在标准的系统滞后时间内达到调控效果。

⑤根据小气候调控模型自动调控设施环境

小气候模型要能给出番茄的生长期环境信息数据,系统能自动调控温室环境;系统根据农业专家小气候调控理论模型,建立相应的知识库专家系统软件算法模型,根据环境监测参数、生长期等分析得出,当前需要调控的参数值。

⑥用户能够远程监视设施环境与视频信息

用户根据权限,能够远程监视设施温室大棚的环境信息:实时数据、历史数据、历史环比数据、生长情况以及设施温室大棚内的实时视频等信息,并能获取到及时的消息推送。

⑦管理端能够远程手动调控温室大棚环境

在查看设施温室大棚内的环境信息后,用户能够通过管理端界面,远程手动调控设施温室大棚环境,使得某一参数达到指定值,或开关某一设备,接收设施内的报警信息。

⑧管理端统计查询功能

该模块是对大棚内的环境因子信息进行实时数据、历史数据和历史环比数据的统计。

点击实时数据按钮,即可以获取当前农业大棚内的环境因子数据,用户可以选择查询的具体时间。这些数据包括:大棚内作物光照强度、二氧化碳浓度、温度、湿度、设备电量等,数据会以表格的形式呈现,便于用户的直观读取;点击历史数据按钮,会以曲线图的形式,可以以周或者月的时间间隔来呈现。用户可以按自己的需求来切换。

⑨设施环境监控

监控端可以是管理端、设施监控室的监控计算机或监控大屏。包括正常信息的监控以及异常/报警信息的监控。

正常信息的监控包括:环境参数(光照强度、二氧化碳浓度、温度、湿度等),设备状态(设备电量、设备运行状态等)

设施温室异常/报警信息包括:设备故障,环境信息异常,植物病虫害等信息报警。

⑩参数设定

小气候模型信息配置,用户权限设定(二级子功能、角色控制),系统参数设置。

⑪用户端需求

系统需要支持普通 Web 页面:PC 端、PAD 端、智能手机端、笔记本电脑、微信小程序、移动端 APP。

二、总体设计

1. 系统框架

系统框架设计如图 7.27 系统框架图,分为四层:感知层、网络传输层、业务平台层、应用层。感知层分为两个模块,数据采集模块和控制执行系统模块。网络传输层负责信息传输,分为分支网络(局域网和广域网)和主干网(互联网)。业务平台层,只要实现系统的数据存储、业务逻辑实现、调控模型实现、应用端接口等。应用层,C/S 模式和 B/S 模式并用,有监控端,管理端,用户端(普通 Web 页面:PC 端,PAD 端,智能手机端,笔记本电脑;微信小程序;移动端 APP)。

2. 网络设计

网络设计需要按照网络规划流程进行网络规划,首先要确定准确的覆盖目标、网络设计容量以及网络的预期质量。包括:哪些区域需要覆盖、会有什么样的应用、用户量、服务质量要求、覆盖区域地图、现有资源、附近是否有干扰源、硬件设备选型、回传链路及传输选择等。然

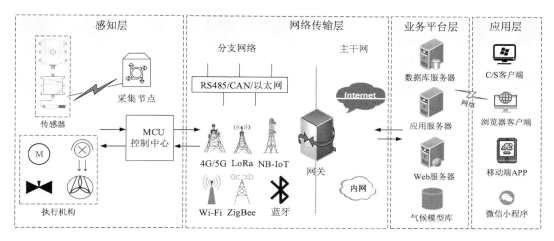

图 7.27　系统框架图

后要进行现场勘测,了解实地的情况获得现场环境参数、传输及点位等资源情况,特别是节点安装点选择、障碍物、布线、干扰信号。最后才能进行详细的设计和仿真,选择适合的网络设备和布线类型。在实施和校正阶段,需要根据现场情况调整;测量实际覆盖效果,若不满足则进行相应调整和优化。详细的网络生命周期分为:需求分析阶段、逻辑设计阶段、物理设计阶段、设计优化阶段、实施及测试阶段、监测及性能优化阶段。其中第一阶段网络需求分析,是整个网络建设的关键,需要网络设计师与用户详细沟通。需求分析阶段的主要工作内容(即了解用户的各类需求)如下。

①功能需求。用户和用户业务具体需要的功能。

②应用需求。用户需要的应用类型、地点和网络带宽的需求,对延迟的需求、吞吐量需求。

③计算机设备需求。主要是了解各类 PC 机、服务器、工作站、存储等设备以及运行操作系统的需求。

④网络需求。网络拓扑结构需求、网络管理需求、资源管理需求、网络可扩展的需求。

⑤安全需求。可靠性需求、可用性需求、完整性需求、一致性需求。

在实际应用中,采用合适的不是最先进的网络设备,获得合适的而不是最高的网络性能,不能只从技术的角度分析,要结合技术、经济和社会等不同角度、不同因素考虑,为用户综合考虑,需求分析完毕后需要编制需求说明书。设施番茄根据种植面积不同,需要的网络结构也不同,早期是通过总线构建局域网,如物联网中的主干网—互联网部分,请参考其他资料。这里主要介绍一下与传感器直接相连的网络部分。

有线网络组网布线已经非常成熟,在设施农业中也没有特殊需求。这里不做详细介绍。无线局域网、广域网是现在设施农业的主流技术,重点介绍。

①传感器节点网络

有三种网络解决方案:总线型有线网络、无线局域网、无线广域网,再通过相应的网关接入系统主干网(局域网或互联网)。采用总线型有线网络,低成本,一般采用 RS485 总线、CAN 总线型网络或局域网(以太网)等。采用无线局域网网络,密度大,距离短,采取 ZigBee 网络、Wi-Fi 网络,目前在设施温室的网络中比较主流。采用无线低功耗节点设备,可以省去布线。

采用无线广域网,在覆盖范围广、偏僻的地方采取远距离传输网络,4G、NB-IoT、LoRa 等。RS485 网关、CAN 网关、ZigBee 网络,接入设施温室大棚局域网,都要进行协议转换,需要自制或购买网关设备或软件。

②控制系统装置网络

控制装置是集中控制,由一个控制系统控制各个控制机构,控制系统装置一般通过 RS485 总线或局域网(以太网)连接监控计算机,传递数据。

③用户端主机、智能终端或设施温室大棚监控主机,可以通过有线局域网,或 Wi-Fi 无线网络接入本地局域网,然后再通过公共网络、局域网、移动网络接入互联网。

④组网优化

网络设计要以满足系统要求为目的,网络传输功能和节点分布,能够根据传感器的实际分布,进行网络节点布置。特别是在设施农业中的应用,物联网组网要充分考虑设施农业的实际需求、设施番茄的栽植的特点。一般采用构建有线、无线局域网或无线广域网,然后根据需要,通过中心节点接入互联网。网络节点分布要考虑采集信息的学期,确定传感器位置,也就是物联网感知层节点的位置。在部署传感器网络节点时,充分考虑到设施温室的不同层次、维度的地理位置。如湿度温度相关的参数、空气流通性、高度、光照以及位置等,决定数据不一样,要进行优化采集与调控。在采集相关参数时,增加节点位置信息,在数据库中增加相应的存储信息,在专家知识库中也要有对应的知识分析。采集的信息越具体详细,越有助于小气候调控模型的大数据分析,有助于设施番茄环境系统的智能调控。

3. 软件设计

①软件功能设计

从图 7.28 软件功能框图可以看出,设施番茄调控系统一级功能有:登录/注册,手工开关控制,手动环境参数控制,实时环境监控,实时设备状态,数据查询/分析,智能调控模块,系统参数设置,小气候模型调整,用户信息维护,用户权限管理。

登录/注册:用户通过这个模块进行登录或注册。

手工开关控制:提供给设施温室大棚管理者手动控制执行结构的开关,主要有加热开按钮、加热关按钮、加湿开按钮、加湿关按钮、通风开按钮、通风关按钮、遮光开按钮、遮光关按钮。

手动环境参数控制:提供给设施温室大棚管理者手动控制设施温室大棚环境参数,按照参数设定控制,主要有温度调整、湿度调整、光照调整。

实时环境监控:在远程管理端、普通用户端、设施温室监控端和大屏显示端,设计实时环境数据显示界面,在无其他操作时该界面都显示在屏幕上,以供用户实时监控数据。

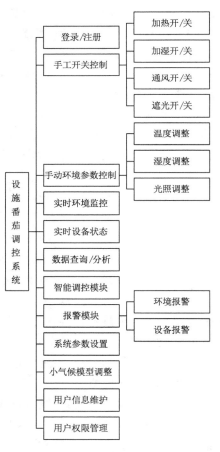

图 7.28 软件功能框图

实时设备状态：显示设备的工作状态。

数据查询/分析：实现设施温室大棚的数据实时查询、历史数据查询，并分析曲线图。

智能调控模块：采集环境数据，调用小气候调控模型，根据小气候调控模型的参数，自动给控制系统发送参数，实现设施环境智能调控。

系统参数设置：实现系统的各种参数设置。

小气候模型调整：供管理者和农业专家调整小气候模型的参数。

用户管理：包括信息维护和权限管理。信息维护是对用户/角色进行维护、添加、修改、删除、审核等；权限管理：对用户/角色进行权限分配。

报警模块：包括环境报警和设备报警。

②软件应用结构设计

基于物联网设施番茄环境调控系统中软件分为 C/S 模式和 B/S 模式，主要分为：设施温室监控端、智能手机端、PC 机端、Pad、应用服务器、数据库服务器、Web 服务器。软件应用端如图 7.29，下面介绍一下主要模块软件。

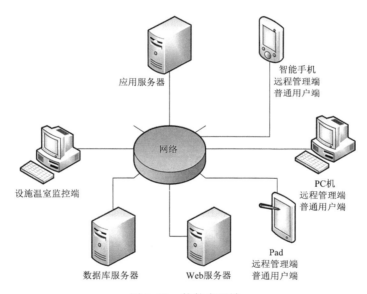

图 7.29　软件应用端

监控管理端采用 JAVA 实现 C/S 模式程序，包括以下几个部分。

数据采集网关：包括 RS485、CAN、以太网、Wi-Fi、ZigBee、Lora、NB-IoT 等软件网关，实现数据传递，把传感器数据或控制机构状态信息，传递给数据库或控制系统。

信息控制网关：获得控制参数，并传递给控制系统装置。

数据库存取：将从传感器采集过来的数据并存入数据库服务器，让控制参数可以从数据库中获取。

数据库服务器：存取系统的数据。

Web 服务器：实现 Web 服务端。

应用服务器：主要实现小气候调控算法模型、系统业务逻辑。

管理端、用户端:可以使用 B/S 模式和 C/S 模式,通过普通 Web 页面、微信小程序、移动端 APP。

4. 控制设备设计

控制器分为两个模块:信息采集模块、执行控制模块。信息采集模块主要是管理各种传感器,实现数据采集,并传送给监控计算机。执行控制模块即简单电气控制系统,或使用 PLC 进行控制,主要控制各种执行机构。通过 RS485 或以太网等,连接监控计算机。控制器的设计可以使用 PLC 控制设备(如图 7.30)或单片机、ARM 等设计。

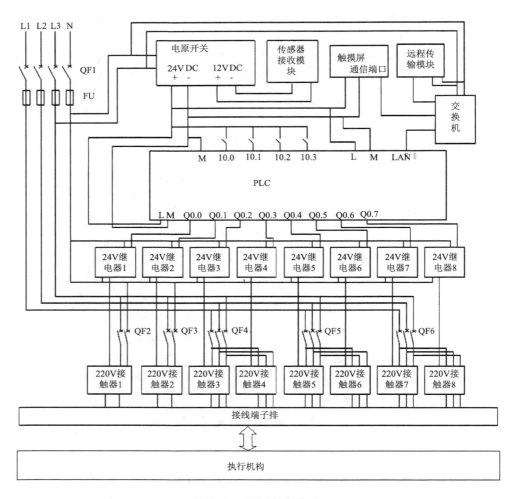

图 7.30　PLC 控制设备

目前的设施温室大棚一般使用普通手动电气控制系统,需要进行改造,但是需要尽量减少工作量,不重新布线。需要使用单片机或 ARM 系统对控制柜进行改造,将控制柜按钮使用 MCU 控制(如图 7.31 普通手动电气控制系统改造图),实现手动、自动控制,并可以通过通信接口,接收监控计算机的指令,通过继电器组模拟手动按钮,经过普通电气控制柜控制执行机构。

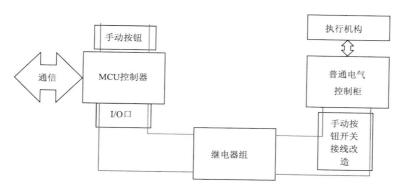

图 7.31 普通手动电气控制系统改造图

参考文献

白义奎，王铁良，张兴华，等，2002.日光温室环境因子监控仪 WJK-Ⅱ的研制[J].农业工程学报(3)：76-79.

高惠璇，2002.两个多重相关变量组的统计分析(2)[J].数理统计与管理(2)：60-64.

高鑫，马荣，朱贤花，2006.番茄不同生育期对气象条件的要求[J].河南气象(4)：58-59.

葛建坤，罗金耀，李小平，等，2010.基于 ANFIS 的温室气温模糊控制仿真[J].农业工程学报(8)：216-221.

耿恒山，曹鹏飞，范东月，等，2015.基于移动终端的远程温室控制系统[J].农机化研究(6)：208-212.

句荣辉，沈佐锐，2004.基于短信息的温室生态健康呼叫系统[J].农业工程学报(3)：226-228.

郭文川，程寒杰，李瑞明，等，2010.基于无线传感器网络的温室环境信息监测系统[J].农业机械学报(7)：181-185.

韩华峰，杜克明，孙忠富，等，2009.基于 ZigBee 网络的温室环境远程监控系统设计与应用[J].农业工程学报(7)：158-163.

何学利，2010.植物体内的保护酶系统[J].现代农业科技(10)：37-38.

黄艳慧，李亚灵，温祥珍，2010.高温下不同空气湿度对温室番茄营养生长的影响[J].北方园艺(15)：138-143.

纪燕，2016.日光温室番茄对环境条件的要求[J].新农业(15)：20-21.

金钰，2000.工业控制计算机在自动化温室控制中的应用[J].工业控制计算机(1)：16-18.

李共国，马子骏，2004.桑椹贮藏保鲜中糖酸比变化及影响因素的研究[J].蚕业科学(1)：104-106.

李静，2014.几种植物叶片气孔导度与植物激素对大气湿度的响应[D/OL].济南：山东大学. https://kns. cnki. net/kcms/detail/detail. aspx? FileName＝1014310550. nh&DbName＝CDFD2014.

李莉，刘刚，2006.基于蓝牙技术的温室环境监测系统设计[J].农业机械学报(10)：97-100.

李润根，2016.低温处理对卷丹百合分瓣及生育期的影响[J].安徽农业科学(24)：23-24,27.

梁居宝，杜克明，孙忠富，2011.基于 3G 和 VPN 的温室远程监控系统的设计与实现[J].中国农学通报(29)：139-144.

刘会忠，吴修文，冯晓霞，等，2010.GPRS 技术在温室大棚环境监控中的应用[J].农业装备与车辆工程(4)：52-54.

刘寿东，杨再强，苏天星，等，2010.定植密度对日光温室甜椒干物质生产与分配影响的模拟研究[J].生态学报(15)：4056-4064.

刘振语，2020.基于 NB-IoT 物联网的温室监控系统的设计与实现[D/OL].南宁：广西大学. https://kns. cnki. net/kcms/detail/detail. aspx? FileName＝1020365588. nh&DbName＝CMFD2021.

鲁福成，王明启，张仲国，等，2001.弱光对番茄苗期生长发育影响的研究[J].天津农学院学报(3)：24-27.

马德华，庞金安，霍振荣，等，1999.黄瓜对不同温度逆境的抗性研究[J].中国农业科学(5)：28-35.

马海龙，张长利，郑博元，等，2015.基于 ZigBee 技术的日光温室环境监控系统研究[J].农机化研究(6)：221-224,228.

马为红，吴华瑞，孙想，等，2014.基于无线传输的温室环境智能监测与报警系统[J].农机化研究(11)：188-194.

马增炜，马锦儒，李亚敏，2011.基于 WIFI 的智能温室监控系统设计[J].农机化研究(2)：154-157,162.

农业部，2008.2006 年全国各地蔬菜播种面积和产量[J].中国蔬菜(1)：65-66.

屈毅，宁铎，赖展翅，等，2011.温室温度控制系统的神经网络 PID 控制[J].农业工程学报(2)：307-311.

任延昭，陈雪瑞，贾敬敦，等，2017.基于微信平台的温室环境监测与温度预测系统[J].农业机械学报（S1）：302-307.

邵毅，叶文文，徐凯，2009.温度胁迫对杨梅光合作用的影响[J].中国农学通报（16）：161-166.

盛平，郭洋洋，李萍萍，2012.基于 ZigBee 和 3G 技术的设施农业智能测控系统[J].农业机械学报（12）：229-233.

孙玉文，2013.基于无线传感器网络的农田环境监测系统研究与实现[D/OL].南京：南京农业大学.https://kns.cnki.net/kcms/detail/detail.aspx? FileName＝1014219004.nh&DbName＝CDFD2014.

孙忠富，曹洪太，杜克明，等，2006.温室环境无线远程监控系统的优化解决方案[J].沈阳农业大学学报（3）：270-273.

王斌，吴锴，李志伟，2012.基于 GPRS 技术日光温室综合环境集散控制系统的研究与设计[J].山西农业大学学报（自然科学版）（1）：92-96.

王怀宇，赵建军，李景丽，等，2015.基于物联网的温室大棚远程控制系统研究[J].农机化研究（1）：123-127.

王辉，王圣伟，王志强，等，2014.基于 IoT 与 WiFi 的温室移动智能控制系统[J].农机化研究（4）：187-190.

王琳，杨再强，杨世琼，等，2017.高温与不同空气湿度交互对设施番茄苗生长及衰老特性的影响[J].中国农业气象（12）：761-770.

王艳芳，李亚灵，温祥珍，2010.高温条件下空气湿度对番茄光合作用及生理性状的影响[J].安徽农业科学（8）：3967-3968.

温晓刚，林世青，匡廷云，1996.高温胁迫对光合系统异质性的影响[J].生物物理学报（4）：714 -718.

温亚杰，2011.番茄反季节栽培对环境条件的要求[J].吉林蔬菜（3）：9-10.

吴韩英，寿森炎，朱祝军，等，2001.高温胁迫对甜椒光合作用和叶绿素荧光的影响[J].园艺学报（6）：517-521.

杨静慧，2014.植物学[M].北京：中国农业大学出版社.

杨雷，张宝峰，朱均超，等，2018.基于 PCA-PSO-LSSVM 的温室大棚温度预测方法[J].传感器与微系统（7）：52-55.

杨尚龙，庞胜群，马海新，等，2015.遮阴对番茄产量与品质的影响[J].北方园艺（20）：17-22.

于合龙，王佳琪，陈程程，等，2014.基于物联网的设施农业监控预警技术及应用[J].吉林农业大学学报（3）：360-365,370.

余纪柱，李建吾，王美平，等，2003.低温弱光对不同生态型黄瓜苗期若干测定指标及光合特性的影响[J].上海农业学报（4）：46-50.

臧贺藏，王言景，张杰，等，2016.基于物联网技术的设施作物环境智能监控系统[J].中国农业科技导报（5）：81-87.

张荣标，冯友兵，沈卓，等，2008.温室动态星型无线传感器网络通信方法研究[J].农业工程学报（12）：107-110.

张西良，张卫华，李萍萍，等，2010.基于 GSM 的室内无线传感器网络簇头节点[J].江苏大学学报（自然科学版）（2）：196-200.

张鑫，2020.我国番茄产业生产指标及发展建议分析，高品质生产是栽培的未来趋势[EB/OL].[2020-09-17] https://www.huaon.com/channel/trend/646670.html.

张亚茹，2016.基于 ZigBee 技术的温室环境监测系统设计[J].科学技术创新（31）：157-157.

张颖超，杨宇峰，叶小岭，等，2009.基于 CAN 总线的温室监测系统的通信设计[J].控制工程（1）：103-106.

赵和丽，杨再强，王明田，等，2019.高温高湿胁迫及恢复对番茄快速荧光诱导动力学的影响[J].生态学杂志（8）：2405-2413.

赵伟，2010.基于远程通信技术的温室环境控制系统研究与实现[D/OL].北京：中国农业科学院.https://

kns. cnki. net/kcms/detail/detail. aspx？ FileName＝2010170999. nh＆DbName＝CMFD2011.

赵玉萍，邹志荣，白鹏威，等，2010a. 不同温度对温室番茄生长发育及产量的影响[J]. 西北农业学报（2）：133-137.

赵玉萍，邹志荣，杨振超，等，2010b. 不同温度和光照对温室番茄光合作用及果实品质的影响[J]. 西北农林科技大学学报（自然科学版）（5）：125-130.

赵展，2015. 基于物联网与 GPRS 的温室环境监测系统设计与实现[D/OL]. 保定：河北农业大学. https：//d. wanfangdata. com. cn/thesis/ChJUaGVzaXNOZXdTMjAyMTA1MTkSCFkzMTAwNjI2GghvNzQ3Njluc Q％3D％3D.

周建民，尹洪妍，徐冬冬，2011. 基于 ZigBee 技术的温室环境监测系统[J]. 仪表技术与传感器（9）：50-52.

朱军，郭恋恋，王乾辰，等，2018. 基于 LoRa 的农业温室监测系统设计与实现[J]. 通信技术（10）：2430-2435.

Chittaranjan K，2020. Genomic designing of climate-smart vegetable crops[M]. Switzerland：Springer.

Dai C N，Yao M，Xie Z J，et al，2008. Parameter optimization for growth model of greenhouse crop using genetic algorithms[J]. Applied Soft Computing Journal(1)：13-19.

Kaloxylos A，Groumas A，Sarris V，et al，2014. A cloud-based farm management system：Architecture and implementation[J]. Computers ＆ Electronics in Agriculture(100)：168-179.

Lammari K，Bounaama F，Draoui B，et al，2012. GA optimization of the coupled climate model of an order two of a greenhouse[J]. Energy Procedia (18)：416-425.